高职高专电子信息类系列教材

# 电子技术基础——数字电子技术

(第二版)

主　编　郝　波

副主编　秦　宏　李　川

西安电子科技大学出版社

## 内 容 简 介

本书是根据高职高专"电子技术基础"课程教学基本要求，在总结第一版使用情况的基础上修订而成的。全书充分考虑了高等职业教育的特点与要求，将电子技术基础这门课程在结构与内容上都做了实用性处理，使其更通俗易懂、好学实用。

本书为《电子技术基础——数字电子技术》分册，全书共8章，内容为：数字电路基础、逻辑门电路、组合逻辑电路、集成触发器、时序逻辑电路、半导体存储器与可编程逻辑器件、数/模和模/数转换器、脉冲信号的产生与整形。书中每节后配有思考题，每章配有小结、习题及技能实训。

本书可作为高职高专院校电子类、电力类、电气类、机电类等专业的教材或教学参考书，也可供相关工程技术人员参考。

**图书在版编目(CIP)数据**

电子技术基础：数字电子技术/郝波主编. —2版
—西安：西安电子科技大学出版社，2011.1(2022.8重印)
ISBN 978-7-5606-2494-5

Ⅰ.①电… Ⅱ.①郝… Ⅲ.①电子技术—高等学校：技术学校—教材 ②数字电路—电子技术—高等学校：技术学校—教材 Ⅳ.①TN

中国版本图书馆CIP数据核字(2010)第207402号

责任编辑 杨宗周 马武装 张紫薇
出版发行 西安电子科技大学出版社(西安市太白南路2号)
电　　话 (029)88202421 88201467 邮　　编 710071
网　　址 www.xduph.com 电子邮箱 xdupfxb001@163.com
经　　销 新华书店
印刷单位 广东虎彩云印刷有限公司
版　　次 2011年2月第2版 2022年8月第7次印刷
开　　本 787毫米×1092毫米 1/16 印　张 12.5
字　　数 291千字
印　　数 26 001～26 500册
定　　价 32.00元
ISBN 978-7-5606-2494-5/TN
**XDUP 2786002-7**

# 第二版前言

本教材自2004年出版以来，已经历了六年多的时间。这期间电子技术飞速发展，而以培养工程应用型技术人才的高等职业教育教学改革也在不断深入。为了适应新形势下高职高专电子技术基础教学的需要，在充分考虑高等职业教育“电子技术基础”课程教学要求，总结第一版几年来的教学使用情况的基础上，对原教材进行了修改与增删。具体完成的工作如下：

(1) 整合了常用组合逻辑集成电路，使内容更紧凑。

(2) 重新编写了集成触发器，更加突出实用，删除了集成触发器的内部原理分析。

(3) 重新编排了时序逻辑电路一章，以计数器为主线，融入时序逻辑电路的分析。

(4) 在保证基本理论完整性的前提下，重点强调基本器件的外部特点与应用。

(5) 结合现代数字电子技术，增加了寄存器的应用，介绍了快闪存储器等内容。为了加强同学们课后理解及复习，增加了部分思考题。

(6) 考虑到“国标”规定的图形逻辑符号过于复杂，不便在教学过程中使用，经充分考虑和借鉴其他教材的处理方式，本书的逻辑符号采用混合表示方法，即门电路和触发器采用“国标”符号，中、大规模集成电路采用目前流行的普通逻辑符号，而在附录中给出与其对应的“国标”符号。

本版教材从内容、体系、章节、语言等方面全方位进行了精简，使全书简单又不失全貌，具有较强的逻辑性。力争全书做到好学、易懂、趣味、实用，使之更加适应高职高专学生的特点。

参加本版教材修订的人员仍然是原版编者，其中秦宏编写了第7章。李川编写了第6章。郝波编写了第1～5、8章。郝波为主编，负责全书的组织工作。秦宏、李川为副主编。

原教材自出版以来，得到了很多兄弟院校师生的支持，本版教材的修订也再一次得到马武装编辑的帮助，编者在此深表感谢。

本版教材较第一版内容虽有改进，但距离实际需求还有很大差距，恳请读者提出宝贵意见。

编　者

2010年11月

# 第一版前言

为了适应新世纪高职高专教育的需要，根据中国高等职业技术教育研究会、机电类专业系列高职高专教材编审专家委员会的要求，我们编写了这套《电子技术基础》高职高专教材。

电子技术基础课程是传统的电类基础课，主要内容有电子技术的基本原理、基本器件、基本电路及基本分析方法等电子技术基础问题。随着现代电子技术的飞速发展，新器件、新技术不断涌现，给电子技术基础课程带来了新的内涵。而高职高专教育是以应用为本，注重培养学生的综合素质，这就对本门课程提出了更高的要求。如何既保证掌握基本理论，又注重培养实际能力；既反映现代电子技术的新技术、新成果，又保证传统知识的系统性，是高职高专教学面临的重要课题。本套教材在结构及内容安排上都作了积极的尝试。

本套教材根据模拟电子技术和数字电子技术的内容分为两册。模拟电子技术部分主要内容有基本半导体器件、集成半导体器件和由它们构成的电压放大电路、功率放大电路、反馈放大电路、信号产生电路和电源电路。数字电子技术部分主要内容有数字电路基础、集成逻辑门和触发器、组合逻辑和时序逻辑电路、半导体存储器与可编程逻辑器件、数模和模数转换器、脉冲信号的产生与整形。在内容的安排上，本套教材以各种分立及集成电子器件为基础，以模拟及数字基本电路、基本分析方法为重点，以集成电路的应用为目的，没有安排一些繁琐的理论推导及集成电路内部的一些复杂原理电路分析等内容，而是更加注重集成电路的实用性。书中对所讨论的集成电路，都从其实际使用的角度，给出了外特性、外引线图及使用方法。

在结构上，本套教材各章配有小结及习题，除个别章节外，还安排有技能实训内容，主要目的是配合理论学习，进行实际操作和综合能力方面的训练。具体使用方法是：在学习完一章的相关内容后，教师指导学生根据章后技能实训要求完成其实训内容，有条件的最好根据所给器件及电路进行实训实测。这样，配合实验、课程设计和实习等教学环节可更好地培养学生掌握本门课程的实际应用能力。另外，本书每章小节后都给出了一定的思考题，以帮助学生掌握其学习重点。

本套书为高职高专机电类专业电子技术基础课程教材，也可供其他专业及相关工程技术人员参考。

本书为《数字电子技术》分册，共分 8 章。

本书由郝波主编。第 1～6 章及第 8 章由郝波编写并由其对全书进行统稿；第 7 章由秦宏编写。西安电子科技大学出版社马武装、杨璠编辑对本书的出版给予了大力支持和帮助，在此一并表示诚挚的感谢。

由于编者水平有限，书中难免出现不妥之处，敬请读者批评指正。

编　者

2004 年 3 月

# 目　录

# 第1章　数字电路基础

我们把在时间和幅度上均不连续的离散信号称为数字信号，而以数字信号为研究对象的电子电路则称为数字电路。与模拟电路相比，数字电路在研究的信号、半导体器件的工作状态、研究的方法及电路的工作原理上均有不同。数字电路更适合于集成化，从小规模到中规模、大规模，直至超大规模集成电路，数字集成电路发展迅速，应用广泛。

本章讨论的内容是数字电路的基础问题，包括计数体制、逻辑代数、逻辑函数及化简等。

## 1.1　数字系统中的计数体制与编码

### 1.1.1　计数体制

用数码表示数量的多少称为计数，而用何种方法来计数则是计数体制问题。我们在日常生活及生产中广泛使用的计数体制是十进制。而在数字系统中讨论的是用电路实现逻辑关系的问题，采用的是二进制计数体制。当二进制数太长时会使计数不方便，故还经常采用八进制和十六进制进行辅助计数。

**1．十进制**

我们都知道，一个数的大小由两个因素决定，一个是这个数位数的多少，另一个是每位数码的大小。我们熟悉的十进制数每位的数码是0～9，超过9的数就要用多位表示，即“逢十进一”，每位的基数为10。

任意一个十进制数可表示为

$$(N)_{10}=\sum_{i=-\infty}^{\infty}K_i10^i \tag{1-1}$$

式中，$K_i$ 表示第 $i$ 位的数码；$i$ 为数码的位数。其中 $K_i$ 可以是(0～9)十个数码之一，$i$ 可为 $-\infty$ 到 $+\infty$ 之间的任意整数，$10^i$ 则为第 $i$ 位的“权”数。例如，

$$(2347.35)_{10}=2\times10^3+3\times10^2+4\times10^1+7\times10^0+3\times10^{-1}+5\times10^{-2}$$

**2．二进制**

二进制数只有两个数码0和1，每位的基数为2，计数规律是“逢二进一”。如一个二进制数101101可表示为

$$\begin{aligned}(101101)_2&=1\times2^5+0\times2^4+1\times2^3+1\times2^2+0\times2^1+1\times2^0\\&=32+8+4+1\\&=(45)_{10}\end{aligned}$$

任意二进制数可表示为

$$(N)_2 = \sum_{i=-\infty}^{\infty} K_i 2^i \tag{1-2}$$

式中，$i$ 同样为$-\infty$到$+\infty$之间的任意整数，$K_i$ 为第 $i$ 位的数码，可是 0 或 1，$2^i$ 则为第 $i$ 位的“权”数。如一个带小数的二进制数 101.101 可按式(1-2) 展开表示为

$$\begin{aligned}(101.101)_2 &= 1\times2^2+0\times2^1+1\times2^0+1\times2^{-1}+0\times2^{-2}+1\times2^{-3}\\ &= 4+1+0.5+0.125\\ &= (5.625)_{10}\end{aligned}$$

此表达式也称为按权展开式。

**3. 八进制**

八进制有 0～7 八个数码，每位的基数为 8。计数规律是“逢八进一”，其表达式为

$$(N)_8 = \sum_{i=-\infty}^{\infty} K_i 8^i \tag{1-3}$$

式中，$K_i$ 可是 0～7 八个数码之一，$8^i$ 为第 $i$ 位的“权”数。例如一个八进制数 132.4 可按式(1-3) 展开表示为

$$(132.4)_8 = 1\times8^2+3\times8^1+2\times8^0+4\times8^{-1} = (90.5)_{10}$$

**4. 十六进制**

十六进制数使用 0～9、A、B、C、D、E、F 等十六个数码，其中 A 代表 10、B 代表 11、C 代表 12、D 代表 13、E 代表 14、F 代表 15，每位的基数为 16。其表达式为

$$(N)_{16} = \sum_{i=-\infty}^{\infty} K_i 16^i \tag{1-4}$$

式中，$K_i$ 可是 0～F 这 16 个数中的任意一个数码，$16^i$ 则为第 $i$ 位的“权” 数。例如一个十六进制数 A3F.C 可按式(1-4) 展开表示为

$$\begin{aligned}(A3F.C)_{16} &= A\times16^2+3\times16^1+F\times16^0+C\times16^{-1}\\ &= 2560+48+15+0.75\\ &= (2623.75)_{10}\end{aligned}$$

## 1.1.2　不同进制间的转换

十进制是我们日常生活中惯用的计数体制，二进制是数字电路中使用的计数体制，而八进制和十六进制则是在数字电路中辅助二进制计数所用的计数体制。在今后的应用中，需要经常将各种进制进行转换。

**1. 二进制转换成十进制**

二进制转换成十进制的方法是将式(1-2)按权展开求和，二进制的权为 $2^i$，为便于熟练转换，表 1-1 给出了 9 位二进制的权值。

**表 1-1　9 位二进制的权值**

| 2 的加权 | $2^8$ | $2^7$ | $2^6$ | $2^5$ | $2^4$ | $2^3$ | $2^2$ | $2^1$ | $2^0$ |
|---|---|---|---|---|---|---|---|---|---|
| 权　值 | 256 | 128 | 64 | 32 | 16 | 8 | 4 | 2 | 1 |

**例 1-1**　将二进制数$(101101011)_2$ 转换成十进制数。

**解** $(101101011)_2=1\times2^8+0\times2^7+1\times2^6+1\times2^5+0\times2^4+1\times2^3+0\times2^2+1\times2^1+1\times2^0$
$=256+64+32+8+2+1$
$=(363)_{10}$

**例 1-2** 将二进制数$(1110.011)_2$转换成十进制数。

**解** $(1110.011)_2=1\times2^3+1\times2^2+1\times2^1+0\times2^0+0\times2^{-1}+1\times2^{-2}+1\times2^{-3}$
$=8+4+2+0.25+0.125$
$=(14.375)_{10}$

**2. 十进制转换成二进制**

十进制数转换成二进制数可将整数部分和小数部分分开进行。

十进制的整数部分可用“除2取余”法转换成相应的二进制数，即将这个十进制数连续除2，直至商为0，每次除2所得余数的组合便是所求的二进制数。注意最先得出的余数对应二进制的最低位。

**例 1-3** 将十进制数$(47)_{10}$转换成二进制数。

**解** 用除2取余法过程如下：

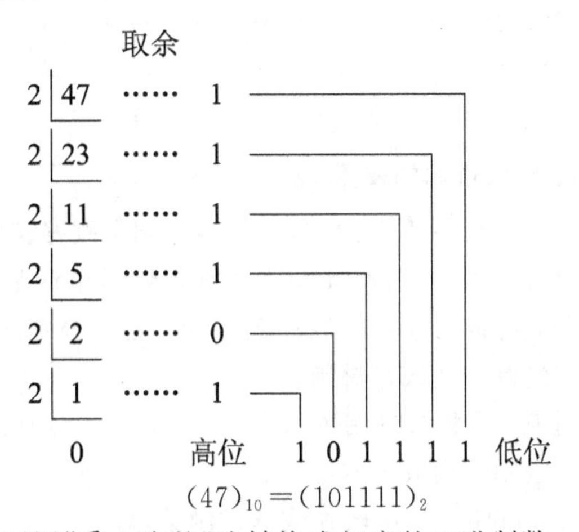


得 $(47)_{10}=(101111)_2$

十进制的小数部分可用“乘2取整”法转换成相应的二进制数，即将这个十进制数小数部分连续乘2，直至为0或满足所要求的误差为止。每次乘2所得整数的组合便是所求的二进制数。注意最先得出的整数对应二进制的最高位。

**例 1-4** 将十进制数$(0.84375)_{10}$转换成二进制数。

**解** 用乘2取整法过程如下：

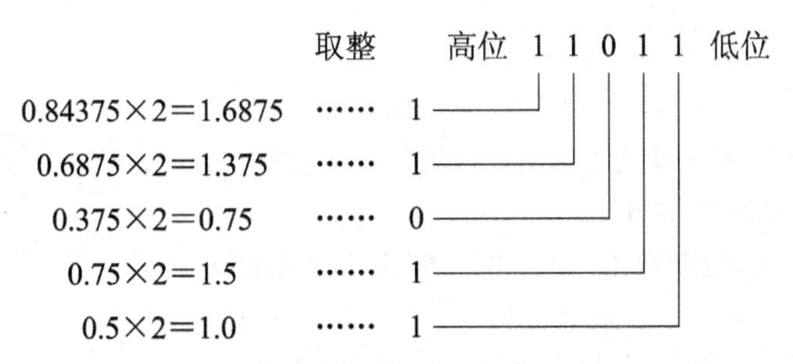

得 $$(0.84375)_{10}=(0.11011)_2$$

对于同时具有整数和小数部分的数，可将其分解为整数部分和小数部分，再分别转换。

**例 1-5** 将十进制数$(23.3125)_{10}$转换成二进制数。

**解**

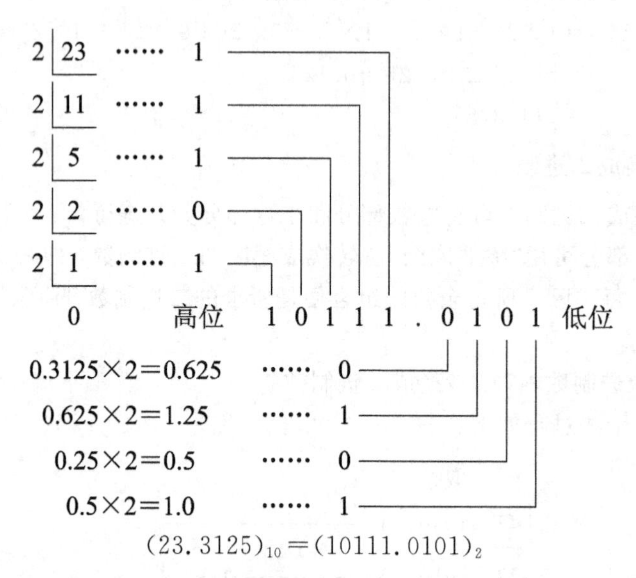


得 $$(23.3125)_{10}=(10111.0101)_2$$

**3. 二进制与八进制、十六进制的转换**

由于八进制的基数为 8，而 $8=2^3$，因此，1 位八进制数刚好换成 3 位二进制数。同样，十六进制的基数为 16，而 $16=2^4$，因此，1 位十六进制数刚好换成 4 位二进制数。

二进制转换成八进制，可将二进制数以小数点为基点，分别向左和向右“每 3 位为一组，不够添 0”，直接将二进制转换成八进制。

二进制转换成十六进制，可将二进制数以小数点为基点，分别向左和向右“每 4 位为一组，不够添 0”，直接将二进制转换成十六进制。

**例 1-6** 将二进制数$(11101.01)_2$转换成八进制数。

**解**
$$\underline{011}\ \ \underline{101}\ .\ \underline{010}$$
$$3\quad\ 5\quad .\ 2$$

得 $$(11101.01)_2=(35.2)_8$$

**例 1-7** 将二进制数$(1011010101.01)_2$转换成十六进制数。

**解**
$$\underline{0010}\ \ \underline{1101}\ \ \underline{0101}\ .\ \underline{0100}$$
$$2\quad\ D\quad\ 5\quad .\ 4$$

得 $$(1011010101.01)_2=(2D5.4)_{16}$$

八进制、十六进制转换成二进制的过程与上述过程相反，如十六进制转换成二进制采用“一分为四，不够添 0”的方法。

**例 1-8** 将十六进制数 $(7A3F.2C)_{16}$转换成二进制数。

**解**
$$7\quad A\quad 3\quad F\ .\ 2\quad C$$
$$\underline{0111}\ \ \underline{1010}\ \ \underline{0011}\ \ \underline{1111}\ .\ \underline{0010}\ \ \underline{1100}$$

得 $$(7A3F.2C)_{16}=(111101000111111.001011)_2$$

由以上讨论可看出，二进制数位数多时不便于书写和记忆，如采用八进制、十六进制，则位数要少得多，如32位二进制数只需8位十六进制数即可表示。表1-2给出了几种不同进制的对应关系。

**表1-2　几种不同进制对照表**

| 十进制 | 二进制 | 八进制 | 十六进制 | 十进制 | 二进制 | 八进制 | 十六进制 |
|---|---|---|---|---|---|---|---|
| 0 | 0000 | 0 | 0 | 8 | 1000 | 10 | 8 |
| 1 | 0001 | 1 | 1 | 9 | 1001 | 11 | 9 |
| 2 | 0010 | 2 | 2 | 10 | 1010 | 12 | A |
| 3 | 0011 | 3 | 3 | 11 | 1011 | 13 | B |
| 4 | 0100 | 4 | 4 | 12 | 1100 | 14 | C |
| 5 | 0101 | 5 | 5 | 13 | 1101 | 15 | D |
| 6 | 0110 | 6 | 6 | 14 | 1110 | 16 | E |
| 7 | 0111 | 7 | 7 | 15 | 1111 | 17 | F |

### 1.1.3　二进制码

由于数字系统只能处理包含0、1的二进制数码，所以二进制数码除了表示数值的大小外，还常用于表达一些特定的信息。如用0表示低电平，1表示高电平。这些表示特定信息的二进制数码称为二进制码。二进制码很多，本节介绍几种常见的二进制码。

**1. 二-十进制码(BCD码)**

用4位二进制数码来表示1位十进制数的编码方式称为二-十进制码，亦称BCD(Binary Coded Decimal)码。BCD码分为有权码和无权码，有权码是指二进制数码的每一位都有固定的权值，所代表的十进制数为每位二进制数加权之和，而无权码无需加权。无论是有权码还是无权码，4位二进制数码共有16种组合，而十进制数码仅有0～9这10个数，因此，BCD码是利用4位二进制数码编出1个十进制数的代码，表1-3列出了常用的二-十进制编码。

1) 8421码

8421码是使用最多的有权BCD码，因为它的4位二进制数对应的权为8、4、2、1，所以称为8421BCD码。它是取了自然二进制数的前10个数码来对应十进制的0～9，即0000(0)～1001(9)。如果要求8421BCD码，只需将每位二进制数加权求和。如

$$(0101)_{8421BCD}=0\times8+1\times4+0\times2+1\times1=5$$

2) 2421和5421码

2421和5421码也是有权码，其名称即为二进制的权。其中2421码的编码顺序有两种：2421(A)和2421(B)码。2421(B)码具有互补性，即0和9、1和8、2和7、3和6、4和5互为反码。

3) 余3码

余3码是一种无权码，它是由8421码加0011得来的。即用0011～1100来表示十进制0～9这10个数。它比对应的8421码都多3，所以称为余3码。这种代码也具有互补性，很适用于加法运算。

4）余3循环码和格雷码

余3循环码和格雷码这两种码也是无权码，又称循环码。它们的特点是两组相邻数码之间只有一位代码取值不同，利用这个特性，可避免计数过程中出现瞬态模糊状态，常用于高分辨率设备中。

**表1-3　常用二-十进制编码表**

| 十进制数 | 有权码 | | | | 无权码 | | |
|---|---|---|---|---|---|---|---|
| | 8421码 | 5421码 | 2421(A)码 | 2421(B)码 | 余3码 | 余3循环码 | 格雷码 |
| 0 | 0000 | 0000 | 0000 | 0000 | 0011 | 0010 | 0000 |
| 1 | 0001 | 0001 | 0001 | 0001 | 0100 | 0110 | 0001 |
| 2 | 0010 | 0010 | 0010 | 0010 | 0101 | 0111 | 0011 |
| 3 | 0011 | 0011 | 0011 | 0011 | 0110 | 0101 | 0010 |
| 4 | 0100 | 0100 | 0100 | 0100 | 0111 | 0100 | 0110 |
| 5 | 0101 | 1000 | 0101 | 1011 | 1000 | 1100 | 0111 |
| 6 | 0110 | 1001 | 0110 | 1100 | 1001 | 1101 | 0101 |
| 7 | 0111 | 1010 | 0111 | 1101 | 1010 | 1111 | 0100 |
| 8 | 1000 | 1011 | 1110 | 1110 | 1011 | 1110 | 1100 |
| 9 | 1001 | 1100 | 1111 | 1111 | 1100 | 1010 | 1101 |

**2. ASCII码**

ASCII码全名为美国信息交换标准码，是一种现代字母数字编码。ASCII码采用7位二进制数码来对字母、数字及标点符号进行编码，用于与微型计算机之间读取和输入信息。表1-4给出了ASCII码中对应26个英文字母的编码表，完整的ASCII码表可参看书末附录C。

**表1-4　英文字母的ASCII编码表**

| 字　母 | ASCII码 | 字　母 | ASCII码 |
|---|---|---|---|
| A | 1000001 | N | 1001110 |
| B | 1000010 | O | 1001111 |
| C | 1000011 | P | 1010000 |
| D | 1000100 | Q | 1010001 |
| E | 1000101 | R | 1010010 |
| F | 1000110 | S | 1010011 |
| G | 1000111 | T | 1010100 |
| H | 1001000 | U | 1010101 |
| I | 1001001 | V | 1010110 |
| J | 1001010 | W | 1010111 |
| K | 1001011 | X | 1011000 |
| L | 1001100 | Y | 1011001 |
| M | 1001101 | Z | 1011010 |

## 思考题

1. 数字电路中为什么采用二进制？
2. 什么是二进制编码？为什么采用二进制编码？
3. 什么是BCD码，列举几种常用的BCD码。
4. 什么是ASCII码，说明其用途。

# 1.2　逻辑函数

## 1.2.1　逻辑变量与逻辑函数

一件事物的因果关系一定具有某种内在的逻辑规律，即存在着逻辑关系。事物的原因即为这种逻辑关系的自变量，称为逻辑变量。而由原因所引起的结果则是这种逻辑关系的因变量，称为逻辑函数。

19世纪英国数学家乔治·布尔首先提出了用代数的方法来研究、证明、推理逻辑问题，产生了逻辑代数。和普通代数一样，逻辑代数也用$A$、$B$等字母表示变量及函数，所不同的是，在普通代数中，变量的取值可以是任意实数，而在逻辑代数中，每一个变量只有0、1两种取值，因而逻辑函数也只能有0和1两种取值。在逻辑代数中，0和1不再具有数量的概念，仅是代表两种对立逻辑状态的符号。

任何事物的因果关系均可用逻辑代数中的逻辑关系表示，这些逻辑关系也称逻辑运算。

## 1.2.2　基本逻辑关系

基本的逻辑关系有三种，即与逻辑、或逻辑、非逻辑；与之相对，在逻辑代数中，基本的逻辑运算也有三种：与运算、或运算、非运算。

**1. 与逻辑**

与逻辑的逻辑关系为所有原因均满足条件时结果成立。在逻辑代数中，与逻辑又称逻辑乘。如图1-1所示用两个串联开关控制一盏灯电路，很显然，若要灯亮，则两个开关必须全都闭合。如有一个开关断开，灯就不亮。如用$A$和$B$分别代表两个开关，并假定闭合时记为1，断开时记为0，$F$代表灯，亮为1，灭为0，则这一逻辑关系可用表1-5表示。此表是将$A$、$B$两个变量的所有变化组合的值及对应的$F$值依次列出，称为真值表。

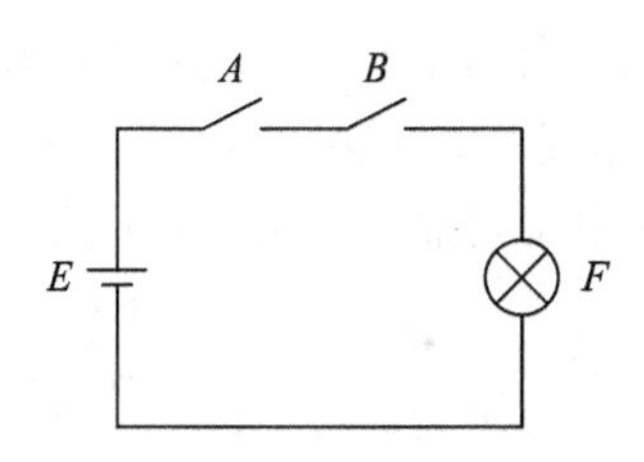

图1-1　与逻辑电路图

表1-5　与逻辑真值表

| $A$ | $B$ | $F$ |
|---|---|---|
| 0 | 0 | 0 |
| 0 | 1 | 0 |
| 1 | 0 | 0 |
| 1 | 1 | 1 |

由表1-5可见，与逻辑可表述为：输入全1，输出为1；输入有0，输出为0。与逻辑的函数

表达式为

$$F = A \cdot B \tag{1-5}$$

其中，“·”为逻辑乘符号，也可省略。

逻辑乘的运算规则是

$$0 \cdot 0 = 0$$
$$0 \cdot 1 = 0$$
$$1 \cdot 0 = 0$$
$$1 \cdot 1 = 1$$

**2. 或逻辑**

或逻辑的逻辑关系为所有原因中的一个原因满足条件时结果就成立。在逻辑代数中，或逻辑又称逻辑加。图 1-2 所示的是用两个并联开关控制一盏灯的电路，为或逻辑电路。可看出，两个开关中只要有一个闭合，灯就亮；如果想要灯灭，则两个开关必须全部断开。同样列出或逻辑关系的真值表见表 1-6，由表中可得，或逻辑为：输入有 1，输出为 1；输入全 0，输出为 0。或逻辑的函数表达式为

$$F = A + B \tag{1-6}$$

其中，“+”为逻辑加符号。

逻辑加的运算规则是

$$0 + 0 = 0$$
$$0 + 1 = 1$$
$$1 + 0 = 1$$
$$1 + 1 = 1$$

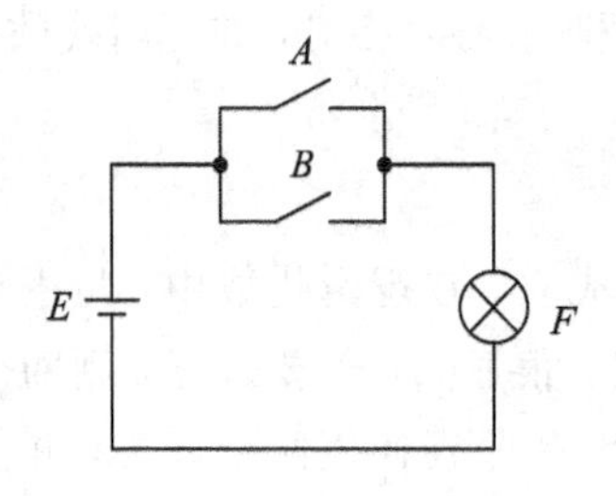


图 1-2　或逻辑电路图

**表 1-6　或逻辑真值表**

| A | B | F |
|---|---|---|
| 0 | 0 | 0 |
| 0 | 1 | 1 |
| 1 | 0 | 1 |
| 1 | 1 | 1 |

**3. 非逻辑**

非逻辑的逻辑关系是结果总是与原因相反，即只要原因满足条件，则结果就不成立。例如图 1-3 所示控制灯电路，图中开关与灯的状态是相反的，开关闭合，灯就灭，如果想要灯亮，则开关要断开。非逻辑真值表见表 1-7，由表中可得非逻辑为：输入为 0，输出为 1；输入为 1，输出为 0。非逻辑的函数表达式为

$$F = \overline{A} \tag{1-7}$$

逻辑非的运算规则是

$$\overline{0} = 1$$
$$\overline{1} = 0$$

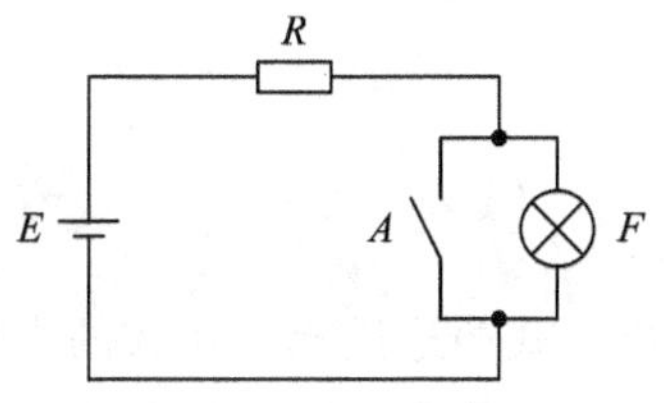


图 1－3　非逻辑电路

表 1－7　非逻辑真值表

| $A$ | $F$ |
|---|---|
| 0 | 1 |
| 1 | 0 |

### 1.2.3　逻辑代数基本定律

根据逻辑变量和逻辑运算的基本定义，可得出逻辑代数基本定律。

**1. 0－1 律**

$$0+A=A \tag{1-8}$$

$$0\cdot A=0 \tag{1-9}$$

$$1+A=1 \tag{1-10}$$

$$1\cdot A=1 \tag{1-11}$$

**2. 重叠律**

$$A+A=A \tag{1-12}$$

$$A\cdot A=A \tag{1-13}$$

**3. 互补律**

$$A+\overline{A}=1 \tag{1-14}$$

$$A\cdot\overline{A}=0 \tag{1-15}$$

**4. 交换律**

$$A+B=B+A \tag{1-16}$$

$$A\cdot B=B\cdot A \tag{1-17}$$

**5. 结合律**

$$A+(B+C)=(A+B)+C \tag{1-18}$$

$$A\cdot(B\cdot C)=(A\cdot B)\cdot C \tag{1-19}$$

**6. 分配律**

$$A\cdot(B+C)=A\cdot B+A\cdot C \tag{1-20}$$

$$A+B\cdot C=(A+B)\cdot(A+C) \tag{1-21}$$

**7. 否定律**

$$\overline{\overline{A}}=A \tag{1-22}$$

**8. 反演律(摩根定律)**

$$\overline{A+B}=\overline{A}\cdot\overline{B} \tag{1-23}$$

$$\overline{A\cdot B}=\overline{A}+\overline{B} \tag{1-24}$$

**9. 吸收律**

$$A+AB=A \tag{1-25}$$

$$A\cdot(A+B)=A \tag{1-26}$$

吸收律是经前面基本公式推导而得的，除以上介绍的两个之外，还有如下三个也是常用的吸收律基本公式。

$$AB + A\overline{B} = A \tag{1-27}$$

$$A + \overline{A}B = A + B \tag{1-28}$$

$$AB + \overline{A}C + BC = AB + \overline{A}C \tag{1-29}$$

证明上述各定律可用列真值表的方法，即分别列出等式两边逻辑表达式的真值表，若两个真值表完全一致，则表明两个表达式相等，定律得证。当然，也可以利用基本关系式进行代数证明。

**例 1-9** 证明反演律$\overline{A+B}=\overline{A}\cdot\overline{B}$。

**证** 利用真值表证明，将等式两端列出真值表，如表 1-8 所示，由表可知，在逻辑变量 $A$、$B$ 所有的可能取值中，$\overline{A+B}$和$\overline{A}\cdot\overline{B}$的函数值均相等，所以等式成立。

**表 1-8 $\overline{A+B}$和$\overline{A}\cdot\overline{B}$的真值表**

| $A$ $B$ | $\overline{A+B}$ | $\overline{A}\cdot\overline{B}$ |
|---|---|---|
| 0 0 | 1 | 1 |
| 0 1 | 0 | 0 |
| 1 0 | 0 | 0 |
| 1 1 | 0 | 0 |

**例 1-10** 证明 $A+\overline{A}B=A+B$。

**证**

$$\begin{aligned}左式&=(A+\overline{A})(A+B)\\&=1\cdot(A+B)\\&=右式\end{aligned}$$

**例 1-11** 证明 $AB+\overline{A}C+BC=AB+\overline{A}C$。

**证**

$$\begin{aligned}左式&=AB+\overline{A}C+BC(A+\overline{A})\\&=AB+\overline{A}C+ABC+\overline{A}BC\\&=AB(1+C)+\overline{A}C(1+B)\\&=右式\end{aligned}$$

### 1.2.4 逻辑代数基本规则

逻辑代数中有三个重要的基本规则，即代入规则、反演规则及对偶规则，这些规则在逻辑代数证明和化简中应用。

**1. 代入规则**

在逻辑函数表达式中，将凡是出现某变量的地方都用同一个逻辑函数代替，则等式仍然成立，这个规则称为代入规则。

例如，已知 $A+AB=A$，将等式中所有出现 $A$ 的地方都代入函数 $C+D$，则等式仍然成立，即$(C+D)+(C+D)B=(C+D)$。

**2. 反演规则**

将逻辑函数 $F$ 的表达式中所有“·”变成“+”，所有“+”变成“·”，所有“0”变成“1”，所有“1”变成“0”；所有“原变量”变成“反变量”，所有“反变量”变成“原变量”，所得的函数式就是 $\overline{F}$。这个规则称为反演规则。

例如，$F=\overline{A+\overline{B}}+C\overline{D}$，则根据反演规则，$\overline{F}=\overline{\overline{A}B}(\overline{C}+D)$。当然，如果利用反演律将 $F$ 等式两边同时求反也可得到 $\overline{F}$。

使用反演规则时应注意保持原函数中的运算顺序，即上式不能写成 $\overline{F}=\overline{\overline{A}B}\overline{C}+D$。

**3. 对偶规则**

将逻辑函数 $F$ 的表达式中所有“・”变成“+”，所有“+”变成“・”；所有“0”变成“1”，所有“1”变成“0”，则得到一个新的逻辑函数 $F'$，$F'$ 称为 $F$ 的对偶式。对偶规则为：若某个逻辑恒等式成立，则它的对偶式也成立。

例如 $F=A+\overline{B}C$，则其对偶式 $F'=A(\overline{B}+C)$。使用对偶规则时也应注意保持原函数中的运算顺序。

通过讨论对偶规则我们可以发现，前面讨论的逻辑代数基本定律中成对出现的公式均为对偶式。如

$$A+(B+C)=(A+B)+C$$

$$A\cdot(B\cdot C)=(A\cdot B)\cdot C$$

利用对偶规则，可以从已知的公式中得到更多的公式，而当需要证明两个逻辑函数式相等时，通过证明它们的对偶式相等，可能会更加容易。

## 1.2.5 逻辑函数的代数变换与化简

**1. 逻辑函数的变换**

由前面讨论可知，一个逻辑函数确定以后，其表示逻辑关系的真值表是唯一的，但我们可以利用逻辑代数的基本定律和规则对其表达式进行变换。

例如，

$$F=A\overline{B}+BC \qquad \text{与或式}$$

$$=\overline{\overline{A\overline{B}}\cdot\overline{BC}} \qquad \text{与非-与非式}$$

$$=(A+B)(\overline{B}+C) \qquad \text{或与式}$$

$$=\overline{\overline{A+B}+\overline{\overline{B}+C}} \qquad \text{或非-或非式}$$

$$=\overline{\overline{A}\overline{B}+B\overline{C}} \qquad \text{与或非式}$$

以上 5 个式子是同一函数的不同表达式，但其形式是不同的。在今后的学习中我们会发现，它们可以用不同的逻辑门电路来实现，这对数字电路的讨论及应用是非常重要的。

**2. 逻辑函数的化简**

逻辑函数不仅可以利用逻辑代数的基本定律和规则对其进行变换，而且还可以简化表达式的形式，使其成为最简式。表达式越简单，形成的电路也越简单。

逻辑函数的最简式对不同形式的表达式有不同的标准和含义。因为与或式易于从真值表直接写出，且又比较容易转换为其他表达式形式，故在此主要介绍与或式的最简表达式及化简方法。

1）最简与或式

对于与或式，在不改变其逻辑功能的情况下，如果满足：

(1) 含的乘积项个数最少，

(2) 每个乘积项中所含的变量个数最少，

则这个与或式便是最简与或式。如何才能得到一个逻辑函数的最简与或式呢？这就需要对逻辑函数进行化简。

2) 代数法化简

代数法化简就是利用学过的公式和定理消除与或式中的多余项和多余因子，常见的方法如下：

(1) 并项法：利用公式 $\overline{A}+A=1$，将两乘积项合并为一项，并消去一个互补(相反)的变量。如

$$F=AB\overline{C}+\overline{A}B\overline{C}=(A+\overline{A})B\overline{C}=B\overline{C}$$

(2) 吸收法：利用公式 $A+AB=A$ 吸收多余的乘积项。如

$$F=\overline{A}B+\overline{A}BC=\overline{A}B$$

(3) 消去法：利用公式 $A+\overline{A}B=A+B$ 消去多余因子 $\overline{A}$；利用公式 $AB+\overline{A}C+BC=AB+\overline{A}C$ 消去多余项 $BC$。如

$$F=\overline{A}+AC+B\overline{C}D=\overline{A}+C+B\overline{C}D=\overline{A}+C+BD$$

又如

$$F=AD+\overline{A}EG+DEG$$
$$=AD+\overline{A}EG$$

(4) 配项法：利用公式 $A+A=A$，$A+\overline{A}=1$ 及 $AB+\overline{A}C+BC=AB+\overline{A}C$ 等，给某函数配上适当的项，进而可以消去原函数式中的某些项。

**例 1-12**　化简函数 $F=A\overline{B}+B\overline{C}+\overline{B}C+\overline{A}B$。

**分析**　表面看来似乎无从下手，好像该式不能化简，已是最简式。但如果采用配项法，则可以消去一项。

**方法 1**

$$F=A\overline{B}+B\overline{C}+(A+\overline{A})\overline{B}C+\overline{A}B(C+\overline{C})$$
$$=A\overline{B}+B\overline{C}+A\overline{B}C+\overline{A}\overline{B}C+\overline{A}BC+\overline{A}B\overline{C}$$
$$=A\overline{B}+B\overline{C}+\overline{A}C$$

**方法 2**　若前两项配项，后两项不动，则

$$F=A\overline{B}(C+\overline{C})+(A+\overline{A})B\overline{C}+\overline{B}C+\overline{A}B$$
$$=\overline{A}B+\overline{B}C+A\overline{C}$$　　(请读者自行分析)

由本例可见，公式法化简的结果并不是唯一的。如果两个结果形式(项数、每项中变量数)相同，则二者均正确，可以验证二者逻辑相等。

**例 1-13**　化简函数 $F=A\overline{B}+BD+\overline{A}D$。

**解**　配上前两项的冗余项 $AD$，对原函数并无影响。

$$F=A\overline{B}+BD+AD+\overline{A}D$$
$$=A\overline{B}+BD+D$$
$$=A\overline{B}+D$$

公式法化简要求必须熟练应用基本公式和常用公式，而且有时需要有一定的经验与技巧，尤其是所得到的结果是否最简往往难以判断，这就给初学者应用公式进行化简带来一定的困难。为了解决这一问题，可采用卡诺图化简法。

## 思考题

1. 基本逻辑关系有几种，各是什么？
2. 逻辑代数基本定律有哪些？
3. 什么是逻辑代数的基本规则？
4. 怎样理解最简逻辑函数。

# 1.3　逻辑函数的卡诺图化简法

在应用代数法对逻辑函数进行化简时，不仅要求对公式能熟练应用，而且对最后结果是否是最简也要进行判断，遇到较复杂的逻辑函数时此法有一定难度，下面介绍的卡诺图化简法，只要掌握了其要领，对逻辑函数化简就非常方便。

## 1.3.1　逻辑函数最小项表达式

### 1. 最小项定义及性质

1）最小项

在 $n$ 变量的逻辑函数中，若其与或表达式的乘积项包含了 $n$ 个因子，且 $n$ 个因子均以原变量或反变量的形式在乘积项中出现一次，则称这样的乘积项为逻辑函数的最小项。

例如三变量的逻辑函数 $A$，$B$，$C$ 可以组成很多种乘积项，但符合最小项定义的有 $\overline{A}\overline{B}\overline{C}$、$\overline{A}\overline{B}C$、$\overline{A}B\overline{C}$、$\overline{A}BC$、$A\overline{B}\overline{C}$、$A\overline{B}C$、$AB\overline{C}$、$ABC$ 等8项，这8项即称为这个逻辑函数的最小项。可以证明，$n$ 变量逻辑函数共有 $2^n$ 个最小项。

为了方便起见，常用最小项编号 $m_i$ 的形式表示最小项，其中 $m$ 代表最小项，$i$ 表示最小项的编号。$i$ 是 $n$ 变量取值组合排成二进制所对应的十进制数，若变量以原变量形式出现视为1，以反变量形式出现视为0。例如

$\overline{A}\overline{B}\overline{C}$ 记为 $m_0$，$\overline{A}\overline{B}C$ 记为 $m_1$，$\overline{A}B\overline{C}$ 记为 $m_2$ 等。表1-9给出了三变量的最小项编号。

**表1-9　三变量的最小项编号**

| 序　号 | $A$ | $B$ | $C$ | 最小项 | 编　号 |
|---|---|---|---|---|---|
| 0 | 0 | 0 | 0 | $\overline{A}\overline{B}\overline{C}$ | $m_0$ |
| 1 | 0 | 0 | 1 | $\overline{A}\overline{B}C$ | $m_1$ |
| 2 | 0 | 1 | 0 | $\overline{A}B\overline{C}$ | $m_2$ |
| 3 | 0 | 1 | 1 | $\overline{A}BC$ | $m_3$ |
| 4 | 1 | 0 | 0 | $A\overline{B}\overline{C}$ | $m_4$ |
| 5 | 1 | 0 | 1 | $A\overline{B}C$ | $m_5$ |
| 6 | 1 | 1 | 0 | $AB\overline{C}$ | $m_6$ |
| 7 | 1 | 1 | 1 | $ABC$ | $m_7$ |

2）最小项的性质

（1）在输入变量的任何取值下，必须有一个，而且仅有一个最小项取值为1。

（2）在输入变量的任何一组取值下，全体最小项之和为1。

(3) 在输入变量的任何一组取值下，任意两最小项之积为 0。

(4) 若两个最小项只有一个因子不同，则称它们为相邻最小项。相邻最小项合并(相加)，可消去相异因子。如

$$AB\overline{C}+ABC=AB$$

**2. 最小项表达式**

利用逻辑代数的基本定律，可以将任何一个逻辑函数变换成最基本的与或表达式，其中的与项均为最小项。这个基本的与或表达式称为最小项表达式。如

$$Y=AB+BC=AB\overline{C}+ABC+\overline{A}BC$$

为了简便，可将上式记为

$$Y(A,B,C)=m_6+m_7+m_3=\sum m(3,6,7)$$

**例 1-14**　将逻辑函数 $F(A,B,C)=\overline{A}B+AC$ 化为最小项表达式。

**解**　$F(A,B,C)=\overline{A}B+AC$　　一般与或式

$=\overline{A}B(\overline{C}+C)+AC(\overline{B}+B)$　　配项法

$=\overline{A}B\overline{C}+\overline{A}BC+A\overline{B}C+ABC$　　标准与或式

$=m_2+m_3+m_5+m_7$

$=\sum m(2,3,5,7)$　　简化最小项表达式

### 1.3.2　逻辑函数的卡诺图表示法

**1. 最小项卡诺图**

卡诺图是逻辑函数的图形表示法。这种方法是将 $n$ 个变量的全部最小项填入具有 $2^n$ 个小方格的图形中，其填入规则是使相邻最小项在几何位置上也相邻。所得到的图形称为 $n$ 变量最小项的卡诺图，简称卡诺图。图 1-4 为二、三、四变量的卡诺图。

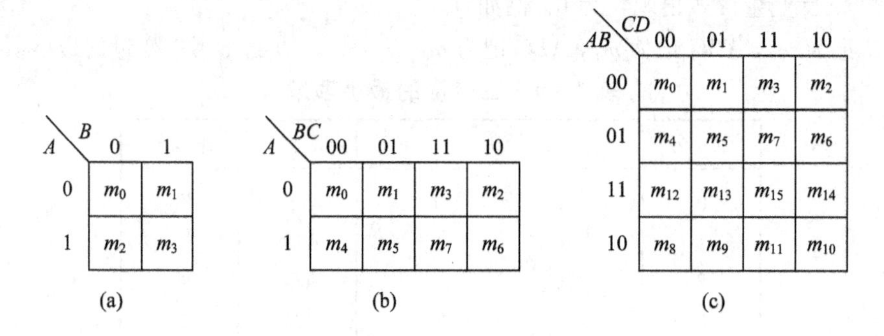


图 1-4　二、三、四变量卡诺图

(a) 二变量；(b) 三变量；(c) 四变量

图 1-4 中用 $m_i$ 注明每个小方格对应的最小项。为了便于记忆，在卡诺图中左上角斜线下面标注行变量($A$、$AB$)，斜线上面标注列变量($B$、$BC$、$CD$)，两侧所标的 0 和 1 表示对应小方块中最小项为 1 的变量取值。

应当注意，图中两个变量(如 $BC$)的排列顺序不是按自然二进制码(00，01，10，11)由小到大排列，而是按循环反射码(00，01，11，10)的顺序排列的，这样是为了能保证卡诺图

中最小项的相邻性。

除几何相邻的最小项有逻辑相邻的性质外，图中每一行或每一列两端的最小项也具有逻辑相邻性，故卡诺图可看成一个上下、左右闭合的图形。

当输入变量的个数在 5 个或以上时，不能仅用二维空间的几何相邻来代表其逻辑相邻，故其卡诺图较复杂，一般不常用。

**2. 用卡诺图表示逻辑函数**

因为任何逻辑函数均可写成最小项表达式，而每个最小项又都可以表示在卡诺图中，故可用卡诺图来表示逻辑函数。

卡诺图表示逻辑函数是将逻辑函数化为最小项表达式，然后在卡诺图上将式中所包含的最小项在所对应的小方格内填上 1，其余位置上填上 0 或空着，得到的即为逻辑函数的卡诺图。

**例 1-15**　用卡诺图表示逻辑函数 $F(A, B, C)=\sum m(2, 3, 5, 7)$。

**解**　这是一个三变量逻辑函数，$n=3$，先画出三变量卡诺图。由于已知 $F$ 是标准的最小项表达式，因此在对应卡诺图中 2、3、5、7 号小方格中填 1，其余小方格不填，即画出了 $F$ 的卡诺图，如图 1-5 所示。

| A \ BC | 00 | 01 | 11 | 10 |
|---|---|---|---|---|
| 0 | | | 1 | 1 |
| 1 | | 1 | 1 | |

图 1-5　例 1-15 卡诺图

**例 1-16**　用卡诺图表示逻辑函数 $F=(\overline{A}B+AB)\overline{C}+\overline{B}CD+\overline{B}C\overline{D}+A\overline{B}\overline{C}D$。

**解**　这是一个四变量逻辑函数，$n=4$，先画出四变量卡诺图。由于已知 $F$ 不是标准的最小项表达式，因此先将其变成最小项表达式，再填入卡诺图，如图 1-6 所示。

$$
\begin{aligned}
F &= (\overline{A}B + AB)\overline{C} + \overline{B}CD + \overline{B}C\overline{D} + A\overline{B}\overline{C}D \\
&= \overline{A}B\overline{C} + AB\overline{C} + \overline{B}CD + \overline{B}C\overline{D} + A\overline{B}\overline{C}D \\
&= \overline{A}B\overline{C}\overline{D} + \overline{A}B\overline{C}D + AB\overline{C}\overline{D} + AB\overline{C}D \\
&\quad + \overline{A}\overline{B}CD + A\overline{B}CD + \overline{A}\overline{B}C\overline{D} \\
&\quad + A\overline{B}C\overline{D} + A\overline{B}\overline{C}D \\
&= m_2 + m_3 + m_4 + m_5 + m_9 + m_{10} + m_{11} + m_{12} + m_{13}
\end{aligned}
$$

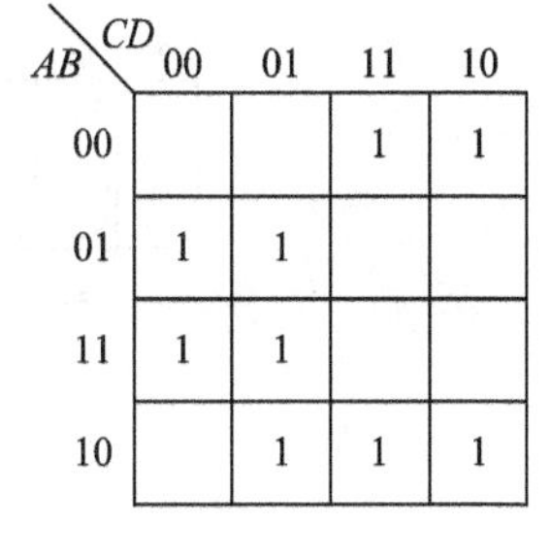

| AB \ CD | 00 | 01 | 11 | 10 |
|---|---|---|---|---|
| 00 | | | 1 | 1 |
| 01 | 1 | 1 | | |
| 11 | 1 | 1 | | |
| 10 | | 1 | 1 | 1 |

图 1-6　例 1-16 卡诺图

正确填写逻辑函数的卡诺图是利用卡诺图进行化简的基本工作。只有正确画出了逻辑函数的卡诺图，才能保证化简的正确性。

## 1.3.3　用卡诺图化简逻辑函数

**1. 化简法依据**

在卡诺图中几何相邻的最小项在逻辑上也有相邻性，这些相邻最小项有一个变量是互补的，即将它们相加，可以消去互补变量，这就是卡诺图化简的依据。如果有两个相邻最小项合并，则可消去一个互补变量，有四个相邻最小项合并，则可消去两个互补变量，有 $2^n$ 个相邻最小项合并，则可消去 $n$ 个互补变量，图 1-7～1-9 分别给出了 2 个、4 个、8 个最小项相邻格合并的情况。

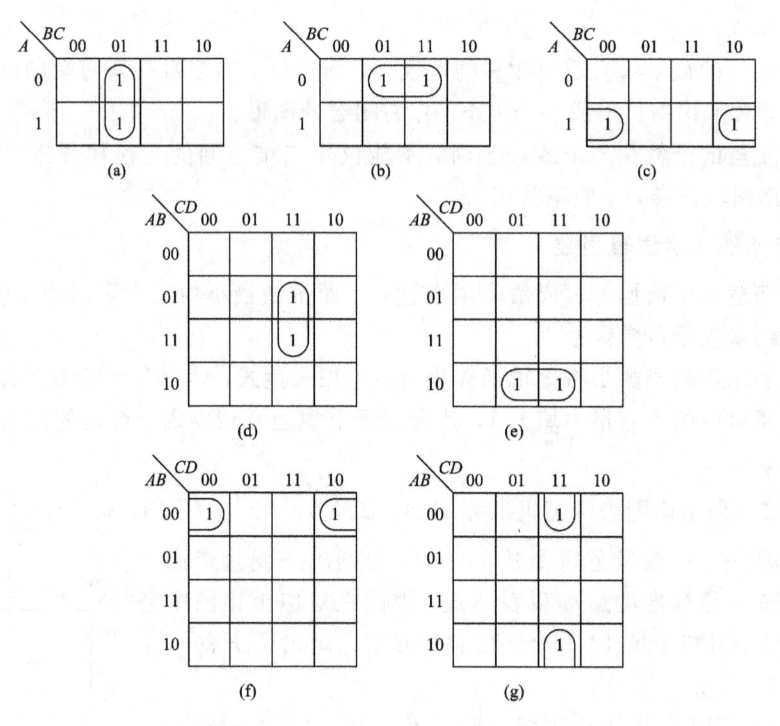

图 1-7　两个相邻格合并

(a) $\overline{B}C$；(b) $\overline{A}C$；(c) $A\overline{C}$；(d) $BCD$；(e) $A\overline{B}D$；(f) $\overline{A}\overline{B}\overline{C}$；(g) $\overline{B}CD$

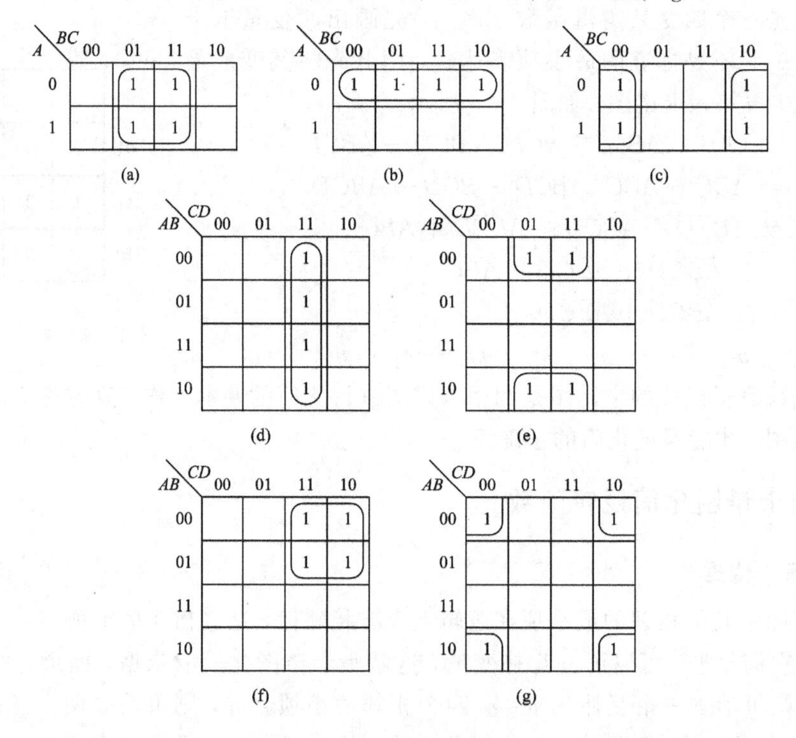

图 1-8　四个相邻格合并

(a) $C$；(b) $\overline{A}$；(c) $\overline{C}$；(d) $CD$；(e) $\overline{B}D$；(f) $\overline{A}C$；(g) $\overline{B}\,\overline{D}$

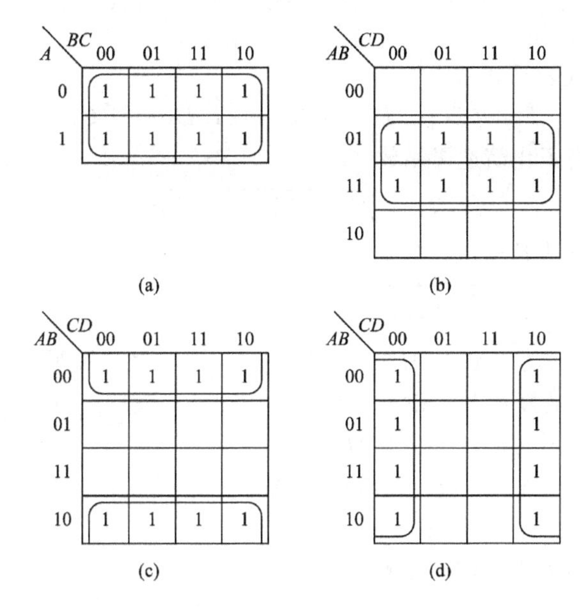


图 1-9　八个相邻格合并

(a) 1；(b) $B$；(c) $\overline{B}$；(d) $\overline{D}$

**2. 化简方法**

用卡诺图化简逻辑函数的步骤如下：

(1) 将逻辑函数填入卡诺图中，得到逻辑函数卡诺图。

(2) 找出可以合并(即几何上相邻)的最小项，并用包围圈将其圈住。

(3) 合并最小项，保留相同变量，消去相异变量。

(4) 将合并后的各乘积项相或，即可得到最简与或表达式。

在进行卡诺图化简时，为了保证化简的准确无误，一定注意以下几个问题：

(1) 每包围圈所圈住的相邻最小项(即小方块中对应的 1)的个数应为 2、4、8、16 个等，即为 $2^n$ 个。

(2) 包围圈尽量大。即圈中所包含的最小项越多，其公共因子越少，化简的结果越简单。

(3) 包围圈的个数尽量少。因个数越少，乘积项就越少，化简后的结果就越简单。

(4) 每个最小项均可以被重复包围，但每个圈中至少有一个最小项是不被其他包围圈所圈过的，以保证该化简项的独立性。

(5) 不能漏圈任何一个最小项。

**例 1-17**　用卡诺图化简逻辑函数

$$F=\overline{A}\,\overline{B}\,\overline{C}\,\overline{D}+AC\overline{D}+\overline{A}C\overline{D}+BCD+\overline{A}B\overline{C}D+A\overline{B}\,\overline{C}D$$

**解**　(1) 画出给定逻辑函数的卡诺图，如图 1-10 所示。

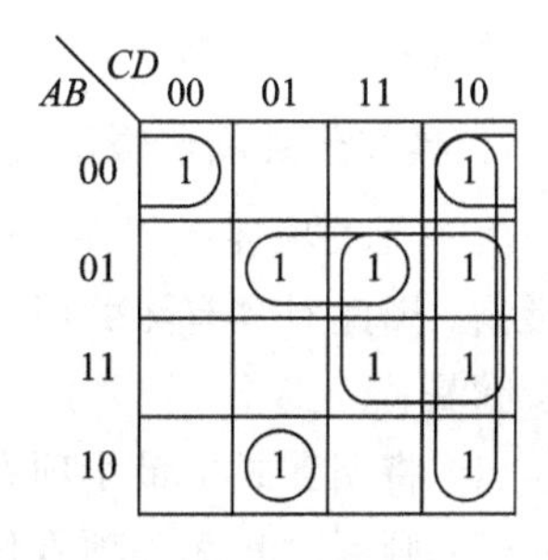


图 1-10　例 1-17 卡诺图

(2) 合并最小项。

可将 $m_2$，$m_6$，$m_{14}$，$m_{10}$ 合并得 $C\overline{D}$；$m_7$，$m_{15}$，$m_6$，$m_{14}$ 合并得 $BC$；$m_5$，$m_7$ 合并得 $\overline{A}BD$；$m_0$，$m_2$ 合并得 $\overline{A}\,\overline{B}\,\overline{D}$；

$m_9$ 不能合并，仍保留。

(3) 写出最简与或表达式

$$F = C\bar{D} + BC + \bar{A}BD + \bar{A}\bar{B}\bar{D} + AB\bar{C}D$$

**例 1-18**　用卡诺图化简逻辑函数

$$F = \overline{(AB + \bar{A}\bar{B} + \bar{C})\,\overline{AB}}$$

**解**　(1) 写出标准表达式

$$\begin{aligned} F &= \overline{(AB + \bar{A}\bar{B} + \bar{C})\,\overline{AB}} \\ &= \overline{AB + \bar{A}\bar{B} + \bar{C}} + AB \\ &= \overline{AB} \cdot \overline{\bar{A}\bar{B}} \cdot C + AB \\ &= (\bar{A} + \bar{B})(A + B)C + AB \\ &= (A\bar{A} + A\bar{B} + \bar{A}B + B\bar{B})C + AB \\ &= A\bar{B}C + \bar{A}BC + AB \end{aligned}$$

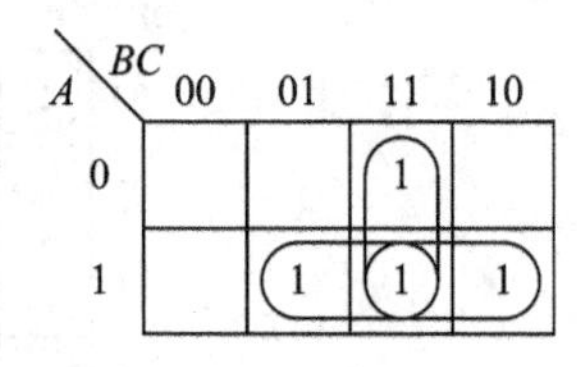


图 1-11　例 1-18 卡诺图

(2) 画出逻辑函数的卡诺图，如图 1-11 所示。

(3) 合并最小项。

(4) 写出最简与或表达式

$$F = BC + AC + AB$$

### 1.3.4　具有无关项的逻辑函数化简

#### 1. 逻辑函数中的无关项

在实际逻辑关系中经常会遇到这样的逻辑问题，其输入变量的取值不一定含有所有变量取值组合，即对于 $n$ 变量的逻辑函数不一定与 $2^n$ 个最小项均有关，而是与其中的部分最小项有关，而与另一部分最小项无关。我们称那些与逻辑函数无关的最小项为无关项。如对于 8421BCD 码，1010～1111 这六个代码就是无关项，因为它们在 8421BCD 码中根本就不会出现。

由于无关项不会出现，也就是说无关项的值不会为 1，其值恒为 0。所以通常用无关项加起来恒为 0 的等式来表示无关项，也称为约束条件表达式。如

$$A\bar{B}C\bar{D} + A\bar{B}CD + AB\bar{C}\bar{D} + AB\bar{C}D + ABC\bar{D} + ABCD = 0$$

$$m_{10} + m_{11} + m_{12} + m_{13} + m_{14} + m_{15} = 0$$

$$\sum d(10, 11, 12, 13, 14, 15) = 0$$

式中的 $d$ 表示无关项。

#### 2. 具有无关项逻辑函数的化简

由于无关项要么不在逻辑函数中出现，要么会出现但其值取 0 或 1 对电路的逻辑功能无影响。因此对具有无关项的逻辑函数进行化简时，无关项既可取 0，也可取 1。化简时具体步骤是：

(1) 将函数式中最小项在卡诺图对应小方块内填 1，无关项在对应小方块内填×。

(2) 画圈时将无关项看作是 1 还是 0，应以得到的圈最大，圈的个数最少为原则。

(3) 圈中必须至少有一个有效的最小项，不能全是无关项。

**例 1-19**　如表 1-10 所示是 8421BCD 码表，其中 1010～1111 六个状态不可能出现，为无关项。要求当十进制数为奇数时，输出 $F=1$。求 $F$ 的最简与或式。

**表 1-10　例 1-19 真值表**

| 十进制数 | 输入变量 | 输出变量 |
|---|---|---|
| | $A\ B\ C\ D$ | $F$ |
| 0 | 0 0 0 0 | 0 |
| 1 | 0 0 0 1 | 1 |
| 2 | 0 0 1 0 | 0 |
| 3 | 0 0 1 1 | 1 |
| 4 | 0 1 0 0 | 0 |
| 5 | 0 1 0 1 | 1 |
| 6 | 0 1 1 0 | 0 |
| 7 | 0 1 1 1 | 1 |
| 8 | 1 0 0 0 | 0 |
| 9 | 1 0 0 1 | 1 |
| 不会出现 | 1 0 1 0 | × |
| | 1 0 1 1 | × |
| | 1 1 0 0 | × |
| | 1 1 0 1 | × |
| | 1 1 1 0 | × |
| | 1 1 1 1 | × |

**解**　画出 $F$ 对应的卡诺图，如图 1-12 所示。

(1) 若不考虑无关项，化简可得

$$F=\overline{A}D+\overline{B}\,\overline{C}D \quad \text{（自行推导）}$$

(2) 若考虑无关项，并利用无关项"×"进行化简，其结果为

$$F=D$$

可见，利用无关项可使结果大大简化。同时说明该逻辑问题的实质简化为"$D=1$ 时，$F=1$；即当 $D=1$ 时，十进制数为奇数"。

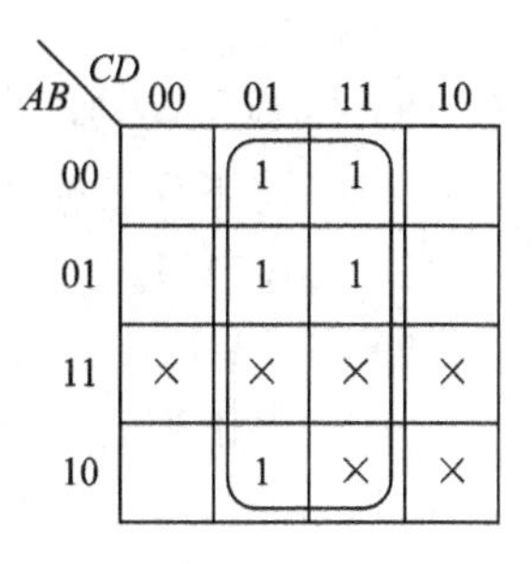


图 1-12　例 1-19 卡诺图

## 思考题

1. 什么是最小项，它具有什么性质？
2. 什么是逻辑相邻和几何相邻？
3. 卡诺图化简的依据是什么？

4. 卡诺图化简的原则是什么？

5. 什么是无关项，如何利用无关项化简逻辑函数？

## 小　结

二进制是数字电路中最常用的计数体制，0 和 1 还可用来表示电平的高和低、开关的闭、断，事件的是与非等。二进制还可进行许多形式的编码。

基本的逻辑关系有与、或、非三种，与其对应的逻辑运算是逻辑乘、逻辑加和逻辑非。任何复杂的逻辑关系都由基本的逻辑关系组合而成。

逻辑代数是分析和设计逻辑电路的工具，逻辑代数中的基本定律及基本公式是逻辑代数运算的基础，熟练掌握这些定律及公式可提高运算速度。

逻辑函数可用真值表、逻辑函数公式、逻辑图和卡诺图表示，它们之间可以随意互换。

逻辑函数的化简法有卡诺图法及公式法两种。由于公式化简法无固定的规律可循，因此必须在实际练习中逐渐掌握应用各种公式进行化简的方法及技巧。

卡诺图化简法有固定的规律和步骤，且直观、简单。只要按已给步骤进行，即可在实践中较快寻找到化简的规律。卡诺图化简法对五变量以下的逻辑函数化简非常方便。

## 习　题

1-1　将下列二进制数转换成十进制数。

(1) $(1011)_2$；　(2) $(11011)_2$；

(3) $(100110.011)_2$；　(4) $(110011.01101)_2$。

1-2　将下列十进制数转换成二进制数。

(1) $(36)_{10}$；　(2) $(96)_{10}$；

(3) $(125)_{10}$；　(4) $(13.25)_{10}$。

1-3　将下列十六进制数转换成二进制数。

(1) $(36)_{16}$；　(2) $(5A3C)_{16}$；

(3) $(ABCD.C8)_{16}$；　(4) $(F1FF.ED)_{16}$。

1-4　将下列二进制数转换成十六进制数。

(1) $(110011)_2$；　(2) $(1101011010011)_2$；

(3) $(100110.011)_2$；　(4) $(1100011.0001101)_2$。

1-5　将下列五个数按数值大小排列。

$(11111010)_2$；$(001001000111)_{8421BCD}$；$(370)_8$；$(246)_{10}$；$(F9)_{16}$。

1-6　将下列二进制数转换成 8421BCD 码。

(1) $(1001)_2$；(2) $(10011)_2$；(3) $(100110.011)_2$；(4) $(110011.01101)_2$。

1-7　将下列 8421BCD 码转换成二进制数。

(1) $(00011000)_{8421BCD}$；　(2) $(01001001)_{8421BCD}$；

(3) $(00110111.0101)_{8421BCD}$；　(4) $(0011.0010)_{8421BCD}$

1-8　下列逻辑函数当 $A=0$、$B=1$ 时，求 $F$ 的值。

(1) $F=\overline{A}B+A\overline{B}$;

(2) $F=AB+(\overline{A+B})(\overline{A}+\overline{B})$;

(3) $F=(\overline{\overline{A}+B}+\overline{A+\overline{B}})+(\overline{\overline{A}B}+\overline{A\,\overline{B}})$。

1-9 用基本定律证明下列等式：

(1) $F=AB+\overline{A}C+\overline{B}C=AB+C$;

(2) $F=BC+D+\overline{D}(\overline{B}+\overline{C})(AD+B)=B+D$;

(3) $F=\overline{A+BC+D}=\overline{A}\,\overline{B}\,\overline{D}+\overline{A}\,\overline{C}\,\overline{D}$;

(4) $F=A+\overline{A}\,\overline{B+C}=A+\overline{B}\,\overline{C}$。

1-10 写出下列各式的对偶式：

(1) $F=A+\overline{B}C+\overline{C}D$;

(2) $F=ABC+ABD+ACD$;

(3) $F=(A\overline{B}+BD+CDE)+\overline{A}D$;

(4) $F=\overline{\overline{A}BC}(B+\overline{C})$。

1-11 用反演规则求下列逻辑函数的反函数：

(1) $F=A+\overline{B}(CD+E)$;

(2) $F=A+\overline{B}(CD+E)$;

(3) $F=AB+(\overline{A}+B)(C+D+E)$;

(4) $F=A\overline{C}(\overline{B}+D)+A\overline{C}$。

1-12 用代数法将下列逻辑函数化为最简与或式：

(1) $F=\overline{A}\,\overline{B}+(A\overline{B}+\overline{A}B+AB)D$;

(2) $F=AB+A\overline{C}+\overline{B}C+B\overline{C}+\overline{B}D+ADEF$;

(3) $F=(A+B)(A+\overline{B})(\overline{A}+B)$;

(4) $F=A\overline{B}+C+\overline{A}\,\overline{C}D+B\overline{C}D$;

(5) $F=A\overline{B}+\overline{\overline{A}C+\overline{B}C}$;

(6) $F=A\overline{B}CD+ABD+A\overline{C}D$。

1-13 用卡诺图法将下列逻辑函数化为最简与或式：

(1) $F=A\overline{B}+\overline{A}C+BC+\overline{C}D$;

(2) $F=A\overline{B}\,\overline{C}+\overline{A}\,\overline{B}+\overline{A}D+BD$;

(3) $F=A\overline{B}+B\overline{C}\,\overline{D}+ABD+\overline{A}B\overline{C}D$;

(4) $F=\overline{A}\,\overline{B}C+AD+B\overline{D}+C\overline{D}+A\overline{C}+\overline{A}\,\overline{D}$;

(5) $F(A, B, C)=\sum m(3, 5, 6, 7)$;

(6) $F(A, B, C, D)=\sum m(0, 1, 2, 5, 8, 9, 10, 12, 14)$;

(7) $F(A, B, C, D)=\sum m(1, 3, 4, 6, 7, 9, 11, 12, 14, 15)$;

(8) $F(A, B, C, D)=\sum m(0, 1, 2, 3, 4, 9, 10, 11, 12, 13, 14, 15)$。

1-14 用卡诺图法化简下列具有约束条件为 $AB+AC=0$ 的逻辑函数：

(1) $F=\overline{A}C+\overline{A}B$;

(2) $F=\overline{A}\,\overline{B}C+\overline{A}BD+\overline{A}B\overline{D}+A\overline{B}\,\overline{C}\,\overline{D}$;

(3) $F=\sum m(0, 2, 4, 5, 7, 8)$；

(4) $F=\sum m(0, 1, 3, 5, 8, 9)$。

1-15　用卡诺图法化简下列具有约束条件 $\sum d$ 的逻辑函数：

(1) $F=\sum m(3, 5, 6, 7)+\sum d(2, 4)$；

(2) $F=\sum m(2, 3, 4, 7, 12, 13, 14)+\sum d(5, 6, 8, 9, 10, 11)$；

(3) $F=\sum m(1, 3, 5, 9)+\sum d(10, 11, 12, 13, 14, 15)$；

(4) $F=\sum m(0, 4, 6, 8, 13)+\sum d(1, 2, 3, 9, 10, 11)$；

(5) $F=\sum m(0, 1, 8, 10)+\sum d(2, 3, 4, 5, 11)$；

(6) $F=\sum m(0, 2, 6, 8, 10, 14)+\sum d(5, 7, 13, 15)$。

# 第2章　逻辑门电路

用以实现基本逻辑运算的电路称为逻辑门电路，它是数字电路中的基本单元电路。掌握门逻辑电路的逻辑功能、工作原理及电气特性，是正确使用数字集成电路的基础。

本章从分立元件基本逻辑门入手，建立起逻辑门电路的概念，重点分析一些常用的集成TTL和集成CMOS门电路。并给出了基本的电路结构，工作原理、逻辑功能及电气特性。学习本章要达到熟悉并正确使用集成逻辑门电路的目的。

## 2.1　逻辑约定与逻辑电平

由前面讨论已知，逻辑关系是指条件与结果的一种因果关系。如何用电路来研究实现一定的逻辑关系，是逻辑电路所要讨论的问题。我们知道，电路所研究的对象是电信号，如何用电信号来表示逻辑关系，这是研究逻辑电路首先要讨论的问题。

**1. 逻辑约定**

逻辑关系中的逻辑变量和函数的取值有0和1两种状态，这在逻辑电路中通常是用带有高、低电平的电压信号来表示的。根据情况，有如下两种表示形式：

(1) 正逻辑：用高电平表示逻辑1，低电平表示逻辑0。

(2) 负逻辑：用高电平表示逻辑0，低电平表示逻辑1。

采用哪一种表示形式，我们称为逻辑约定。这在研究具体逻辑电路之前首先要确定。通常在没有特殊注明时均采用正逻辑约定。

**2. 逻辑电平**

在研究逻辑电路时，只要能确定高、低电平就可以确定逻辑状态了，所以高、低电平可以不再是精确的某一个数值，而是可在一定范围内取值的逻辑电平，如图2-1所示。由于逻辑电平允许有一定的变化范围(不同类型的器件不太相同)，所以数字电路在元件的精度，电路的稳定性及可靠性等方面均比模拟电路要求低，这也是数字电路的特点。

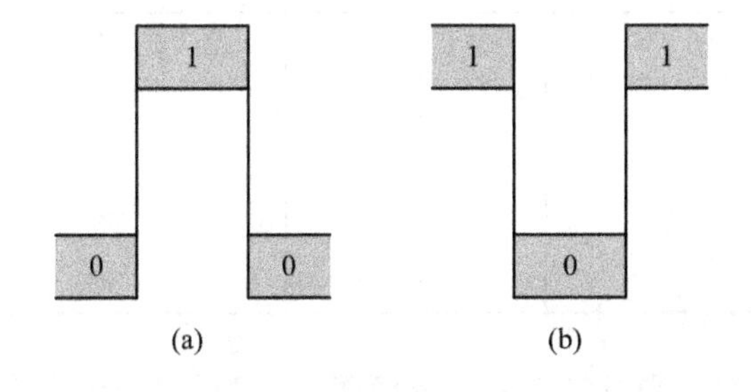


图2-1　逻辑电平

(a) 正逻辑；(b) 负逻辑

## 2.2　基本逻辑门电路

我们已经知道基本逻辑关系有与、或、非三种，能实现其逻辑功能的电路称为基本逻辑门电路。虽然目前数字电路已基本集成化，分立元件的门电路已极少被采用，但集成电路中的门电路是以分立元件的门电路为基础构成的，为了下面的学习，这里首先讨论几种由分立元件构成的门电路。

### 2.2.1　二极管门电路

**1. 二极管与门**

二极管与门电路及逻辑符号如图 2-2 所示。其中 $A$、$B$ 代表与门输入，$Y$ 代表输出。

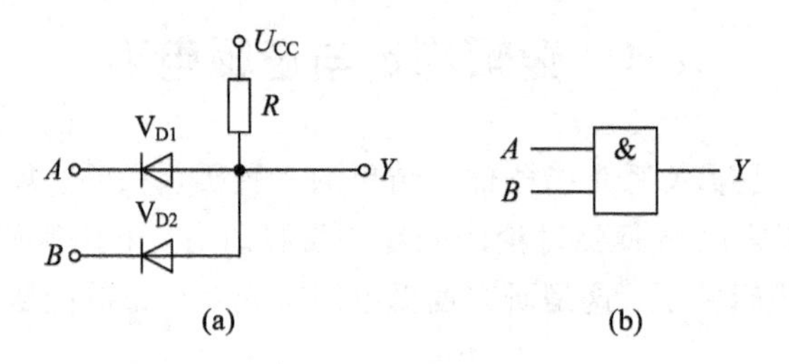


图 2-2　二极管与门

(a) 二极管与门电路；(b) 逻辑符号

若假定二极管的正向压降 $U_D=0$ V，输入端对地的高电平 $U_{iH}=+3$ V、低电平 $U_{iL}=0$ V，电源电压 $U_{CC}=5$ V，则根据图 2-2 电路分析得：

当 $U_A=U_B=0$ V 时，二极管 $V_{D1}$、$V_{D2}$ 均导通，$U_Y=0$ V。

当 $U_A=0$ V、$U_B=3$ V 时，二极管 $V_{D1}$ 优先导通，$U_Y=0$ V。而 $V_{D2}$ 反偏截止。

当 $U_B=0$ V、$U_A=3$ V 时，二极管 $V_{D2}$ 优先导通，$U_Y=0$ V。而 $V_{D1}$ 反偏截止。

当 $U_A=U_B=3$ V 时，二极管 $V_{D1}$、$V_{D2}$ 均导通，$U_Y=3$ V。

将以上分析列表得到二极管与门电路的输入和输出电平关系如表 2-1 所示。

**表 2-1　二极管与门电路电平关系表**

| 输　入 | | 输　出 |
|---|---|---|
| $U_A$/V | $U_B$/V | $U_Y$/V |
| 0 | 0 | 0 |
| 0 | 3 | 0 |
| 3 | 0 | 0 |
| 3 | 3 | 3 |

若按正逻辑进行赋值，则可将表 2-1 变为表 2-2 的与逻辑真值表。

由真值表可看出，这是一个与门电路。它完成的逻辑关系为

$$Y = AB \tag{2-1}$$

**表 2-2　与逻辑真值表**

| 输　入 | | 输　出 |
|---|---|---|
| $A$ | $B$ | $Y$ |
| 0 | 0 | 0 |
| 0 | 1 | 0 |
| 1 | 0 | 0 |
| 1 | 1 | 1 |

### 2. 二极管或门

二极管或门电路及逻辑符号如图 2-3 所示。其中 $A$、$B$ 代表或门输入，$Y$ 代表输出。

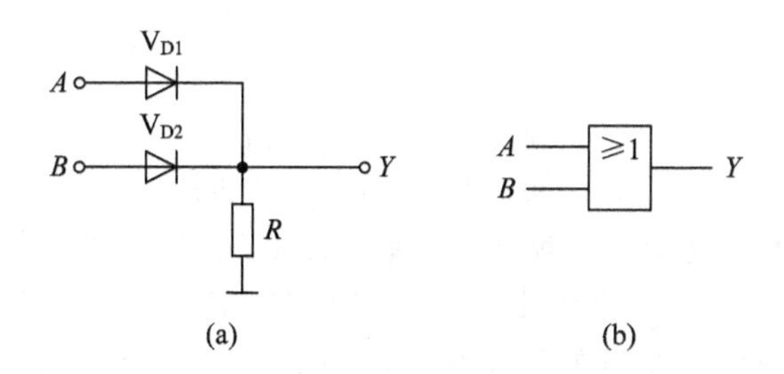


图 2-3　二极管或门

(a) 二极管或门电路；(b) 逻辑符号

同样假定二极管的正向压降 $U_D=0$ V，输入端对地的高电平 $U_{iH}=+3$ V、低电平 $U_{iL}=0$ V。据图 2-3 电路分析得电平关系如表 2-3 所示，真值表见表 2-4 所示。

**表 2-3　二极管或门电路的电平关系表**

| 输　入 | | 输　出 |
|---|---|---|
| $U_A$/V | $U_B$/V | $U_Y$/V |
| 0 | 0 | 0 |
| 0 | 3 | 3 |
| 3 | 0 | 3 |
| 3 | 3 | 3 |

**表 2-4　或逻辑真值表**

| 输　入 | | 输　出 |
|---|---|---|
| $A$ | $B$ | $Y$ |
| 0 | 0 | 0 |
| 0 | 1 | 1 |
| 1 | 0 | 1 |
| 1 | 1 | 1 |

由真值表可看出，这是一个或门电路。它完成的逻辑关系为

$$Y=A+B \tag{2-2}$$

### 2.2.2　三极管非门电路

实现逻辑非运算的电路称为非门。图 2-4 给出了三极管非门电路及逻辑符号。

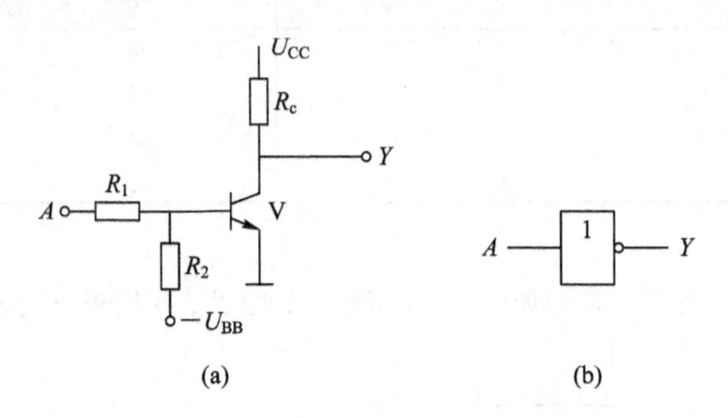


图 2-4　三极管非门

(a) 三极管非门电路；(b) 逻辑符号

完成非逻辑的三极管电路为一反相器，即三极管工作在开关状态，其工作原理如下：

当输入 $U_A=0$ V 时，三极管基极电位 $U_B<0$，V 截止，$I_C=0$，$U_Y=U_{CC}$。

当输入 $U_A=3$ V 时，三极管的基极电流 $I_B$ 由 $U_A$、$U_{BB}$、$R_1$、$R_2$ 共同决定，只要合理选择 $R_1$、$R_2$，就可使三极管工作在饱和状态，则 $U_Y=U_{CES}\approx 0$ V。表 2-5 为非门电路电位关系表，表 2-6 是其真值表。

**表 2-5　非门电位关系表**

| 输　入 | 输　出 |
|---|---|
| $U_A$/V | $U_Y$/V |
| 0<br>3 | $U_{CC}$<br>0 |

**表 2-6　非门真值表**

| 输　入 | 输　出 |
|---|---|
| A | Y |
| 0 | 1 |
| 1 | 0 |

由上面分析可得三极管非门的逻辑表达式为

$$Y=\overline{A} \tag{2-3}$$

以上我们分析了基本逻辑门电路的工作原理及逻辑功能，值得一提的是，当我们从各电路的电位关系得到真值表时，均采用的是正逻辑约定，即 0 V→0、3 V→1。如果现将正逻辑改为负逻辑，即 0 V→1、3 V→0，则我们可分别从表 2-1、表 2-3 中得到另外两个真值表，观察这两个新的真值表，不难看出，正逻辑的与门变成了负逻辑的或门，而正逻辑的或门成为了负逻辑的与门。所以我们在分析、设计逻辑电路时，一定要注意它的逻辑约定。

### 2.2.3　组合逻辑门

将与、或、非三种基本逻辑门进行适当的组合，就可以构成组合逻辑门，完成组合逻辑运算，常用的组合逻辑门有与非门、或非门、与或非门，异或门等。

**1. 与非门**

把一个与门和一个非门组合在一起，就构成了与非门，从而完成与非逻辑运算，二输

入与非门的逻辑符号如图 2-5 所示，表 2-7 是与非门真值表。与非门逻辑表达式为

$$Y = \overline{AB} \tag{2-4}$$

**表 2-7　与非门真值表**

| A | B | Y |
|---|---|---|
| 0 | 0 | 1 |
| 0 | 1 | 1 |
| 1 | 0 | 1 |
| 1 | 1 | 0 |

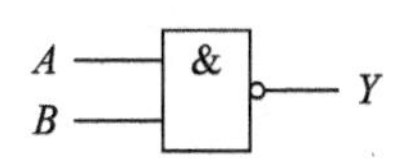


图 2-5　与非门逻辑符号

**2. 或非门**

把一个或门和一个非门组合在一起，就构成了或非门。可以实现或非逻辑运算。二输入或非门的逻辑符号如图 2-6 所示，表 2-8 是或非门真值表。

或非门逻辑表达式为

$$Y = \overline{A + B} \tag{2-5}$$

**表 2-8　或非门真值表**

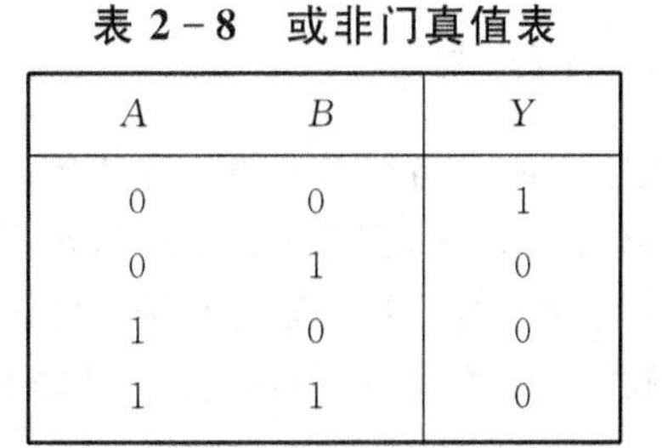

| A | B | Y |
|---|---|---|
| 0 | 0 | 1 |
| 0 | 1 | 0 |
| 1 | 0 | 0 |
| 1 | 1 | 0 |

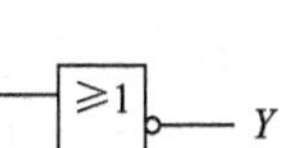


图 2-6　或非门逻辑符号

**3. 与或非门**

把两个与门、一个或门和一个非门组合在一起就构成了一个基本的与或非门，可实现简单的与或非逻辑运算，其逻辑符号如图 2-7 所示，逻辑表达式为

$$Y = \overline{AB + CD} \tag{2-6}$$

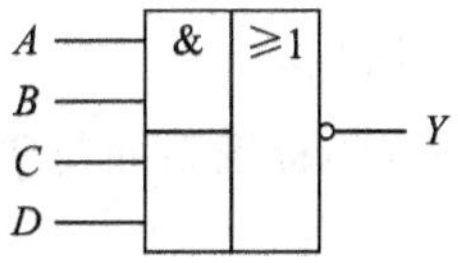

图 2-7　与或非门逻辑符号

**4. 异或门**

异或门也是一种常用的组合逻辑门，其逻辑关系如表 2-9 所示。

异或运算的逻辑关系为

$$Y = \overline{A}B + A\overline{B} = A \oplus B \tag{2-7}$$

图 2-8 是异或门逻辑符号。

**表 2-9　异或门真值表**

| A | B | Y |
|---|---|---|
| 0 | 0 | 0 |
| 0 | 1 | 1 |
| 1 | 0 | 1 |
| 1 | 1 | 0 |

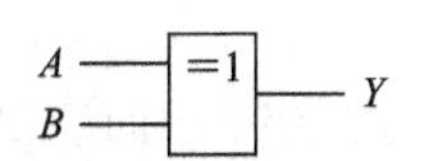


图 2-8　异或门逻辑符号

### 思考题

1. 什么叫逻辑门电路?
2. 二极管门电路中，二极管起什么作用?
3. 三极管门电路中，三极管工作在什么状态? 如何保证?
4. 结合门电路的分析，说明逻辑约定的重要性。

## 2.3 TTL 集成逻辑门电路

上述所讨论的基本逻辑门电路为分立元件电路，随着生产和科学技术的不断发展，现广泛使用的是各种集成电路，与分立元件电路相比，集成电路具有体积小、重量轻、可靠性高、寿命长、功耗低、成本低和工作速度高等优点，尤其在数字电路领域，集成电路几乎取代了分立元件电路。可以说，数字电路系统就是由数字集成电路组成的系统。从本节开始，将陆续研究数字集成电路的有关问题。

### 2.3.1 TTL 与非门

数字集成电路是以双极型晶体管、单极型 MOS 管为基本器件分别或混合集成在一小片半导体芯片上的。TTL(Transistor-Transistor-Logic)是双极型集成电路的一种，经过近半个世纪的发展，生产工艺不断完善成熟，它具有体积小、重量轻、功耗低、负载能力强、抗干扰能力好等优点。同时产品性能稳定，工作可靠，开关速度高，因此得到了广泛的应用。

**1. 电路结构**

图 2-9 为标准系列与非门 7400 的电路图。

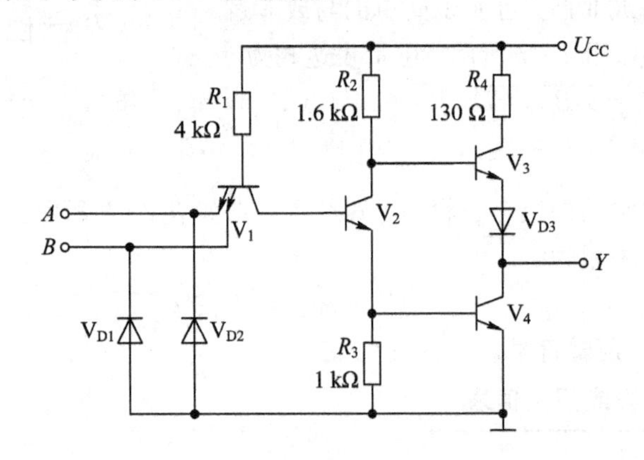


图 2-9 标准系列与非门

该电路由输入级、中间级和输出级组成，其中 $R_1$、$V_1$、$V_{D1}$、$V_{D2}$ 构成输入级，$V_1$ 为多发射极三极管，其两个发射结相当于与门的两个输入二极管，完成与的功能。$V_{D1}$、$V_{D2}$ 为保护二极管。由 $R_2$、$V_2$、$R_3$ 组成中间级。$V_3$、$V_4$、$V_{D3}$ 和 $R_4$ 组成输出级，由于 $V_3$ 和 $V_4$ 被分别来自 $V_2$ 的集电极和发射极的两个相位相反的信号控制，因此两个管子轮流导通或截止，构成所谓的推拉式或图腾柱式输出电路。可降低输出功耗，提高带负载能力。

**2. 工作原理**

(1) 当输入端全部接高电平(3.6 V)，即 $A$，$B$ 全为1时，此时 $U_{CC}$ 通过 $R_1$ 对 $V_1$ 的集电结、$V_2$ 的发射结和 $V_4$ 的发射结提供足够大的电流，使 $V_2$ 和 $V_4$ 处于饱和状态，输出为低电平。

$$U_Y = U_{oL} = U_{CES4} = 0.3\ V$$

由于 $U_{B3} = U_{C2} = U_{CE2} + U_{BE4} = 0.3 + 0.7 = 1\ V$，故 $V_3$、$V_{D3}$ 处于截止状态。对于 $V_1$ 管来说，其基极电位

$$U_{B1} = U_{BC1} + U_{BE2} + U_{BE4} = 2.1\ V$$

低于输入高电平，故 $V_1$ 管各发射结均处于反偏截止状态。

(2) 当输入端有低电平(0.3 V)时，此时 $V_1$ 管发射结导通，将 $U_{B1}$ 钳位于1 V。此电压不足以使 $V_1$ 的集电结、$V_2$ 的发射结及 $V_4$ 的发射结导通，所以 $V_2$、$V_4$ 截止，输出高电平为

$$U_Y = U_{oH} = U_{C2} - U_{BE3} - U_{VD3} = 5 - 0.7 - 0.7 = 3.6\ V$$

由以上分析可知，可列出电平关系如表2-10所示，真值表如表2-11所示。

**表2-10　TTL与非门电路的电平关系表**

| 输　入 | | 输　出 |
|---|---|---|
| $U_A$/V | $U_B$/V | $U_Y$/V |
| 0.3 | 0.3 | 3.6 |
| 0.3 | 3 | 3.6 |
| 3 | 0.3 | 3.6 |
| 3 | 3 | 0.3 |

**表2-11　与非门真值表**

| 输　入 | | 输　出 |
|---|---|---|
| $A$ | $B$ | $Y$ |
| 0 | 0 | 1 |
| 0 | 1 | 1 |
| 1 | 0 | 1 |
| 1 | 1 | 0 |

由真值表可以看出，这是一个与非的逻辑关系，所以此电路是一个与非门电路。

## 2.3.2　集电极开路门和三态门

### 1. 集电极开路与非门(OC门)

上面讨论的TTL与非门因其输出端推拉式的结构而不能同时将几个与非门输出连接在一起工作，否则将导致逻辑功能混乱并可能烧坏器件。

集电极开路与非门是由传统的与非门演变而来的，图 2-10 给出了电路结构及逻辑符号。

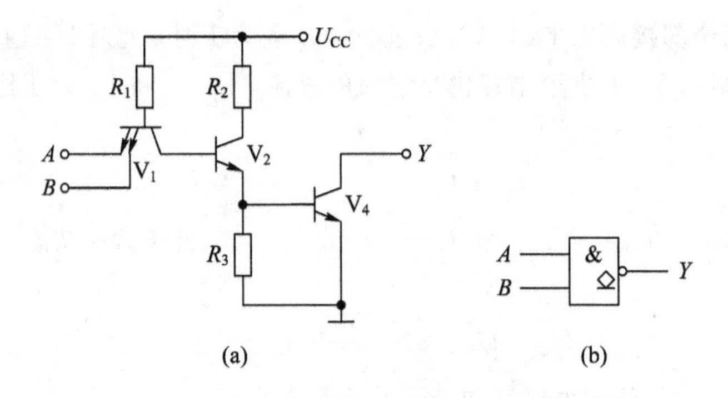


图 2-10　集电极开路与非门

(a) 电路结构；(b) 逻辑符号

由电路可以看出，它是将具有推拉式输出的 TTL 与非门电路中的有源负载管 $V_3$、$V_{D3}$ 去掉，使输出管 $V_4$ 的集电极开路而得到。在使用时需外接一个集电极负载电阻(又称上拉电阻)$R_c$ 才能完成与非的逻辑功能。

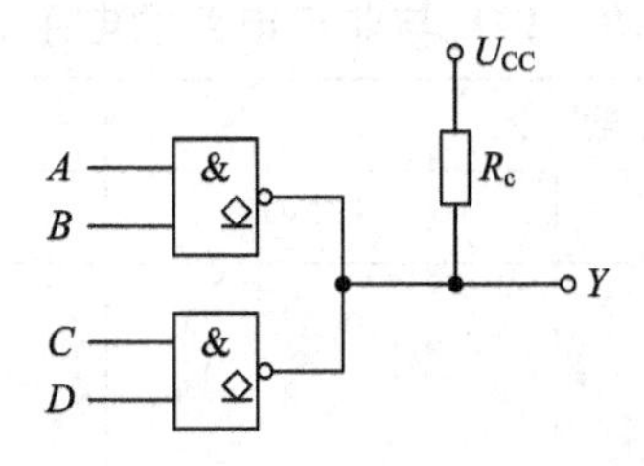


图 2-11　OC 门线与

OC 门使用比较灵活，将几个 OC 门的输出端连接在一条输出总线上，外接一个公共电阻 $R_c$，如图 2-11 所示，此时只要有一个 OC 门输出为低电平，总线输出就是低电平，即在总线上完成与的功能，这种靠线的连接形成“与功能”的方式称为“线与”。其逻辑功能为

$$Y = \overline{AB} \cdot \overline{CD} \tag{2-8}$$

使用 OC 门时必须注意选择适当的上拉电阻 $R_c$。如果 $R_c$ 过大，其上压降也大，会影响输出高电平的值，即会使输出高电平 $U_{oH}$ 降低，所以必须满足在 OC 门输出为高电平期间，保证输出的高电平不低于 $U_{oHmin}$。

如果 $R_c$ 过小，电流较大，当输出低电平时使输出管 $V_4$ 浅饱和或不饱和，会使输出低电平 $U_{oL}$ 升高，此时要求其输出低电平 $U_{oL}$ 不高于 $U_{oLmax}$。

除了与非门有 OC 门结构外，其他 TTL 门、译码器及寄存器等也有 OC 门输出结构，这样会使它们的使用更加灵活。

**2. 三态与非门(TSL 门)**

三态逻辑门除了有逻辑 0 和逻辑 1 两种输出状态外，还有一个受使能端信号控制的高阻状态，称为 Z 状态。当三态门处于高阻状态时，相当于它和系统中其他电路完全脱开，所以三态门输出结构兼有图腾柱推拉输出和集电极开路输出结构的优点。具有三态门输出结构的门电路、数据选择器、存储器等集成器件在总线系统、外围接口、仪器仪表的控制电路中应用较广。三态与非门的电路及逻辑符号如图 2-12 所示。

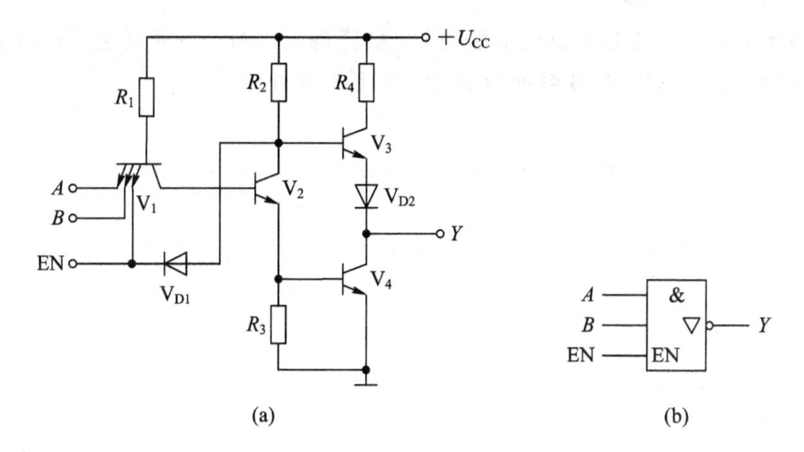


图 2-12　三态与非门

(a) 电路；(b) 逻辑符号

三态输出门中，除正常的输入端外，还加了一个控制端 EN(亦称使能端)，当 EN=1 时，二极管 $V_{D1}$ 截止，电路的工作状态与普通与非门相同；当 EN=0 时，$V_{D1}$ 导通，$V_3$ 管基极电位被钳位在 1.0 V 左右，使 $V_3$ 截止，同时 $V_2$、$V_4$ 截止，由于 $V_3$、$V_4$ 同时截止，输出端呈现高阻状态，三态输出门由此而来(输出端出现高电平、低电平及高阻三种状态)。

### 2.3.3 TTL 门电路的特性与参数

TTL 门是数字集成电路的基础，讨论它的特性和参数有助于人们从抗干扰能力，负载能力，工作速度和功耗等几个方面对它进行了解并能选择使用。

**1. TTL 门的电压传输特性**

电压传输特性是描述门电路输出电压 $u_o$ 随输入电压 $u_i$ 变化规律的曲线。以前面讨论的标准 TTL 与非门为例，其电压传输特性如图 2-13 所示。

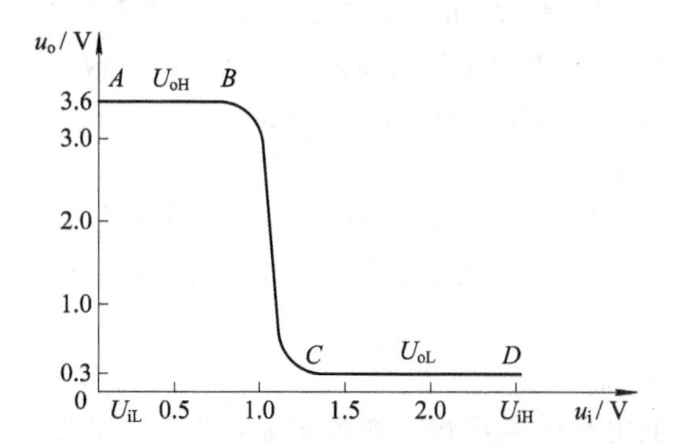


图 2-13　TTL 与非门电压传输特性

TTL 门电路传输电压大致可以分为三段，即

*AB* 段：$u_i$ 为低电平，$u_o$ 为高电平，此时与非门处于截止(关门)状态。

*BC* 段：$u_i$ 增加，$u_o$ 降低，$u_o$ 随 $u_i$ 做线性变化，此段为与非门的转换段。

$CD$ 段：$u_i$ 为高电平，$u_o$ 为低电平，此时与非门处于导通(开门)状态。

**2. TTL 门的主要参数**

TTL 门类型较多，各参数值也不尽相同，如需确切参数，可通过查手册或直接测试得到。本书仅以目前常用的 74LS 系列为例对有关参数作介绍。

1) 电源电压 $U_{CC}$

$U_{CC}$ 为保证电路正常工作时的电源电压。额定值为 5 V，允许波动±5%。

2) 输出高电平 $U_{oH}$

$U_{oH}$ 为与非门处于截止状态($AB$ 段)时的输出电平。$U_{oH}$ 的典型值是 3.6 V，产品规定 $U_{oHmin}$ 为 2.7 V。

3) 输出低电平 $U_{oL}$

$U_{oL}$ 为与非门处于导通状态($CD$ 段)时的输出电平。$U_{oL}$ 的典型值是 0.3 V，产品规定 $U_{oLmax}$ 为 0.5 V。

4) 输入高电平 $U_{iH}$

$U_{iH}$ 为使与非门输出为低电平(导通)时的输入电平。它与逻辑 1 相对应。$U_{iH}$ 的典型值是 3.6 V，产品规定 $U_{iHmin}$ 为 2 V，通常也把这个值称为开门电平，意为能保证与非门处于导通(开门)状态的最小输入电平。

5) 输入低电平 $U_{iL}$

$U_{iL}$ 为使与非门输出为高电平(截止)时的输入电平，它与逻辑 0 相对应。$U_{iL}$ 的典型值是 0.3 V，产品规定 $U_{iLmax}$ 为 0.8 V，通常这个值也称为关门电平，意为能保证与非门处于截止(关门)状态的最大输入电平。

6) 输入高电平噪声容限 $U_{NH}$

$U_{NH}$ 为在保证输出为低电平时，允许叠加于输入高电平上的噪声电压即为 $U_{NH}$。在实际定义时，用同类与非门的输出高电平作为输入，则

$$U_{NH}=U_{oHmin}-U_{iHmin}=2.7-2=0.7\ \text{V} \qquad (2-9)$$

7) 输入低电平噪声容限 $U_{NL}$

$U_{NL}$ 为在保证输出为高电平时，允许叠加于输入低电平上的噪声电平即为 $U_{NL}$。在实际定义时，用同类与非门的输出低电平作为输入，则

$$U_{NL}=U_{iLmax}-U_{oLmax}=0.8-0.5=0.3\ \text{V} \qquad (2-10)$$

8) 输入高电平电流 $I_{iH}$

$I_{iH}$ 为与非门输入高电平时流入输入端的电流，产品规定当 $U_{iH}=U_{oHmin}=2.7$ V 时，$I_{iHmax}$ 为 20 μA。其物理意义为作为负载的与非门在输入高电平时，可“拉出”前级门的输出端电流。

9) 输入低电平电流 $I_{iL}$

$I_{iL}$ 为与非门输入低电平时流出输入端的电流，产品规定当 $U_{iL}=U_{oLmax}=0.5$ V 时，$I_{iLmax}=0.4$ mA。其物理意义为作为负载的与非门在输入低电平时，可“灌入”前级门的输出端电流。

10) 输出高电平电流 $I_{oH}$

$I_{oH}$ 为与非门输出高电平时流出输出端的电流。产品规定 $I_{oHmax}$ 为 0.4 mA，它是被负载

“拉出”的电流。

11）输出低电平电流 $I_{oL}$

$I_{oL}$ 为与非门输出低电平时流入输出端的电流。产品规定 $I_{oLmax}$ 为 8 mA，它是被负载“灌入”的电流。

12）扇出系数 $N$

$N$ 为与非门可带同类门的个数。

当输出低电平时：

$$N_L=\frac{I_{oLmax}}{I_{iLmax}}=\frac{8}{0.4}=20$$

当输出高电平时，

$$N_H=\frac{I_{oHmax}}{I_{iHmax}}=\frac{0.4}{0.02}=20$$

如 $N_L$ 与 $N_H$ 不同时，$N$ 为 $N_L$ 和 $N_H$ 中的最小值。

13）输出高电平电源电流 $I_{CCH}$

$I_{CCH}$ 为与非门输出高电平时的电源电流。产品规定 $I_{CCHmax}$ 为 1.6 mA。

14）输出低电平电源电流 $I_{CCL}$

$I_{CCL}$ 为与非门输出低电平时的电源电流。产品规定 $I_{CCLmax}$ 为 4.4 mA。

以上两个电源电流参数均为空载下测试，并是静态工作参数，在动态工作时，实际值要增大。另外，根据 $I_{CC}$ 可得到与非门的功耗

$$P_{CC}=I_{CC}\cdot U_{CC}$$

15）平均延迟时间 $t_{pd}$

当与非门输入方波电压时，其输出波形对输入波形有一定的时间延迟。如图 2-14 所示，从输入波形下降沿的中点到输出波形上升沿的中点之间的延迟称为截止时间 $t_{PLH}$；从输入波形上升沿中点到输出波形下降沿中点间的时间延迟称为导通延迟时间 $t_{PHL}$。两者的平均值称为平均延迟时间，即

$$t_{pd}=\frac{t_{PHL}+t_{PLH}}{2} \tag{2-11}$$

平均延迟时间反映了与非门的开关速度。产品规定 $t_{pdmax}$ 为 15 ns。

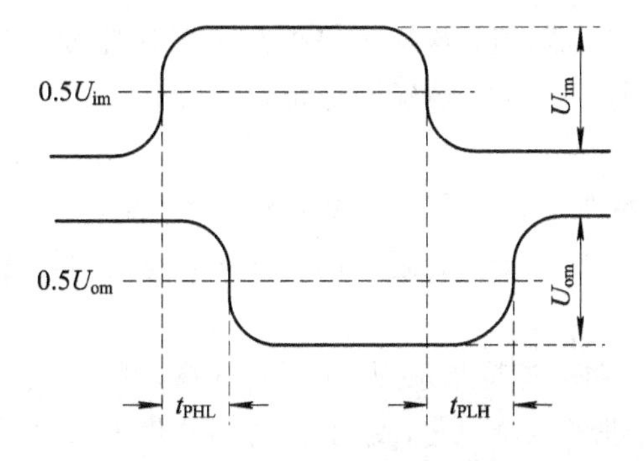


图 2-14　平均延迟时间

16）功耗-延迟积

对于一个理想的门电路来说，应该具有速度快的特点，功耗低。但实际上这是个矛盾

的问题，往往是速度快就会增加功耗，而功耗小则速度就低。所以在实际应用中，力求它们的综合性能高即可。功耗-延迟积即为衡量这一综合性能的指标：

$$PD = P_{CC}t_{pd} \tag{2-12}$$

## 2.3.4 TTL 电路使用常识

TTL 电路即三极管—三极管逻辑电路，由于其高速，带载能力强等优良性能。在目前的中小规模数字集成电路中广泛应用。

**1. TTL 门电路系列**

为满足提高工作速度及降低功耗等需要，现 TTL 电路也有多种标准化产品。尤其以 54/74 系列应用最为广泛，其中 54 系列为军品，工作温度为－55～＋125℃，工作电压为 5 V±10％；74 系列为民品，工作温度为 0～70℃ ，工作电压为 5 V±5％，它们同一型号的逻辑功能、外引线排列均相同，本书将以 74 系列为讨论对象。

1）74 标准系列

前面讨论的与非门即为 74 标准系列，它是 74 系列的早期产品，电路简单，每门功耗约为 10 mW，平均传输延迟时间(描述工作速度的参数)约为 9 ns。属中速器件。

2）74L 系列

74L 系列是低功耗系列，其电路形式与 74 系列完全相同，只是借助增大电阻元件阻值将每门功耗降低到 1 mW，但平均传输延迟时间却增大为 33 ns。

3）74H 系列

74H 系列是高速系列，它一方面减小电路中的电阻值，另一方面将 $V_3$ 变成了复合管结构，这样，使平均传输延迟时间减小到 6 ns，提高了工作速度，但每门功耗约为 22 mW。

4）74S 系列

74S 系列是肖特基系列，为了进一步提高速度，一方面在电路输出级加了有源泄放网络，另外，将电路中除 $V_3$ 管外都变成了肖特基管，以达到提高速度的目的。此系列每门平均传输延迟时间为 3 ns，功耗约为 19 mW。

5）74LS 系列

74LS 系列是低功耗肖特基系列，它是目前应用最广泛的 TTL 系列。它除了采用肖特基管外，又增加了电路中的电阻值，这样不仅提高了工作速度，而且降低了功耗，此系列的每门功耗约为 2 mW，每门平均传输延迟时间为 9 ns。

6）74AS 系列

74AS 系列是先进肖特基系列，是 74S 系列的后续产品，它降低了电路中的电阻值，提高了工作速度。此系列每门平均传输延迟时间为 3 ns，每门功耗约为 8 mW。

7）74ALS 系列

74ALS 系列是先进低功耗肖特基系列，是 74LS 系列的后续产品，电路中不但采用了较高的电阻值，而且还改进了生产工艺，缩小了内部器件的尺寸，使得工作速度和功耗都进一步得到了改善。此系列每门平均传输延迟时间为 3.5 ns，每门功耗约为 1.2 mW。

以上改进系列的 TTL 与非门均是根据实际需要，在原标准型基础上进行改进而获得，它们除个别参数不同外，其使用方法、逻辑功能及外引线图均相同。

不同的使用场合，对集成电路的工作速度和功耗等性能有不同的要求，可选用不同系列的产品。首先来比较一下 TTL 系列产品性能，表 2-12 列出了几种主要 TTL 系列产品的重要参数。

**表 2-12　TTL 几种主要系列参数对比表**

| 系列名称 | 标准 TTL | LSTTL | ASTTL | ALSTTL |
|---|---|---|---|---|
| | 7400 | 74LS00 | 74AS00 | 74ALS00 |
| 工作电压/V | 5 | 5 | 5 | 5 |
| 平均功耗 mW/门 | 10 | 2 | 8 | 1.2 |
| 平均传输延迟时间 ns/门 | 9 | 9.5 | 3 | 3.5 |
| 功耗-延迟积 mW-ns | 90 | 19 | 24 | 4.2 |
| 最高工作频率 MHz | 40 | 50 | 230 | 100 |
| 噪声容限/V | 1 | 0.6 | 0.5 | 0.5 |

考核一个门电路的优劣应从以下几个方面进行优先考虑：工作速度、平均功耗和抗干扰能力等，通常用功耗-延迟积 *PD* 对门电路进行综合评价，*PD* 值越小，其性能越优越。在实际工作中，LSTTL 系列是目前 TTL 数字集成电路的主要产品，这一点从上表可以看出，而 ALSTTL 系列的性能虽然比 LSTTL 系列有较大改进，但其品种少，价格高，因而限制了它的使用。另外需要注意的是，若产品型号后几个参数相同时，表明它的逻辑功能、外形尺寸、外引线排列都相同；同种产品互相替换时，只能用高速产品来替换低速的。

**2. TTL 门电路无用输入端的处理**

1）与非门

与非门的无用输入端可采用如图 2-15 所示三种方式处理。

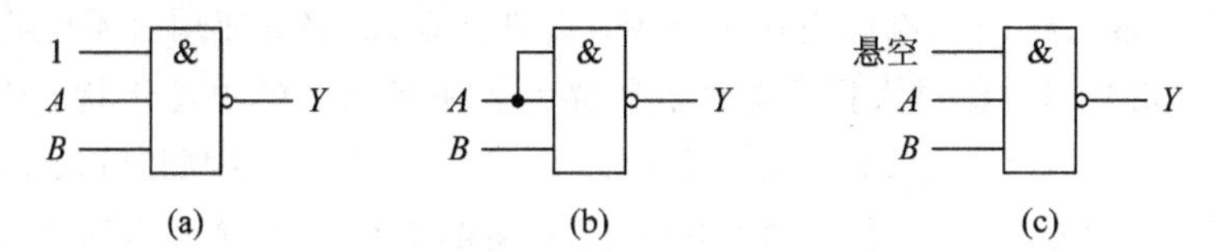


图 2-15　TTL 与非门无用输入端的处理

(a) 接 1；(b) 并联；(c) 悬空

(1) 无用端接 1，可接＋5 V 电源。

(2) 与有用端并联。

(3) 悬空，与非门输入端悬空为 1，但悬空的输入端易受干扰，导致工作不可靠，所以不推荐这种处理方法。

2）或非门

或非门的无用输入端可接 0(地)或与有用端并联，如图 2-16 所示。

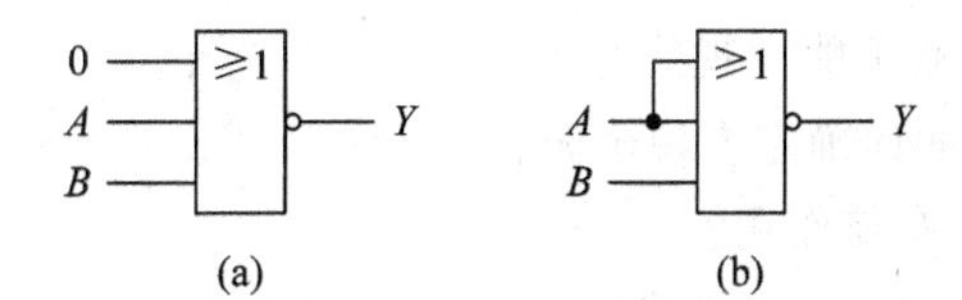


图 2-16　或非门无用输入端的处理

(a) 接 0(地)；(b) 并联

**3. TTL 门电路的开门电阻和关门电阻**

图 2-17 所示为 TTL 非门电路，其输入端经电阻 $R$ 接地，当 $R$ 趋于∞时，相当于输入端悬空为 1，则门电路处于导通状态。当 $R$ 为 0 时，相当于输入端为 0，此时门电路处于截止状态。实际上，只要 $R>R_{on}$，则与非门就开通。$R_{on}=U_{iH}/I_{iL}$，是能维持输出为低电平时的输入端对地最小电阻，$R_{on}$称为开门电阻。只要 $R<R_{off}$，与非门关断。$R_{off}=U_{iL}/I_{iH}$是能维持输出为高电平时的输入端对地最大电阻，$R_{off}$称为关门电阻。产品系列不同，$R_{on}$、$R_{off}$也不同，详细数值请查阅手册，对于 54/74 系列产品可估算：$R_{off}=0.9\ \text{k}\Omega$，$R_{on}=1.9\ \text{k}\Omega$，在计算 $R_{on}$、$R_{off}$时要留一定的裕量。

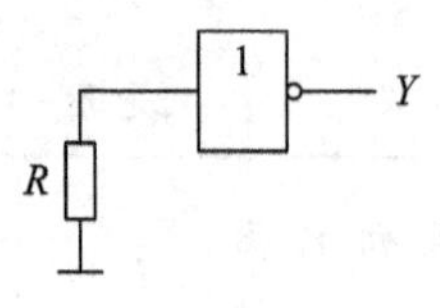

图 2-17　TTL 门电路开门电阻和关门电阻

**4. TTL 电路带负载能力**

除了我们前面讨论的用扇出系数来衡量门电路带同类门电路能力外，我们还应牢记，TTL 电路的带灌电流负载能力远远大于带拉电流负载能力。例如要用一个门电路去推动发光二极管，如发光管工作电流为 10 mA，则正确的使用方法是组成灌电流负载，而不能用拉电流负载。因为 TTL 门输出低电平(灌电流)时，$I_{oL(max)}=16$ mA，可使发光二极管发光，而输出高电平(拉电流)时，$I_{oH(max)}=0.4$ mA 不能使发光二极管导通。从这个例子我们体会到，当用 TTL 带动非 TTL 负载时，应充分考虑 TTL 电路的带载能力，即善于吸流而不善于放流的特性。

**5. 电源电压及输出端的连接**

TTL 电路正常工作时的电源电压为 5 V，允许波动±5%。使用时不能将电源与“地”线颠倒接错，否则会因电流过大损坏器件。为避免从馈线引入的电源干扰，应在印刷电路板的电源输入端并入几十微法的低频去耦电容和 0.01～0.1 μF 的高频滤波电容。

除三态门和集电极开路门外，其他 TTL 门电路的输出端不允许直接并联使用；输出端不允许直接与电源或地相连。集电极开路门输出端在并联使用时，在其输出端与电源 $U_{CC}$之间应外接上拉电阻；三态门输出端在并联使用时，同一时刻只能有一个门工作，而其他门输出处于高阻状态。

## 思考题

1. TTL 门电路的特点是什么？各系列在电气特性上有何不同？
2. TTL 门电路输入端悬空相当于什么状态，为什么？
3. TTL 门电路的典型参数值都有哪些？
4. 为什么 TTL 门电路不能实现线与？
5. OC 门电路特点，如何确定上拉电阻？
6. 三态门电路特点，有何作用？
7. 开、关门电阻如何定义，怎样确定？
8. 使用 TTL 门电路，对其输入、输出端应注意什么？

# 2.4　COMS集成逻辑门电路

由MOS管构成的集成电路称为MOS集成电路，其中由P沟道MOS管构成的称为PMOS电路，由N沟道MOS管构成的称为NMOS电路，而由两者结合构成的称为互补型CMOS电路。PMOS电路发展较早，它以空穴作为载流子，与以电子作为载流子的NMOS电路相比，有工作速度低，集成度小等缺点。NMOS电路由于工艺上的进展现已有较广泛的应用。特别是在大规模集成电路领域中。CMOS电路为PMOS与NMOS的互补型集成电路，由于其自身的特点使其发展十分迅速，产品已赶超TTL电路。

## 2.4.1　CMOS反相器

### 1. 电路结构

图2-18是CMOS反相器的电路图，其中$V_N$是N沟道增强型MOS管，$V_P$是P沟道增强型MOS管，两管的参数对称相同，其开启电压$U_{TN}=|U_{TP}|$，电源电压是$U_{DD}$，要求$U_{DD}>|U_{TP}|+U_{TN}$，$V_N$作驱动管，$V_P$作负载管。

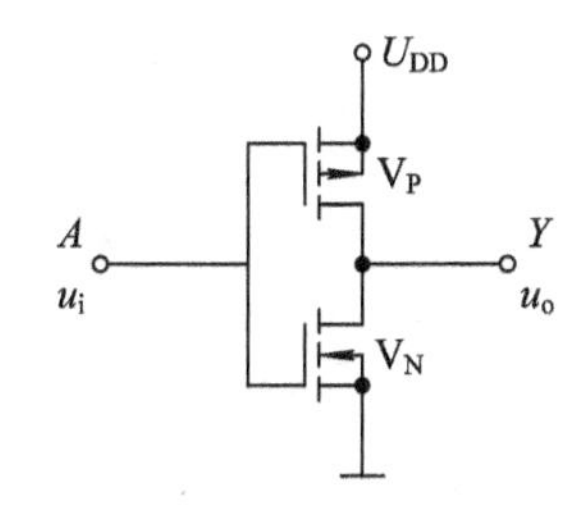


图2-18　CMOS反相器

### 2. 工作原理

当输入信号$u_i=U_{iL}=0$ V时，$u_{GSN}=0<U_{TN}$，$V_N$管截止；$u_{GSP}=0-U_{DD}=-U_{DD}$，$|u_{GSP}|>|U_{TP}|$，$V_P$导通。输出电压$u_o=U_{oH}\approx U_{DD}$。

当输入信号$u_i=U_{iH}=U_{DD}$时，$u_{GSN}=U_{DD}>U_{TN}$，$V_N$管导通；

$u_{GSP}=U_{DD}-U_{DD}=0$，$|u_{GSP}|<|U_{TP}|$，$V_P$截止。输出电压$u_o=U_{oL}\approx 0$ V。

上述分析表明，图2-18所示电路具有逻辑非的功能，其逻辑表达式记作$Y=\overline{A}$，因此该电路称为CMOS非门电路，又称为CMOS反相器。在该电路中$V_N$、$V_P$总是一管导通，另一管截止，工作于互补状态。其静态漏极电流非常小，因此CMOS电路的静态功耗极小。

## 2.4.2　CMOS与非门和或非门

### 1. CMOS与非门

图2-19为两输入端CMOS与非门电路图。其中NMOS管$V_{N1}$、$V_{N2}$串联作驱动管，PMOS管$V_{P1}$、$V_{P2}$并联作负载管。

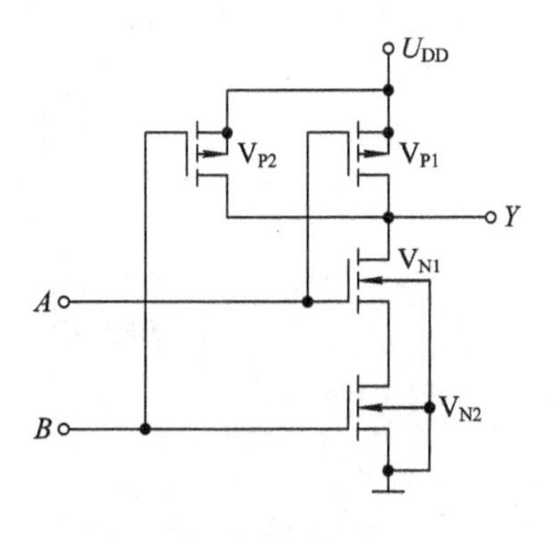


图2-19　CMOS与非门

当输入端$A$与$B$同时为高电平时，$V_{N1}$、$V_{N2}$导通，$V_{P1}$、$V_{P2}$截止，此时输出$Y$为低电平。

当输入端$A$与$B$中任一个为低电平时，则接低电平的驱动管截止，负载管导通，输出$Y$为高电平。如$A$为低电平时，$V_{N1}$截止、$V_{P2}$导通。由此可见，此电路具有与非的逻辑功能。

**2. CMOS 或非门**

两输入端 CMOS 或非门电路如图 2-20 所示，其中 NMOS 管 $V_{N1}$、$V_{N2}$ 并联作驱动管，$V_{P1}$、$V_{P2}$ 作负载管。

当输入端 $A$，$B$ 任一个为高电平时，则接高电平的驱动管导通，负载管截止，如 $A$ 为高电平时，$V_{N1}$ 导通、$V_{P2}$ 截止，此时输出 $Y$ 为低电平。

当输入端 $A$，$B$ 均为低电平时，两驱动管都截止，而负载管都导通，此时输出 $Y$ 为高电平。可见该电路具有或非的逻辑功能。

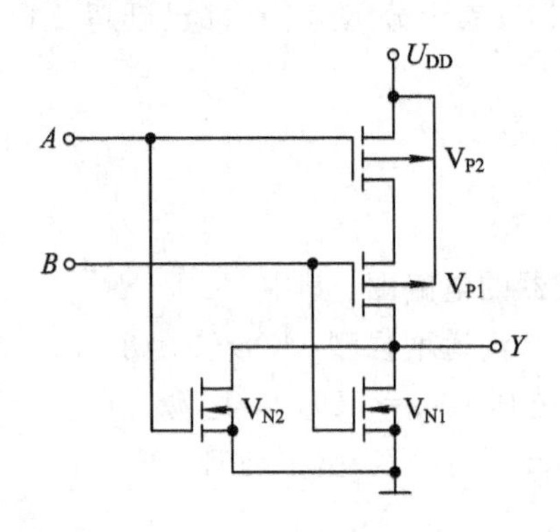


图 2-20　CMOS 或非门

## 2.4.3　CMOS 传输门和模拟开关

**1. CMOS 传输门**

传输门(TG)是一种用来传输信号的可控开关，图 2-21(a)、(b)分别给出了 CMOS 传输门的原理电路图和逻辑符号。

CMOS 传输门是由两个参数对称的 NMOS 管和 PMOS 管并联组成的，$V_N$ 和 $V_P$ 的栅极分别接入控制信号 $C$ 和 $\overline{C}$。由于 MOS 管的漏极和源极在结构上是对称的，因此 CMOS 传输门中栅极引出线画在中间位置，CMOS 传输门也成为双向器件，其输入和输出端可以互换使用。

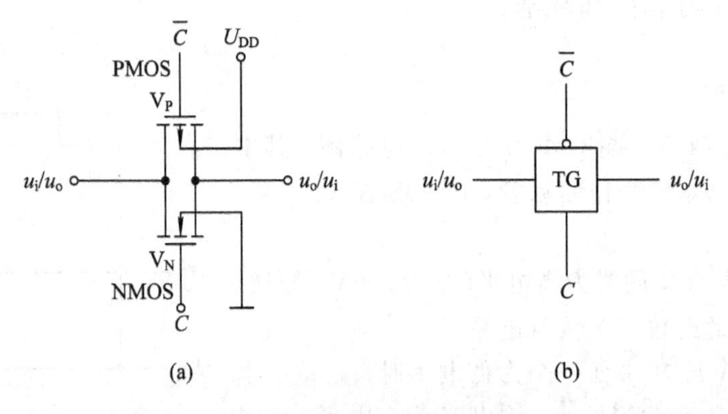


图 2-21　CMOS 传输门
(a) 电路图；(b) 逻辑符号

**2. CMOS 传输门工作原理**

因 $V_N$ 和 $V_P$ 参数对称，所以令 $U_T=U_{TN}=|U_{TP}|$，两管栅极上接一对互补控制电压，其低电平为 0 V，高电平为 $U_{DD}$，输入电压 $u_i$ 的变化范围为 $0\sim U_{DD}$。

当控制端 $C$ 加低电平，$\bar{C}$ 加高电平时，$V_N$ 和 $V_P$ 都截止，输入和输出之间呈高阻状态，相当于开关断开，输入信号不能传输到输出端，传输门关闭。

当控制端 $C$ 加高电平，$\bar{C}$ 加低电平时，若 $0<u_i<(U_{DD}-U_T)$，$V_N$ 导通($V_P$ 在 $u_i$ 的低段截止，高段导通)，$u_o=u_i$；若 $|U_{TP}|\leqslant u_i\leqslant U_{DD}$时，$V_P$ 导通($V_N$ 在 $u_i$ 的低段导通，高段截止)，$u_o=u_i$。因此，当输入信号 $u_i$ 在 $0\sim U_{DD}$之间变化时，$V_N$ 和 $V_P$ 至少有一管导通，输出和输入之间呈现低阻，且该导通电阻近似为一常数，此时相当于开关闭合，传输门开通。

**3. CMOS 模拟开关**

如将 CMOS 传输门和一个非门组合起来，如图 2-22 所示，就构成 CMOS 模拟开关。此时，只需一个控制信号就可以控制模拟开关的开关状态了。需要说明的是，以上讨论的模拟开关，虽然其中的 MOS 管工作在开关状态，但是却能传输模拟信号，使用非常方便、广泛。

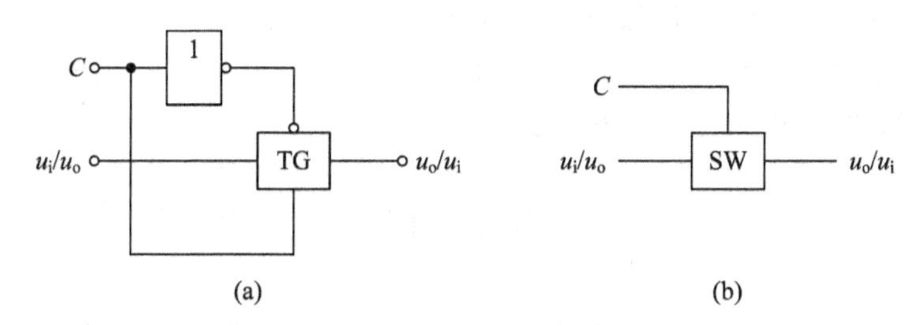


图 2-22 模拟开关
(a) 电路图；(b) 逻辑符号

与 TTL 门电路中 OC 门相对应，在 CMOS 门电路中也有漏极开路门(简称 OD 门)，也能够实现输出端线与、输出电平的转换以及驱动负载电流较大的显示器件。除了 OD 门，CMOS 电路中还有三态输出门，也能输出三种状态。它们的逻辑符号与 TTL 门电路中相应符号相同。

## 2.4.4 CMOS 电路特性及使用常识

**1. CMOS 电路特性**

CMOS 电路产生半个世纪以来，由于制造工艺的不断完善，其总体技术参数已接近或超过 TTL 电路。CMOS4000 系列和 74HC 高速系列是 CMOS 数字集成电路目前的主要产品。CMOS4000 系列的工作电压为 3～18 V，它具有功耗低、噪声容限大、驱动能力强等优点，并且该系列产品带有反相器作缓冲级，具有对称的驱动能力，使用已相当普遍。而高速 CMOS 电路集中了 CMOS 和 TTL 电路的优点，同时又克服了它们各自的缺点，具有更快的速度、更高的工作频率和更强的负载能力等。高速 CMOS 电路主要有 74HC、74HCT、74BCT(BiCMOS) 等系列，它们的逻辑功能、外引线排列与同型号的 TTL 电路 74 系列相同。74HC 系列的工作电压为 2～6 V，若电源电压取 5 V 时，输出高低电平与

TTL电路兼容；74HCT、74BCT中的T表示与TTL中路兼容，其电源电压为4.5～5.5 V，电平特性与TTL兼容。

**2. CMOS电路使用常识**

使用CMOS集成电路应注意以下几个问题：

(1) 注意静电防护，预防栅极击穿损坏。存放、运输CMOS器件，最好用金属容器，防止外来感应电荷将栅极击穿。

(2) 正确识别器件的输入和输出端，并正确连接它们。CMOS电路的输入端不得悬空，应该按要求接$U_{DD}$或$U_{SS}$，输出端不能和$U_{DD}$或$U_{SS}$短接，否则会损坏输出级。

(3) 正确供电，芯片的$U_{DD}$接电源正极，$U_{SS}$接电源负极(通常接地)，不允许接反，否则将使芯片损坏。在连接电路、拔插电路元器件时必须切断电源，严禁带电操作。

### 思考题

1. 比较TTL门和CMOS门电路特点及性能特点。
2. CMOS门电路的互补结构有何优点？
3. CMOS门电路输入端可否悬空，为什么？
4. CMOS传输门能否通过模拟信号，为什么？
5. 使用CMOS电路应注意哪些问题。

## 小　结

逻辑门电路是数字电路的基本单元电路，本章以分立元件基本逻辑门入手，重点介绍了集成逻辑门电路。

在数字电路中，半导体器件都工作在开关状态，逻辑电路所要讨论的问题是用电路来实现逻辑关系，电路的高、低电平如何对应逻辑关系，即电路采用何种逻辑约定是非常重要的。

分立件基本逻辑门电路结构简单，使用灵活、方便，在某些情况下还常有使用，同时它也是理解基本逻辑门电路的基础，对于此部分要掌握它的定性分析和定量计算。

TTL集成逻辑门电路是产生较早，至今仍广泛使用的集成逻辑门，它工作速度快，带负载能力强，种类齐全。此部分要了解电路的内部结构，掌握逻辑功能及外特性，会熟练使用。CMOS集成逻辑门功耗低，集成度高，电源适应性强，随着近年来发展的高速硅栅HC系列和HCT系列CMOS电路，CMOS集成逻辑门目前被广泛应用。这部分同样要注意电路的外特性和使用。

## 习　题

2-1　二极管门电路如图2-23所示。若二极管$V_{D1}$、$V_{D2}$的导通压降为0.7 V，回答下列问题：

(1) $A$接5 V，$B$接0.3 V，输出$Y$为多少伏？

（2）$A$、$B$ 都接 5 V，$Y$ 为多少伏？

（3）$A$ 接 5 V，$B$ 悬空，用万用表测 $B$ 端电压是多少伏？

（4）$A$ 接 0.3 V，$B$ 悬空，用万用表测 $B$ 端电压是多少伏？

2-2　反相器电路如图 2-24 所示，问：

（1）$u_i$ 为何值时三极管截止（$U_B \leqslant 0.5$ V）；

（2）$u_i$ 为何值时三极管饱和（$U_{CES}=0.1$ V）。

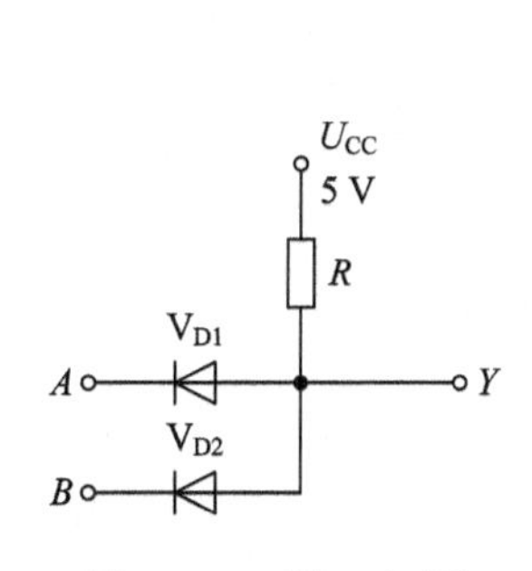


图 2-23　题 2-1 图

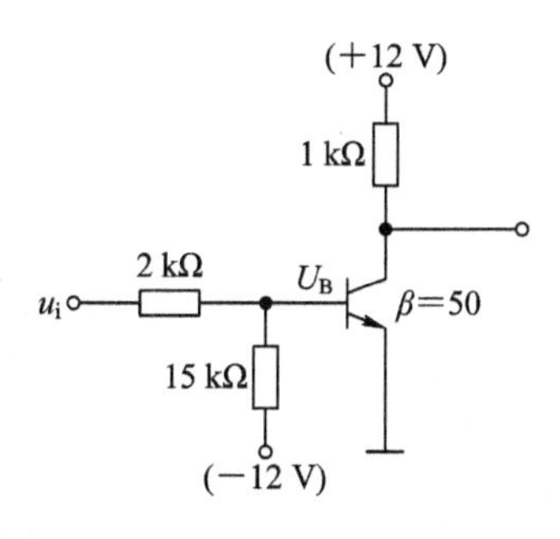


图 2-24　题 2-2 图

2-3　指出图 2-25 所示各 TTL 门电路的输出状态。

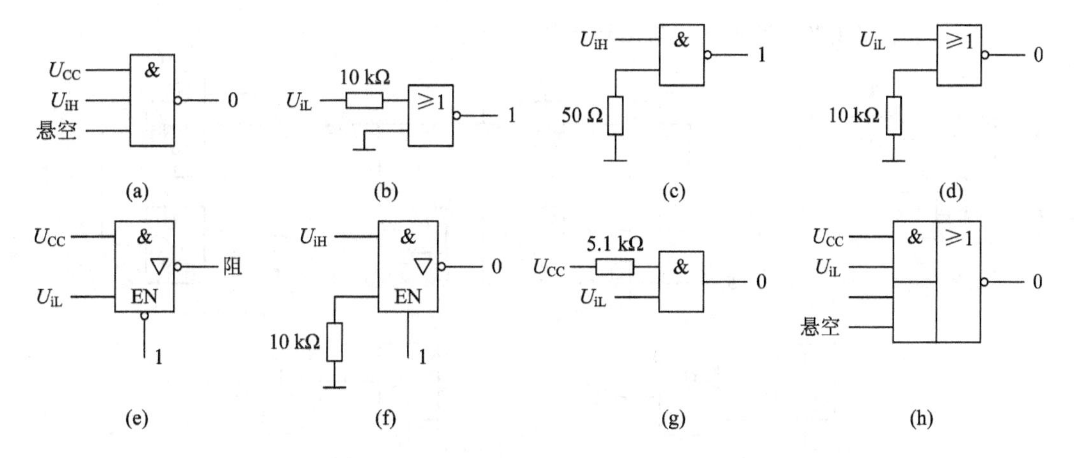


图 2-25　题 2-3 图

2-4　指出图 2-26 各 CMOS 门电路的输出状态。

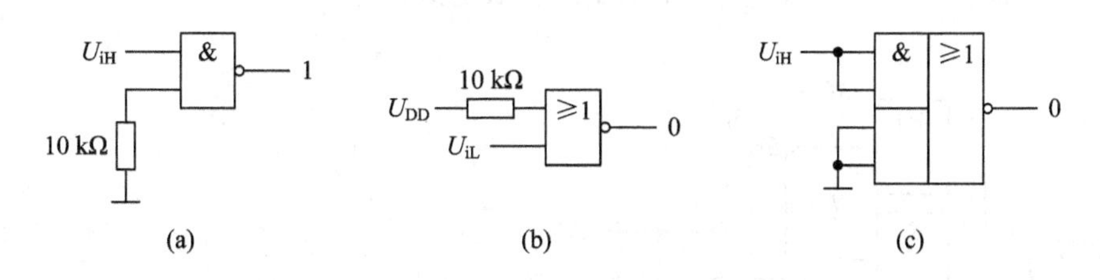


图 2-26　题 2-4 图

2-5　分别画出图 2-27 各逻辑门的输出波形。

2-6　电路如图 2-28 所示，写出输出逻辑表达式。

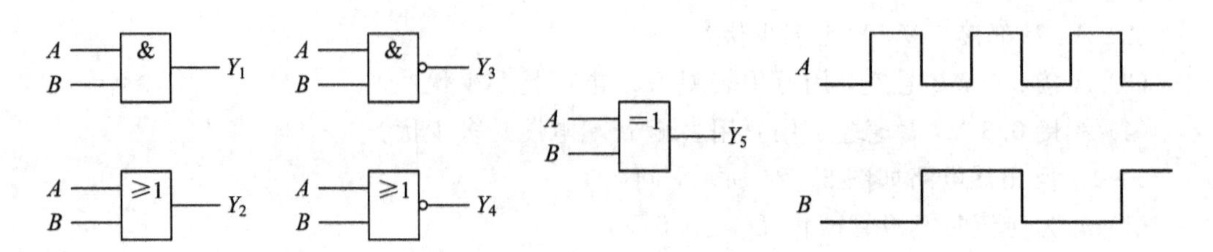


图 2-27　题 2-5 图

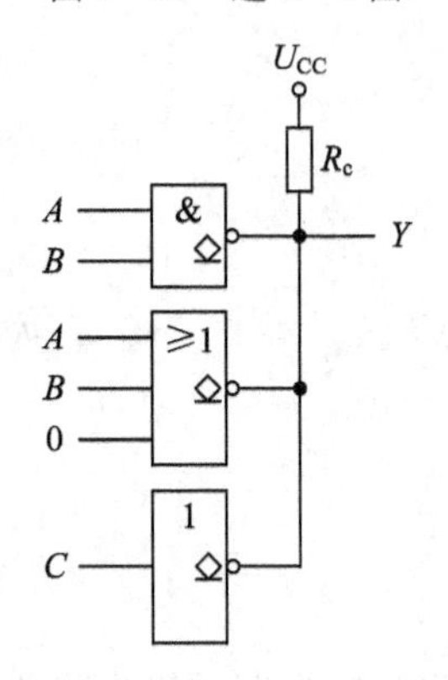


图 2-28　题 2-6 图

2-7　电路如图 2-29 所示，写出输出逻辑表达式。

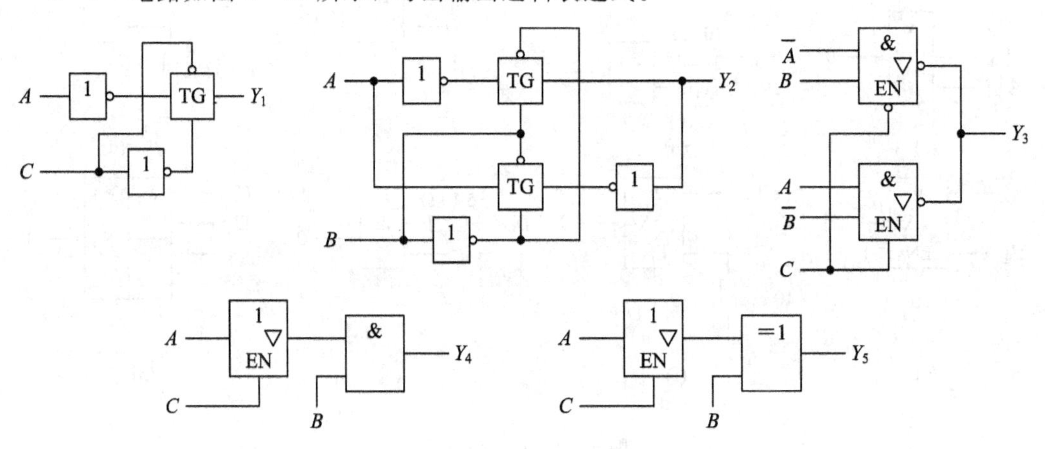


图 2-29　题 2-7 图

2-8　电路如图 2-30 所示，写出输出逻辑表达式。

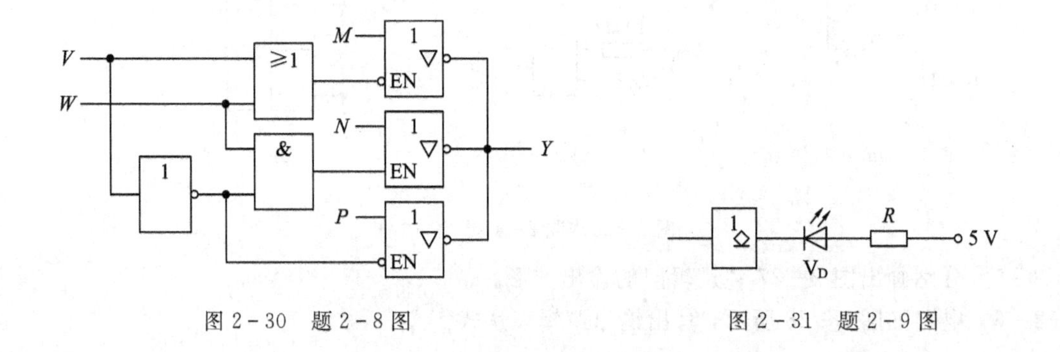


图 2-30　题 2-8 图　　　　图 2-31　题 2-9 图

2-9　图2-31为用OC门驱动发光二极管电路，已知发光二极管的正向导通压降为1.5 V，发光时的工作电流为10 mA，现有两个OC门7405和74LS05，它们的输出低电平电流 $I_{oL}$ 分别为16 mA和8 mA。试问：

(1) 应选用哪一型号OC门？

(2) 电阻 $R$ 取何值？

2-10　用 $2n+1$ 个反相器依次首尾相连，在各反相器输出端得到如图2-32所示波形。试解释这一现象，利用这一现象能测出反相器的什么参数。

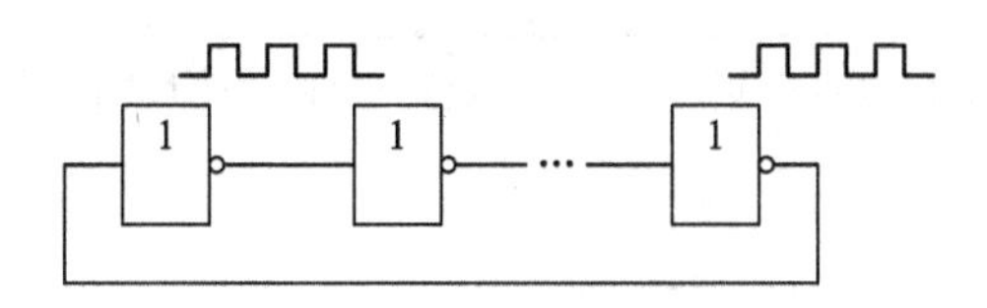


图2-32　题2-10图

# 技能实训

## 实训　集成逻辑门

### 一、技能要求

1. 熟悉集成逻辑门的逻辑功能及电气特性。

2. 熟悉集成逻辑门的使用。

### 二、实训内容

1. 选用TTL集成与非门SN74LS00和CMOS集成与非门CC4011各一片，它们都是四-二输入与非门，其逻辑符号和外引线排列如图2-33所示。

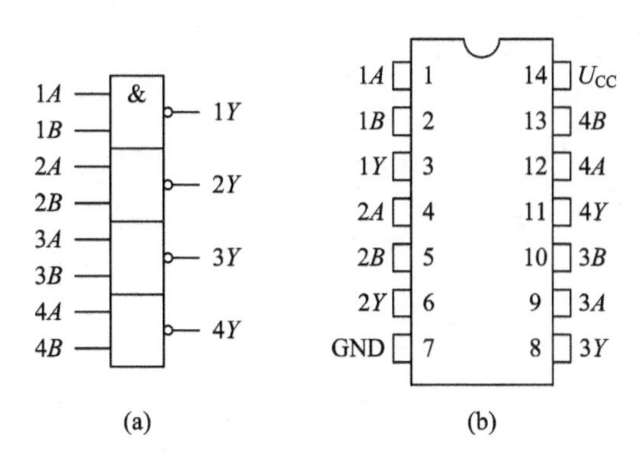


图2-33　四-二输入与非门

(a) 逻辑符号；(b) 外引线图

2. 将芯片的电源和地接好，任选芯片中的一组二输入与非门，测其逻辑电平，添入表2-13中。比较TTL和CMOS门的高低电平。

**表 2-13　逻辑电平关系表**

| 输　入 | | 输　出 |
| --- | --- | --- |
| $U_A$/V | $U_B$/V | $U_Y$/V |
| 0 | 0 | |
| 0 | 5 | |
| 5 | 0 | |
| 5 | 5 | |

3. 按图 2-34 接线，$U_{CC}$=5 V，$R_p$=10 kΩ。测两种门的传输特性，画出图形并比较。

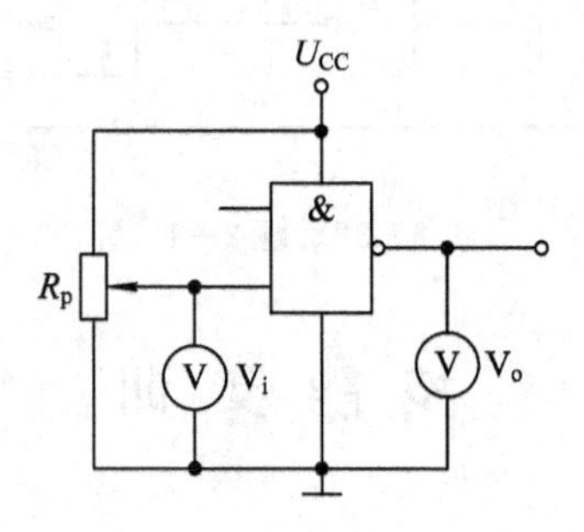


图 2-34　实训图

# 第3章　组合逻辑电路

在数字系统中，按其完成的逻辑功能可分为组合逻辑和时序逻辑，与之对应的数字逻辑电路可分为组合逻辑电路和时序逻辑电路两大类。本章首先介绍组合逻辑电路的基本概念及分析和设计方法，之后介绍常用的组合逻辑集成电路加法器、编码器、译码器、数据选择器和数据分配器等。最后讨论组合逻辑电路存在的竞争与冒险问题。学习本章除了要掌握基本概念及分析和设计方法，还要学会常用组合逻辑集成电路的使用。

## 3.1　组合逻辑电路及特点

组合逻辑电路是由若干个逻辑门电路组合构成，可完成组合逻辑功能的数字电路。它可以有多个输入端和多个输出(也可是单一输出)端，如图3-1所示。

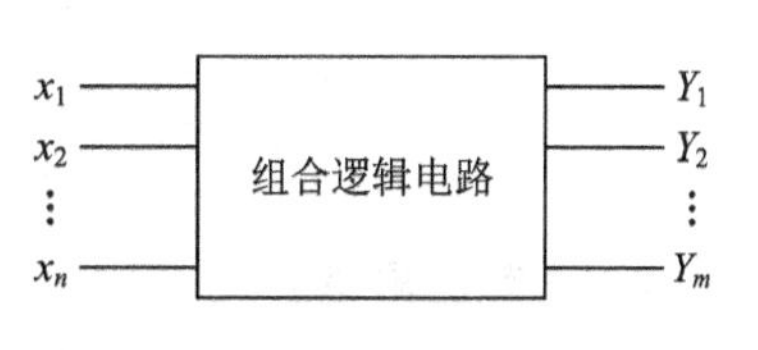


图3-1　组合逻辑电路框图

组合逻辑电路输出变量与输入变量的关系可用一组逻辑函数式表示：

$$\begin{cases} Y_1 = F_1(x_1, x_2, \cdots, x_n) \\ Y_2 = F_2(x_1, x_2, \cdots, x_n) \\ \quad\vdots \\ Y_m = F_m(x_1, x_2, \cdots, x_n) \end{cases} \tag{3-1}$$

从式(3-1)可得出，组合逻辑电路在任一时刻的输出状态仅仅取决于当时电路的各输入状态的组合，而与电路的原状态无关。这是组合逻辑电路在逻辑功能上的显著特点。实现组合逻辑的电路其结构上从输出到输入之间不能有反馈通路，电路中不含有记忆单元。组合逻辑电路是无记忆电路。

组合逻辑电路的逻辑功能常用逻辑表达式、真值表、卡诺图、工作波形和逻辑图等五种形式来表示。其中前四种在前面已介绍过，逻辑图是用电路的逻辑符号组合起来，表达特定逻辑功能的电路框图，亦称逻辑电路。它是数字电路中用来表示逻辑功能的基本方法，它与电路图的区别在于，逻辑图只反映逻辑功能，不反映电气特性。

## 3.2　组合逻辑电路的分析

### 3.2.1　组合逻辑电路的分析方法

组合逻辑电路的分析问题是需要根据一已知的逻辑电路分析出所完成逻辑功能的问题。一个组合逻辑电路可以由若干个门电路组合而成，如图3-2所示的同或门逻辑电路由五个与非门组合而成，分析它所完成的逻辑功能，可通过如下步骤来完成。

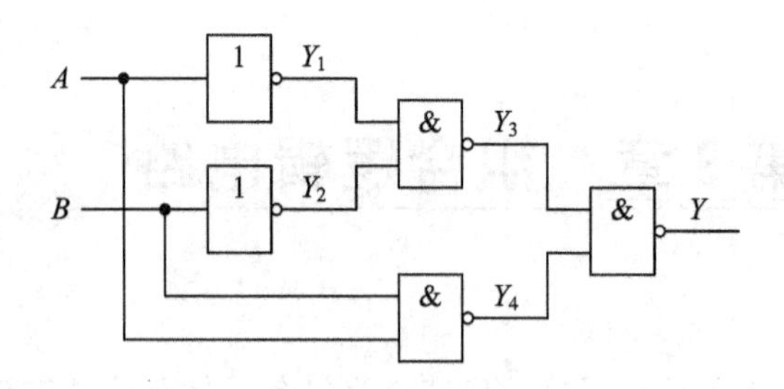


图 3-2　同或门逻辑电路

**1. 根据逻辑图写出输出逻辑函数表达式**

首先观察逻辑图的组成，根据逻辑图从输入到输出，逐级写出各逻辑门的逻辑表达式，最后得出输出端的逻辑表达式。

$$Y_1=\overline{A}$$

$$Y_2=\overline{B}$$

$$Y_3=\overline{Y_1\cdot Y_2}=\overline{\overline{A}\cdot\overline{B}}$$

$$Y_4=\overline{A\cdot B}$$

$$Y=\overline{Y_3\cdot Y_4}=\overline{\overline{\overline{A}\cdot\overline{B}}\cdot\overline{A\cdot B}} \tag{3-2}$$

**2. 化简逻辑函数**

将已得到的逻辑表达式用代数法或卡诺图法化简，得到最简与或表达式。对于式(3-2)，可得

$$\begin{aligned}Y&=\overline{\overline{\overline{A}\cdot\overline{B}}\cdot\overline{A\cdot B}}\\&=\overline{A}\cdot\overline{B}+A\cdot B\end{aligned} \tag{3-3}$$

**3. 列真值表**

根据化简的逻辑表达式(3-3)列出真值表，如表 3-1 所示。

**表 3-1　同或门真值表**

| A | B | Y |
|---|---|---|
| 0 | 0 | 1 |
| 0 | 1 | 0 |
| 1 | 0 | 0 |
| 1 | 1 | 1 |

我们知道，一个有 $n$ 个输入变量的逻辑函数，会形成 $2^n$ 个不同的变量取值组合，为了避免列写时遗漏，一般按 $n$ 位二进制数递增的方式列出，真值表的列写具有唯一性。根据表达式列写真值表有如下两种方法：

(1) 将逻辑变量的所有取值一一代入表达式，得到所对应的逻辑函数值填入表中。

(2) 将逻辑表达式转换为最小项表达式，再将与每个最小项对应的逻辑函数填“1”，其余填“0”。

如式(3-3)已经是最小项表达式，则可在表中将 $\overline{A}\cdot\overline{B}$ 和 $A\cdot B$ 对应的 $Y$ 填入 1，其余填入 0。

**4. 分析逻辑功能**

由真值表分析逻辑功能。该电路是一个同或门，即当 $A$ 和 $B$ 相同时，$Y$ 为 1。

当然，以上步骤并非每步均按要求进行，重要的是能正确分析出逻辑功能。

### 3.2.2　分析举例

**例 3－1**　分析图 3－3 所示电路的逻辑功能。

**解**　(1) 写逻辑表达式。

$$Y_1=\overline{\overline{A}\cdot\overline{B}}$$
$$Y_2=\overline{A\cdot B}$$
$$Y_3=\overline{\overline{AB}\cdot\overline{C}}$$
$$Y=\overline{\overline{\overline{A}\cdot\overline{B}}\cdot\overline{\overline{AB}\cdot\overline{C}}}$$

(2) 化简。

$$\begin{aligned}Y&=\overline{\overline{\overline{A}\cdot\overline{B}}\cdot\overline{\overline{AB}\cdot\overline{C}}}\\&=\overline{A}\overline{B}+\overline{AB}\,\overline{C}\\&=\overline{A}\overline{B}+(\overline{A}+\overline{B})\overline{C}\\&=\overline{A}\overline{B}+\overline{A}\overline{C}+\overline{B}\overline{C}\end{aligned}$$

(3) 列真值表。根据最简与或表达式，列出真值表如表 3－2 所示。

(4) 分析功能。由真值表看出，当输入 $A$、$B$、$C$ 中 1 的个数小于 2 时，输出 $Y$ 为 1，否则为 0。

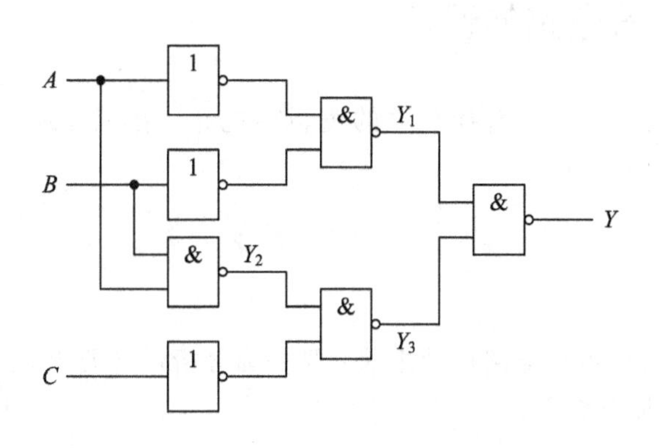

图 3－3　例 3－1 的逻辑电路

**表 3－2　例 3－1 真值表**

| A | B | C | Y |
|---|---|---|---|
| 0 | 0 | 0 | 1 |
| 0 | 0 | 1 | 1 |
| 0 | 1 | 0 | 1 |
| 0 | 1 | 1 | 0 |
| 1 | 0 | 0 | 1 |
| 1 | 0 | 1 | 0 |
| 1 | 1 | 0 | 0 |
| 1 | 1 | 1 | 0 |

**例 3－2**　分析图 3－4 所示电路的逻辑功能。

**解**　(1) 写逻辑表达式，化简。此电路有 3 个输出端，要分别写出逻辑表达式：

$$Y_1=\overline{A}B,$$
$$Y_3=A\overline{B},$$
$$\begin{aligned}Y_2&=\overline{Y_1+Y_3}\\&=\overline{\overline{A}B+A\overline{B}}\\&=AB+\overline{A}\overline{B}\end{aligned}$$

(2) 列真值表。真值表如表 3－3 所示。

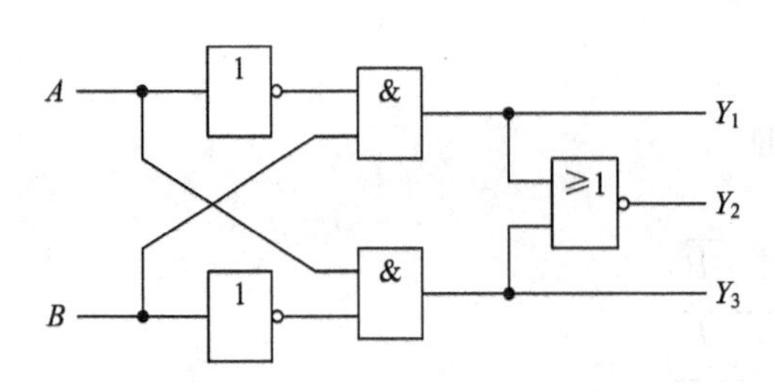


图 3-4　例 3-2 逻辑电路

**表 3-3　例 3-2 真值表**

| A | B | $Y_1$ | $Y_2$ | $Y_3$ |
|---|---|---|---|---|
| 0 | 0 | 0 | 1 | 0 |
| 0 | 1 | 1 | 0 | 0 |
| 1 | 0 | 0 | 0 | 1 |
| 1 | 1 | 0 | 1 | 0 |

(3) 分析功能。此电路是一位数值比较器，功能为

$$Y_1 = 1：A < B$$
$$Y_2 = 1：A = B$$
$$Y_3 = 1：A > B$$

### 思考题

1. 什么是组合逻辑电路，它在结构上有何特点？
2. 组合逻辑电路的表示方法有几种？
3. 如何分析组合逻辑电路。

## 3.3　组合逻辑电路的设计

组合逻辑电路的设计是根据所提出的逻辑要求，选择合适的逻辑门电路，合理地组接，完成满足逻辑要求的组合逻辑电路。

### 3.3.1　组合逻辑电路的设计方法

组合逻辑电路的设计可按以下步骤进行：

(1) 分析设计要求，确定逻辑变量，在进行组合电路设计之前，要仔细分析设计要求，确定输入、输出逻辑变量并分别用“0”和“1”加以定义。

(2) 列真值表，在分析基础上列写出真值表。

(3) 写出逻辑表达式，将真值表中输出为 1 所对应的各个最小项进行逻辑加得到逻辑表达式。(也可将输出为 0 的各最小项进行逻辑加，但所得的表达式应为原输出变量的非)。

(4) 化简、变换逻辑函数，由真值表写出逻辑函数表达式，可根据需要用卡诺图法或代数法进行化简变换，此步的目的是为了使所形成的逻辑电路符合特定要求。

(5) 画逻辑图，根据化简后的逻辑函数表达式，画出符合要求的逻辑图。

### 3.3.2　设计举例

**例 3-3**　设计一个三人表决电路，最少二人同意结果才可通过，只有一人同意则结果被否定。试用与非门实现逻辑电路。

**解**　(1) 分析设计要求，确定逻辑变量。设 $A$、$B$、$C$ 分别代表三个人，用 $Y$ 表示表决结果。则根据题意 $A$、$B$、$C$ 分别是电路的三个输入端，同意为 1，不同意为 0。$Y$ 是电路的输出端，通过为 1，否定为 0。

(2) 列真值表。根据设计要求及所确定的逻辑变量，可列出真值表如表 3-4 所示。

**表 3-4　例 3-3 真值表**

| $A$ | $B$ | $C$ | $Y$ |
|---|---|---|---|
| 0 | 0 | 0 | 0 |
| 0 | 0 | 1 | 0 |
| 0 | 1 | 0 | 0 |
| 0 | 1 | 1 | 1 |
| 1 | 0 | 0 | 0 |
| 1 | 0 | 1 | 1 |
| 1 | 1 | 0 | 1 |
| 1 | 1 | 1 | 1 |

(3) 写逻辑表达式。由表 3-4 可知，能使表决通过，即 $Y$ 为 1 所对应的输入变量最小项是 $\overline{A}BC$、$A\overline{B}C$、$AB\overline{C}$、$ABC$。故其表达式可写为

$$Y=\overline{A}BC+A\overline{B}C+AB\overline{C}+ABC \tag{3-4}$$

(4) 化简、变换逻辑表达式。上式是最小项与或表达式，可进行逻辑化简，以得到最简式。

$$\begin{aligned}Y&=\overline{A}BC+A\overline{B}C+AB\overline{C}+ABC\\&=AB(C+\overline{C})+AC(B+\overline{B})+BC(A+\overline{A})\\&=AB+AC+BC\end{aligned} \tag{3-5}$$

上式为最简与或表达式，若要求用与非门表示则可进一步变换为

$$Y=AB+AC+BC=\overline{\overline{AB}\;\overline{AC}\;\overline{BC}} \tag{3-6}$$

(5) 画逻辑电路图。根据以上分析可知，式(3-4)～式(3-6)是同一逻辑关系的不同表示形式。它们对应的逻辑图如图 3-5 所示。

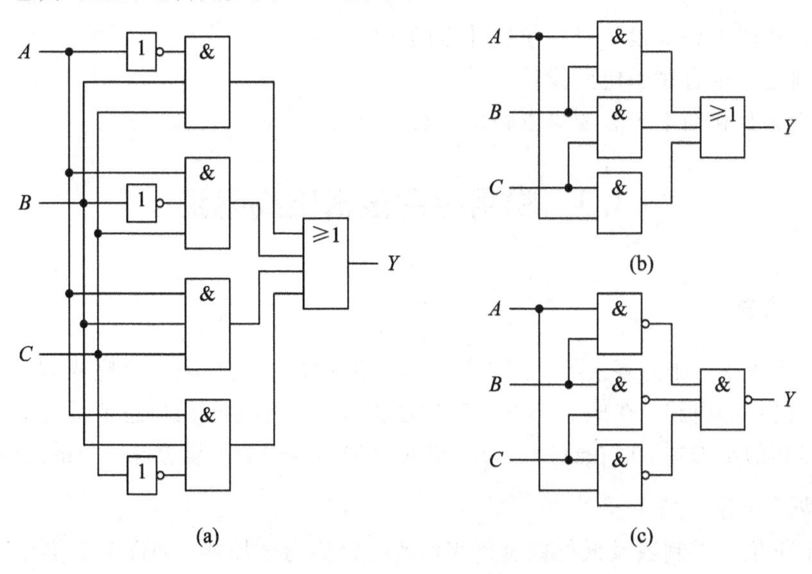


图 3-5　例 3-3 逻辑图

(a) 未经化简型；(b) 与或型；(c) 与非型

由图可看出，不同的逻辑电路可实现相同的逻辑功能，但它们的电路繁简程度不同，所用逻辑门的个数、类型也不同。

**例 3-4**　设计一个二进制加法电路，要求有两个加数输入端，一个求和输出端，一个进位输出端。

**解**　(1) 分析设计要求，确定逻辑变量。这是一个可完成一位二进制加法运算的电路，设两个加数分别为 $A$ 和 $B$，输出和为 $S$，进位输出为 $C$。

(2) 列真值表。根据一位二进制加法运算规则及所确定的逻辑变量，可列出真值表如表 3-5 所示。

(3) 写逻辑表达式。

$$S = A\overline{B} + \overline{A}B = A \oplus B \tag{3-7}$$

$$C = A \cdot B \tag{3-8}$$

(4) 画逻辑电路图。根据式(3-7)、式(3-8)，画出逻辑电路图如图 3-6(a)所示。此加法器可完成一位二进制加法运算，但没考虑低位进位，故也称为半加器。图 3-6(b)是其逻辑符号。

**表 3-5　例 3-4 真值表**

| $A$ | $B$ | $S$ | $C$ |
|---|---|---|---|
| 0 | 0 | 0 | 0 |
| 0 | 1 | 1 | 0 |
| 1 | 0 | 1 | 0 |
| 1 | 1 | 0 | 1 |

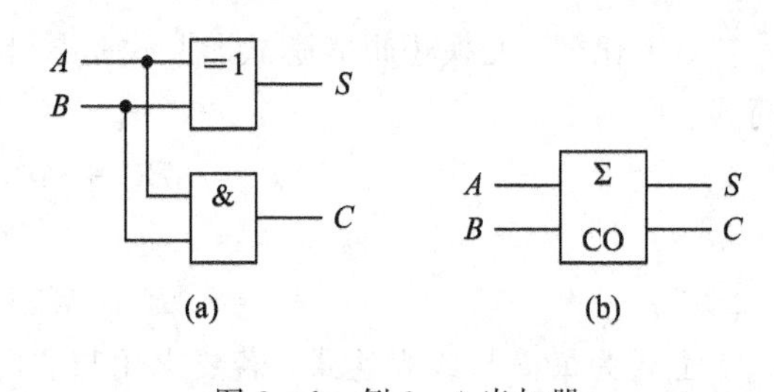


图 3-6　例 3-4 半加器
(a) 逻辑图；(b) 逻辑符号

## 思考题

1. 组合逻辑电路的设计是要解决什么问题？
2. 如何进行组合逻辑电路设计？
3. 逻辑函数化简对组合逻辑电路设计有何意义？

# 3.4　常用组合逻辑集成电路

## 3.4.1　加法器

在数字系统中，任何复杂的二进制运算都是通过加法运算来变换完成的，加法器是实现加法运算的核心电路。在例 3-4 中，我们已提到了在不考虑低位进位情况下完成一位二进制加法运算的半加器。而在进行多位二进制加法运算时，必须考虑低位的进位。

**1. 全加器**

将两个 1 位二进制数及低位进位数相加的电路称为全加器。如设两个多位二进制数相加，第 $i$ 位上的两个加数分别为 $A_i$、$B_i$，来自低位的进位为 $C_{i-1}$，本位和数为 $S_i$，向高位的进位数为 $C_i$，则全加器的运算规律如真值表 3-6 所示。

**表 3-6　全加器真值表**

| $A_i$ | $B_i$ | $C_{i-1}$ | $S_i$ | $C_i$ |
|---|---|---|---|---|
| 0 | 0 | 0 | 0 | 0 |
| 0 | 0 | 1 | 1 | 0 |
| 0 | 1 | 0 | 1 | 0 |
| 0 | 1 | 1 | 0 | 1 |
| 1 | 0 | 0 | 1 | 0 |
| 1 | 0 | 1 | 0 | 1 |
| 1 | 1 | 0 | 0 | 1 |
| 1 | 1 | 1 | 1 | 1 |

由真值表可以写出全加器输出逻辑函数表达式(表达式并不唯一)如下：

$$\begin{aligned}S_i &= \overline{A}_i\overline{B}_iC_{i-1}+\overline{A}_iB_i\overline{C}_{i-1}+A_i\overline{B}_i\overline{C}_{i-1}+A_iB_iC_{i-1}\\ &=\overline{A}_i(\overline{B}_iC_{i-1}+B_i\overline{C}_{i-1})+A_i(\overline{B}_i\overline{C}_{i-1}+B_iC_{i-1})\\ &=A_i\oplus B_i\oplus C_{i-1}\end{aligned} \tag{3-9}$$

$$\begin{aligned}C_i &= \overline{A}_iB_iC_{i-1}+A_i\overline{B}_iC_{i-1}+A_iB_i\\ &=(\overline{A}_iB_i+A_i\overline{B}_i)C_{i-1}+A_iB_i\\ &=(A_i\oplus B_i)C_{i-1}+A_iB_i\end{aligned} \tag{3-10}$$

利用异或门组成的全加器如图 3-7 所示。

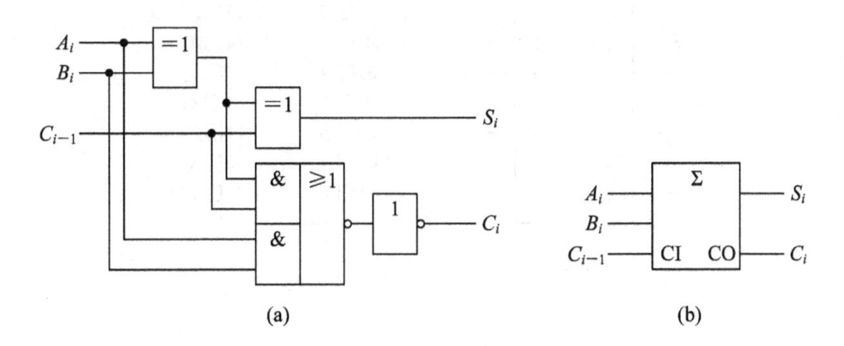


图 3-7　全加器

(a) 逻辑图；(b) 逻辑符号

需要说明的是，在这里 $C_i$ 并不是最简与或表达式，这是因为在多输出变量的组合电路中，并不是输出表达式最简时，实现该电路所用的电路器件一定最少。相反，寻找多输出变量表达式中的公共项，反而会节省器件。

**2. 多位加法器**

多个 1 位二进制全加器的级联就可以实现多位加法运算。根据级联方式，可以分成串行进位加法器和超前进位加法器两种。

图 3-8 为由 4 个全加器构成的 4 位串行进位加法器。这种加法器的特点是：低位全加器输出的进位信号依次加到相邻高位全加器的进位输入端，最低位的进位输入端接地，同时每一位的加法运算必须要等到低一位的进位产生以后才能进行，因此，串行进位加法器的运算速度较慢。

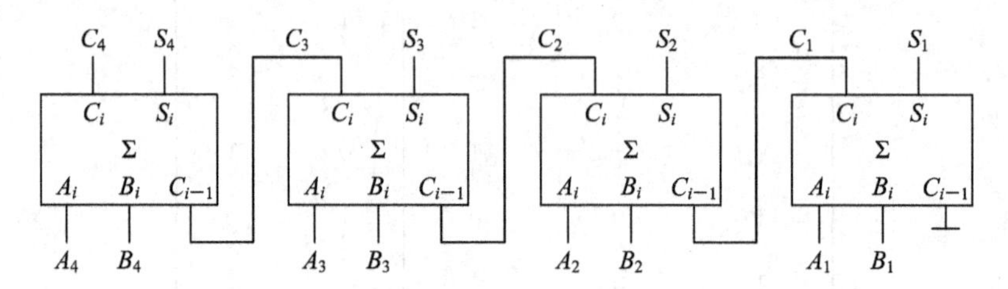


图 3-8　串行进位加法器

为了克服串行进位加法器运算速度比较慢的缺点，设计出了一种速度更快的超前进位加法器。

它的设计思想是设法将低位进位输入信号 $C_{i-1}$ 经判断直接送到输出端，以缩短中间传输路径，提高工作速度。如可令

$$C_i = A_iB_i + (A_i + B_i)C_{i-1}$$

这样，只要 $A_i=B_i=1$，或 $A_i$ 和 $B_i$ 有一个为 1、$C_{i-1}=1$，则直接令 $C_i=1$。

常用的超前进位加法器芯片有 74LS283，它是 4 位二进制加法器。其逻辑符号及外引线图如图 3-9 所示。

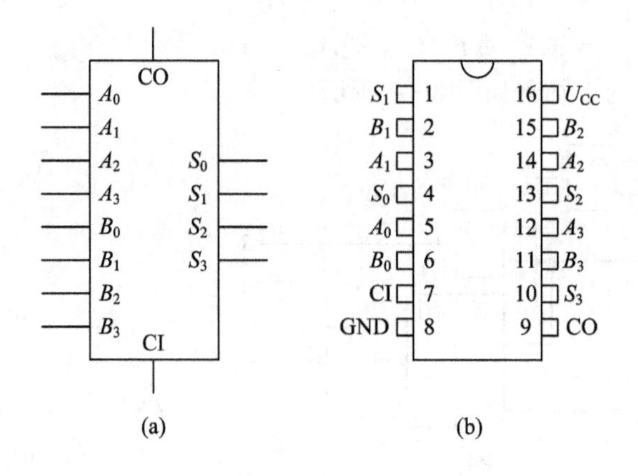


图 3-9　超前进位加法器 74LS283

(a) 逻辑符号；(b) 外引线图

### 3.4.2　数值比较器

数值比较器就是对两个二进制数 $A$ 和 $B$ 进行比较，以判断其大小的逻辑电路，比较的结果有以下 3 种情况：$A>B$、$A<B$、$A=B$。1 位数值比较器已在例 3-2 中讨论过。多位数进行比较时，需要从高位到低位逐位进行比较，只有在高位相等时，才能进行低位比较。常用的集成器件 74LS85 是一种 4 位数值比较器，其功能如表 3-7 所示，图 3-10 是逻辑符号和外引线排列图。

**表 3-7　4位数值比较器 74LS85 功能表**

| 数码输入 | | | | 级联输入 | | | 输出 | | |
|---|---|---|---|---|---|---|---|---|---|
| $A_3B_3$ | $A_2B_2$ | $A_1B_1$ | $A_0B_0$ | $I_{A>B}$ | $I_{A<B}$ | $I_{A=B}$ | $F_{A>B}$ | $F_{A<B}$ | $F_{A=B}$ |
| $A_3>B_3$ | × | × | × | × | × | × | $H$ | $L$ | $L$ |
| $A_3<B_3$ | × | × | × | × | × | × | $L$ | $H$ | $L$ |
| $A_3=B_3$ | $A_2>B_2$ | × | × | × | × | × | $H$ | $L$ | $L$ |
| $A_3=B_3$ | $A_2<B_2$ | × | × | × | × | × | $L$ | $H$ | $L$ |
| $A_3=B_3$ | $A_2=B_2$ | $A_1>B_1$ | × | × | × | × | $H$ | $L$ | $L$ |
| $A_3=B_3$ | $A_2=B_2$ | $A_1<B_1$ | × | × | × | × | $L$ | $H$ | $L$ |
| $A_3=B_3$ | $A_2=B_2$ | $A_1=B_1$ | $A_0>B_0$ | × | × | × | $H$ | $L$ | $L$ |
| $A_3=B_3$ | $A_2=B_2$ | $A_1=B_1$ | $A_0<B_0$ | × | × | × | $L$ | $H$ | $L$ |
| $A_3=B_3$ | $A_2=B_2$ | $A_1=B_1$ | $A_0=B_0$ | $H$ | $L$ | $L$ | $H$ | $L$ | $L$ |
| $A_3=B_3$ | $A_2=B_2$ | $A_1=B_1$ | $A_0=B_0$ | $L$ | $H$ | $L$ | $L$ | $H$ | $L$ |
| $A_3=B_3$ | $A_2=B_2$ | $A_1=B_1$ | $A_0=B_0$ | $L$ | $L$ | $H$ | $L$ | $L$ | $H$ |

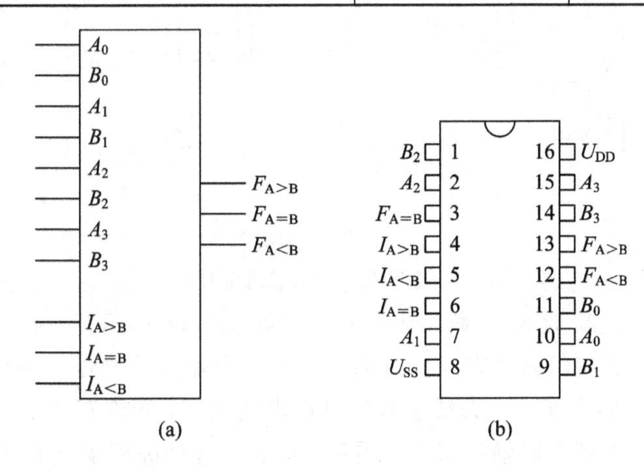


图 3-10　4位数值比较器 74LS85

(a) 逻辑符号；(b) 外引线图

其中，$A_3A_2A_1A_0$ 及 $B_3B_2B_1B_0$ 是相比较的4位数据输入端，$I_{A<B}$、$I_{A=B}$、$I_{A>B}$是扩展端，供片间连接时使用，$F_{A>B}$、$F_{A<B}$、$F_{A=B}$是3个比较输出端。功能表中的前8行表示当两个输入数据 $A_3A_2A_1A_0$ 和 $B_3B_2B_1B_0$ 不相等时的情况，比较时从高位到低位依次比较。后3行表示当 $A_3A_2A_1A_0$ 和 $B_3B_2B_1B_0$ 相等时，则要看级联输入 $A$ 和 $B$ 的情况，只有当 $A=B$ 时，$F_{A=B}$才为高。

### 3.4.3　编码器

所谓编码就是将具有特定含义的信息(如数字、文字、符号等)用若干位二进制代码来表示的过程。实现编码功能的电路称为编码器，编码器的每个输入端代表一个被编信息，全部输出端代表与这个被编信息相对应的二进制代码。

**1. 二进制编码器**

1）二进制编码器原理

1位二进制代码0和1可表示两种信息，用$n$位二进制代码对$2^n$个信息进行编码的电路称为二进制编码器。图3-11(a)所示为由与非门及非门组成的三位二进制编码器的逻辑图，图(b)是逻辑符号。三位二进制编码器有3个输出端，可对8个输入信号进行编码，又称为8-3线编码器。

分析逻辑图可得输出逻辑表达式为

$$Y_2 = I_4 + I_5 + I_6 + I_7$$
$$Y_1 = I_2 + I_3 + I_6 + I_7$$
$$Y_0 = I_1 + I_3 + I_5 + I_7$$

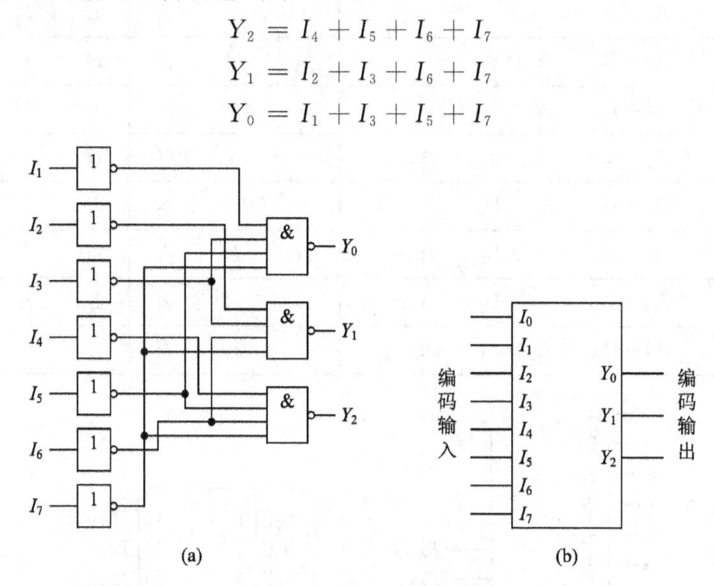


图3-11　二进制编码器

(a) 逻辑图；(b) 逻辑符号

根据逻辑关系可列出此8-3线编码器真值表如表3-8所示。

正常情况下，二进制编码器在任何时刻只能对一个输入信号进行编码。也就是说在同一时刻编码器的输入端只能有一条线上有信号请求编码，不允许有两个或两个以上的输入信号同时请求编码，否则编码输出将发生混乱。因此，这种编码器的输入信号是相互排斥的。（逻辑图中省略了$I_0$，读者自行分析。）

**表3-8　8-3线编码器真值表**

| 输入 | | | | | | | | 输出 | | |
|---|---|---|---|---|---|---|---|---|---|---|
| $I_0$ | $I_1$ | $I_2$ | $I_3$ | $I_4$ | $I_5$ | $I_6$ | $I_7$ | $Y_2$ | $Y_1$ | $Y_0$ |
| 0 | 0 | 0 | 0 | 0 | 0 | 0 | 1 | 1 | 1 | 1 |
| 0 | 0 | 0 | 0 | 0 | 0 | 1 | 0 | 1 | 1 | 0 |
| 0 | 0 | 0 | 0 | 0 | 1 | 0 | 0 | 1 | 0 | 1 |
| 0 | 0 | 0 | 0 | 1 | 0 | 0 | 0 | 1 | 0 | 0 |
| 0 | 0 | 0 | 1 | 0 | 0 | 0 | 0 | 0 | 1 | 1 |
| 0 | 0 | 1 | 0 | 0 | 0 | 0 | 0 | 0 | 1 | 0 |
| 0 | 1 | 0 | 0 | 0 | 0 | 0 | 0 | 0 | 0 | 1 |
| 1 | 0 | 0 | 0 | 0 | 0 | 0 | 0 | 0 | 0 | 0 |

2）二进制优先编码器

为解决编码器输入信号之间的排斥问题，设计了优先编码器。优先编码器允许多个输入端同时有编码请求，但由于在设计优先编码器时，已经预先对所有编码信号按优先顺序进行了排队，排出了优先级别。因此，即使输入端有多个编码请求，编码器也只对其中优先级别最高的有效输入信号进行编码，而不考虑其他优先级别比较低的输入信号。优先级别可以根据实际需要确定。

常用的优先编码器集成器件是74LS148，它是一种8-3线优先编码器，其逻辑功能见表3-9所示，图3-12是逻辑符号及外引线图。

**表3-9　74LS148的功能表**

| 输入 | | | | | | | | | 输出 | | | | |
|---|---|---|---|---|---|---|---|---|---|---|---|---|---|
| $\overline{ST}$ | $\overline{I}_0$ | $\overline{I}_1$ | $\overline{I}_2$ | $\overline{I}_3$ | $\overline{I}_4$ | $\overline{I}_5$ | $\overline{I}_6$ | $\overline{I}_7$ | $\overline{Y}_2$ | $\overline{Y}_1$ | $\overline{Y}_0$ | $\overline{Y}_{EX}$ | $Y_s$ |
| H | × | × | × | × | × | × | × | × | H | H | H | H | H |
| L | H | H | H | H | H | H | H | H | H | H | H | H | L |
| L | × | × | × | × | × | × | × | L | L | L | L | L | H |
| L | × | × | × | × | × | × | L | H | L | L | H | L | H |
| L | × | × | × | × | × | L | H | H | L | H | L | L | H |
| L | × | × | × | × | L | H | H | H | L | H | H | L | H |
| L | × | × | × | L | H | H | H | H | H | L | L | L | H |
| L | × | × | L | H | H | H | H | H | H | L | H | L | H |
| L | × | L | H | H | H | H | H | H | H | H | L | L | H |
| L | L | H | H | H | H | H | H | H | H | H | H | L | H |

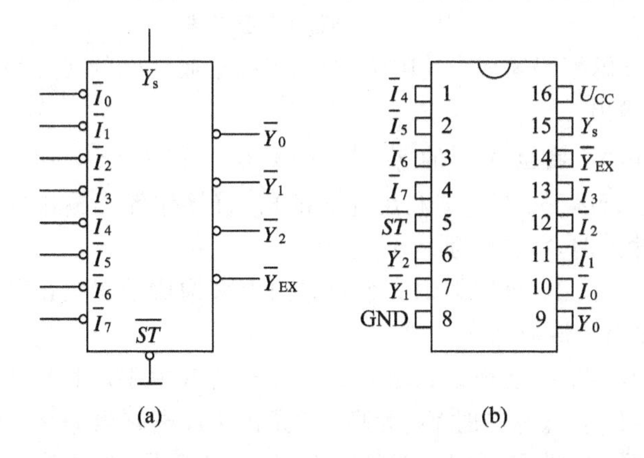


图3-12　优先编码器74LS148

(a) 逻辑符号；(b) 外引线图

74LS148功能如下：

(1) 编码输入 $\overline{I}_7 \sim \overline{I}_0$ 低电平有效。

(2) 编码输出 $\overline{Y}_2 \sim \overline{Y}_0$ 采用反码形式。

(3) 编码输入 $\overline{I}_7 \sim \overline{I}_0$ 中，$\overline{I}_7$ 优先级别最高，$\overline{I}_0$ 优先级别最低。在编码器工作时，若 $\overline{I}_7=L$，则不管其他编码输入为何值，编码器只对 $\overline{I}_7$ 编码，输出相应的代码 $\overline{Y}_2\overline{Y}_1\overline{Y}_0=LLL$（反码输出）；若 $\overline{I}_7=H$，$\overline{I}_6=L$，则不管其他编码输入为何值，编码器只对 $\overline{I}_6$ 编码，输出相应的代码 $\overline{Y}_2\overline{Y}_1\overline{Y}_0=LLH$，依此类推。

(4) $\overline{ST}$为控制输入端(又称选通输入端)，$Y_s$ 是选通输出端，$\overline{Y}_{EX}$是扩展输出端。

当$\overline{ST}=H$ 时，禁止编码器工作，不管编码输入为何值，$\overline{Y}_2\overline{Y}_1\overline{Y}_0=HHH$，$Y_s=\overline{Y}_{EX}=H$；当$\overline{ST}=L$ 时，编码器才工作。无编码输入信号时，$Y_s=L$，$\overline{Y}_{EX}=H$；有编码输入信号时，$Y_s=H$，$\overline{Y}_{EX}=L$。在$\overline{ST}=L$ 时，选通输出端 $Y_s$ 和扩展输出端 $\overline{Y}_{EX}$的信号总是相反的。$\overline{ST}$、$Y_s$、$\overline{Y}_{EX}$主要是为扩展使用的端子。

**例 3-5**　试用两片 74LS148 优先编码器扩展成 16-4 线优先编码器。

**解**　由于每片 74LS148 有 8 个信号输入端，两片正好 16 个输入端，故待编码的信号输入端无需扩展；而每片代码输出只有 3 位，所以需要扩展一位代码输出端，逻辑图如图 3-13 所示。

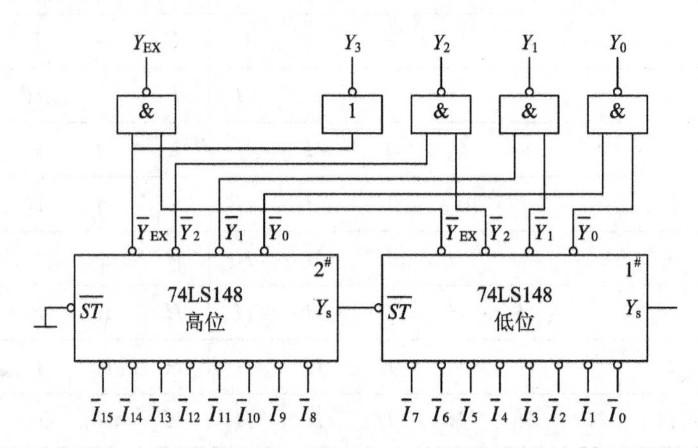


图 3-13　例 3-5 逻辑图

图中 $\overline{I}_0 \sim \overline{I}_{15}$为反码编码输入，其中 $\overline{I}_{15}$的优先级最高，$\overline{I}_0$ 的优先级最低，$Y_0 \sim Y_3$ 为编码输出，$Y_{EX}$为判断输出。

此电路将片 2 的 $Y_s$ 接至片 1 的$\overline{ST}$端，则只在所有 $\overline{I}_8 \sim \overline{I}_{15}$ 均无信号时，才允许对 $\overline{I}_0 \sim \overline{I}_7$ 的输入信号进行编码。另外，利用片 2 的$\overline{Y_{EX}}$直接作编码输出的第四位 $Y_3$，则只要 $\overline{I}_8 \sim \overline{I}_{15}$有编码信号输入时，$Y_3$ 即为 1，反之为 0。

两个片子的 $\overline{Y}_2$、$\overline{Y}_1$、$\overline{Y}_0$ 分别加到 3 个与非门上来构成编码输出的 $Y_2$、$Y_1$、$Y_0$ 位，这样，整个编码器的输出为原码输出。

$Y_{EX}$有两个判断作用，一是当编码输入 $\overline{I}_0 \sim \overline{I}_{15}$全为高电平，即没有编码输入时，$Y_{EX}$为低；当编码输入 $\overline{I}_0 \sim \overline{I}_{15}$有低电平时 $Y_{EX}$为高。二是由于此电路当 $\overline{I}_0=0$ 和 $\overline{I}_0 \sim \overline{I}_{15}$全为 1 时，其输出 $Y_3Y_2Y_1Y_0$ 均为 0，为了区别这两种工作情况，也可据 $Y_{EX}$判断，前者 $Y_{EX}$为高，后者 $Y_{EX}$为低。

**2. 二-十进制编码器**

我们已经知道，二-十进制编码是指将 1 位十进制数用 4 位二进制数来表示的方法，亦称 BCD 码。完成 BCD 编码的电路称为二-十进制编码器，亦称 10－4 线编码器。BCD 码的编码方案很多，如 8421 码，5421 码，2421 码等，其中常用的是 8421BCD 码，其典型芯片是 74LS147，这是一个二-十进制优先编码器，其逻辑符号及外引线图如图 3－14 所示。

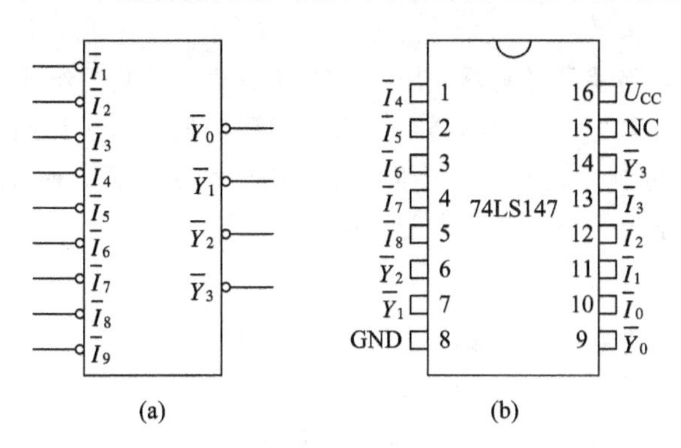


图 3－14　二-十进制优先编码器 74LS147
(a) 逻辑符号；(b) 外引线图

图 3－14 中，$\overline{I}_1 \sim \overline{I}_9$ 是 9 个编码信号输入端，$\overline{Y}_3 \sim \overline{Y}_0$ 是 4 位编码输出端。其逻辑功能见表 3－10 所示。

**表 3－10　74LS147 的逻辑功能表**

| 输入 | | | | | | | | | 输出 | | | |
|---|---|---|---|---|---|---|---|---|---|---|---|---|
| $\overline{I}_1$ | $\overline{I}_2$ | $\overline{I}_3$ | $\overline{I}_4$ | $\overline{I}_5$ | $\overline{I}_6$ | $\overline{I}_7$ | $\overline{I}_8$ | $\overline{I}_9$ | $\overline{Y}_3$ | $\overline{Y}_2$ | $\overline{Y}_1$ | $\overline{Y}_0$ |
| H | H | H | H | H | H | H | H | H | H | H | H | H |
| × | × | × | × | × | × | × | × | L | L | H | H | L |
| × | × | × | × | × | × | × | L | H | L | H | H | H |
| × | × | × | × | × | × | L | H | H | H | L | L | L |
| × | × | × | × | × | L | H | H | H | H | L | L | H |
| × | × | × | × | L | H | H | H | H | H | L | H | L |
| × | × | × | L | H | H | H | H | H | H | L | H | H |
| × | × | L | H | H | H | H | H | H | H | H | L | L |
| × | L | H | H | H | H | H | H | H | H | H | L | H |
| L | H | H | H | H | H | H | H | H | H | H | H | L |

74LS147 功能如下：

(1) 输入信号低电平有效，优先级别最高是 $\overline{I}_9$，其他依次降低，$\overline{I}_1$ 优先级别最低；

(2) 采用反码形式输出，$\overline{Y}_3 \sim \overline{Y}_0$ 为 8421 编码；

(3) 74LS147 实际上只有 9 个输入端 $\overline{I}_1 \sim \overline{I}_9$ 而没有 $\overline{I}_0$ 输入端。当 $\overline{I}_9 \sim \overline{I}_1$ 全为高电平，即 $\overline{I}_9 \sim \overline{I}_1$ 无编码请求时，输出 $\overline{Y}_3 \sim \overline{Y}_0$ 全为高电平，此时相当于对 $\overline{I}_0$ 进行了编码。

### 3.4.4　译码器

译码是编码的反过程，它能把输入的一组二进制代码转换成具有特定含义的输出信号。

实现译码功能的电路就是译码器，其主要特点是输入端共同组成二进制代码，相应的只有一个输出端出现有效电平。译码器可分为通用译码器和显示译码器。通用译码器包括二进制译码器、二-十进制译码器，多用于计算机中的变量译码、地址译码及代码变换等。显示译码器用于数字系统中显示数字、文字和符号等。

**1. 译码器原理**

译码器的输入是二进制代码，输出是与之对应的特定电平信号。以二进制译码为例，如输入为 $n$ 个变量组成的二进制代码，则输出有 $2^n$ 个变量与之对应。图 3-15 所示是二输入、四输出(简称 2-4 线)译码器原理逻辑图。

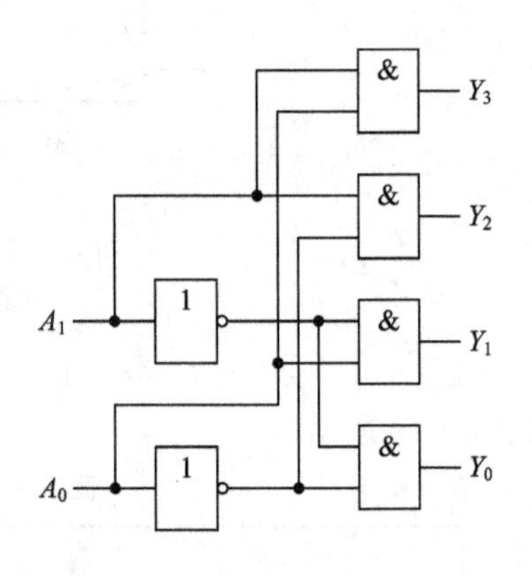

图 3-15　2-4 线译码器逻辑图

它的输出表达式分别为

$$Y_0 = \overline{A}_1\overline{A}_0$$
$$Y_1 = \overline{A}_1A_0$$
$$Y_2 = A_1\overline{A}_0$$
$$Y_3 = A_1A_0 \tag{3-11}$$

根据译码器输出表达式，可列出真值表如表 3-11 所示。

**表 3-11　2-4 线译码器真值表**

| 输　入 | | 输　出 | | | |
|---|---|---|---|---|---|
| $A_1$ | $A_0$ | $Y_3$ | $Y_2$ | $Y_1$ | $Y_0$ |
| 0 | 0 | 0 | 0 | 0 | 1 |
| 0 | 1 | 0 | 0 | 1 | 0 |
| 1 | 0 | 0 | 1 | 0 | 0 |
| 1 | 1 | 1 | 0 | 0 | 0 |

由真值表可看出，当输入二进制码 $A_1A_0$ 给出一组确定值后，输出 $Y$ 中有一个为 1。通常称 $A_1A_0$ 为译码器的地址码。

**2. 二进制译码器**

如上所述，二进制译码器是将输入的二进制代码转换成相对应的输出信号。这类译码器是全译码器，它对所有变量输入组合均有相应译码输出。常用的二进制集成译码器为 74LS138。其逻辑图、逻辑符号及外引线图如图 3-16 所示。它有 3 个输入端和 8 个输出端，因此称为 3-8 线译码器，其逻辑功能如表 3-12 所示。

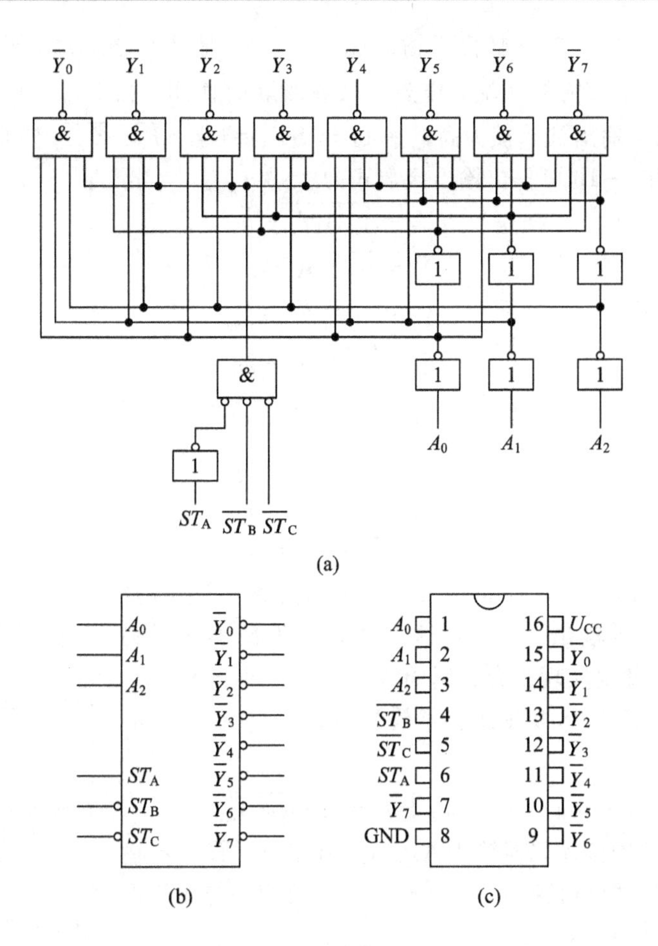


图 3-16　译码器 74LS138

(a) 逻辑图；(b) 逻辑符号；(c) 外引线图

**表 3-12　译码器 74LS138 的功能表**

| 输入 | | | | | | 输出 | | | | | | | |
|---|---|---|---|---|---|---|---|---|---|---|---|---|---|
| $ST_A$ | $\overline{ST}_B$ | $\overline{ST}_C$ | $A_2$ | $A_1$ | $A_0$ | $\overline{Y}_0$ | $\overline{Y}_1$ | $\overline{Y}_2$ | $\overline{Y}_3$ | $\overline{Y}_4$ | $\overline{Y}_5$ | $\overline{Y}_6$ | $\overline{Y}_7$ |
| × | H | × | × | × | × | H | H | H | H | H | H | H | H |
| × | × | H | × | × | × | H | H | H | H | H | H | H | H |
| L | × | × | × | × | × | H | H | H | H | H | H | H | H |
| H | L | L | L | L | L | L | H | H | H | H | H | H | H |
| H | L | L | L | L | H | H | L | H | H | H | H | H | H |
| H | L | L | L | H | L | H | H | L | H | H | H | H | H |
| H | L | L | L | H | H | H | H | H | L | H | H | H | H |
| H | L | L | H | L | L | H | H | H | H | L | H | H | H |
| H | L | L | H | L | H | H | H | H | H | H | L | H | H |
| H | L | L | H | H | L | H | H | H | H | H | H | L | H |
| H | L | L | H | H | H | H | H | H | H | H | H | H | L |

$A_2$、$A_1$、$A_0$ 是 3 个二进制代码输入端；$\bar{Y}_7 \sim \bar{Y}_0$ 是 8 个输出端，低电平有效；另有 $ST_A$、$\overline{ST_B}$、$\overline{ST_C}$ 3 个使能控制端，作为扩展或级联时使用。当 $ST_A=0$ 或 $\overline{ST_B}+\overline{ST_C}=1$ 时，译码器不工作，输出被封锁为高电平 1，当 $ST_A=1$ 且 $\overline{ST_B}+\overline{ST_C}=0$ 时，译码器才能正常工作，此时由图 3-16 可得出输出函数式为

$$\bar{Y}_0=\overline{\bar{A}_2\bar{A}_1A_0}=\bar{m}_0$$
$$\bar{Y}_1=\overline{\bar{A}_2\bar{A}_1A_0}=\bar{m}_1$$
$$\bar{Y}_2=\overline{\bar{A}_2A_1\bar{A}_0}=\bar{m}_2$$
$$\bar{Y}_3=\overline{\bar{A}_2A_1A_0}=\bar{m}_3$$
$$\bar{Y}_4=\overline{A_2\bar{A}_1\bar{A}_0}=\bar{m}_4$$
$$\bar{Y}_5=\overline{A_2\bar{A}_1A_0}=\bar{m}_5$$
$$\bar{Y}_6=\overline{A_2A_1\bar{A}_0}=\bar{m}_6$$
$$\bar{Y}_7=\overline{A_2A_1A_0}=\bar{m}_7$$

由上式可以看出，$\bar{Y}_0 \sim \bar{Y}_7$ 同时又是 $A_2$、$A_1$、$A_0$ 三个变量的全部最小项的译码输出，故又称这种译码器为最小项译码器，利用它可以方便地实现组合逻辑函数。

**例 3-6** 用 74LS138 实现逻辑函数 $Y(A、B、C)=m_0+m_2+m_5+m_7$。

**解** $Y(A、B、C)=m_0+m_2+m_5+m_7=\overline{\bar{m}_0\bar{m}_2\bar{m}_5\bar{m}_7}$。

将 $A$、$B$、$C$ 分别接译码器输入 $A_2$、$A_1$、$A_0$，则从译码器输出 $\bar{Y}_0$、$\bar{Y}_2$、$\bar{Y}_5$、$\bar{Y}_7$ 端可得到 $\bar{m}_0$、$\bar{m}_2$、$\bar{m}_5$、$\bar{m}_7$，再用一与非门连接即可，如图 3-17 所示。

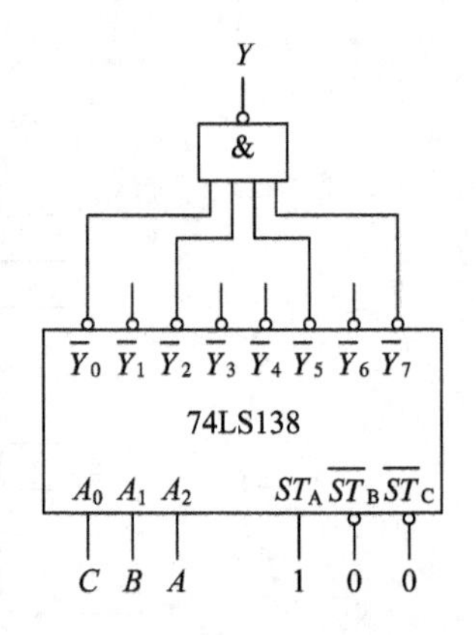


图 3-17 例 3-6 逻辑图

**例 3-7** 使用两片 74LS138 组成 4-16 线译码器。

**解** 此题是译码器的扩展问题，有效地利用使能端可以对芯片进行功能扩展，图 3-18 所示电路即为用两片 74LS138 组成的 4-16 线译码器。

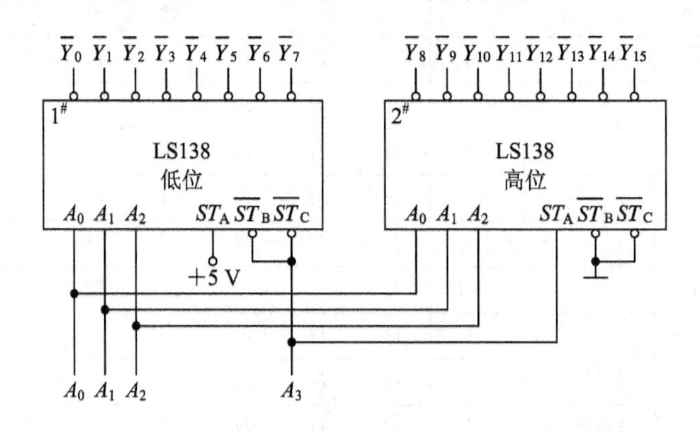


图 3-18 两片 74LS138 组成的 4-16 线译码器

由于每片 74LS138 有 8 个输出端，所以两片共有 16 个输出端，但每片只有 3 个代码输入端，所以需利用其使能端扩展第 4 位代码输入端。如图所示，将第一片的 $\overline{ST_B}$、$\overline{ST_C}$ 与第二片的 $ST_A$ 端连在一起作为 $A_3$ 端，并将片 1 $ST_A$ 端接高电平，片 2 $\overline{ST_B}$、$\overline{ST_C}$ 端接地，

再同时取两片的 $A_2A_1A_0$ 即可。

当 $A_3A_2A_1A_0$ 为 1000～1111 时，高位芯片 2 工作，对应的 $\overline{Y}_8$～$\overline{Y}_{15}$ 依次被译成低电平，低位芯片 1 被禁止；当 $A_3A_2A_1A_0$ 为 0000～0111 时，低位芯片 1 工作，对应的 $\overline{Y}_0$～$\overline{Y}_7$ 依次被译成低电平，高位芯片 2 被禁止。

**3. 二-十进制译码器**

将输入的 BCD 码译成十个对应输出信号的电路称为二-十进制译码器。因为它有 4 个输入端，10 个输出端，所以又称为 4－10 线译码器。

74LS42 是常用的二-十进制译码器，其逻辑符号，外引线排列如图 3－19 所示，表 3－13 是其逻辑功能表。

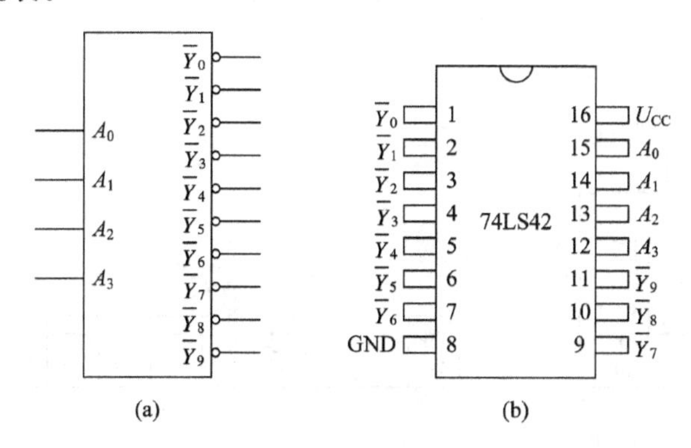


图 3－19　集成译码器 74LS42

(a) 逻辑符号；(b) 外引线图

**表 3－13　74LS42 的逻辑功能表**

| 序号 | $A_3$ | $A_2$ | $A_1$ | $A_0$ | $\overline{Y}_0$ | $\overline{Y}_1$ | $\overline{Y}_2$ | $\overline{Y}_3$ | $\overline{Y}_4$ | $\overline{Y}_5$ | $\overline{Y}_6$ | $\overline{Y}_7$ | $\overline{Y}_8$ | $\overline{Y}_9$ |
|---|---|---|---|---|---|---|---|---|---|---|---|---|---|---|
| 0 | L | L | L | L | L | H | H | H | H | H | H | H | H | H |
| 1 | L | L | L | H | H | L | H | H | H | H | H | H | H | H |
| 2 | L | L | H | L | H | H | L | H | H | H | H | H | H | H |
| 3 | L | L | H | H | H | H | H | L | H | H | H | H | H | H |
| 4 | L | H | L | L | H | H | H | H | L | H | H | H | H | H |
| 5 | L | H | L | H | H | H | H | H | H | L | H | H | H | H |
| 6 | L | H | H | L | H | H | H | H | H | H | L | H | H | H |
| 7 | L | H | H | H | H | H | H | H | H | H | H | L | H | H |
| 8 | H | L | L | L | H | H | H | H | H | H | H | H | L | H |
| 9 | H | L | L | H | H | H | H | H | H | H | H | H | H | L |
| 伪码 | H | L | H | L | H | H | H | H | H | H | H | H | H | H |
| | H | L | H | H | H | H | H | H | H | H | H | H | H | H |
| | H | H | L | L | H | H | H | H | H | H | H | H | H | H |
| | H | H | L | H | H | H | H | H | H | H | H | H | H | H |
| | H | H | H | L | H | H | H | H | H | H | H | H | H | H |
| | H | H | H | H | H | H | H | H | H | H | H | H | H | H |

74LS42 有 $A_3 \sim A_0$ 4 个输入端；$\overline{Y}_9 \sim \overline{Y}_0$ 10 个输出端，低电平有效。当输入 $A_3 \sim A_0$ 为 8421BCD 码以外的 6 个伪码时，输出端 $\overline{Y}_9 \sim \overline{Y}_0$ 全为高电平。虽然 74LS42 无使能端。但可以用 $A_3$ 作控制端，此时 $A_2 \sim A_0$ 作输入端，$\overline{Y}_0 \sim \overline{Y}_7$ 作输出端，$\overline{Y}_8$、$\overline{Y}_9$ 不用。由真值表可看出，当 $A_3 = H$ 时，$\overline{Y}_0 \sim \overline{Y}_7$ 全为 $H$，无译码输出；当 $A_3 = L$ 时，可作为 3-8 线译码器使用。

**4. 显示译码器**

用来显示数字、符号的器件称为数码显示器，简称数码管。数码管种类有辉光数码管，荧光数码管、半导体数码管(LED 管)和液晶显示器(LCD 显示器)等几种。常见的半导体数码管为七段字型结构，并分为共阴型和共阳型。图 3-20 为显示数字和带小数点(DP)的七段数码管。

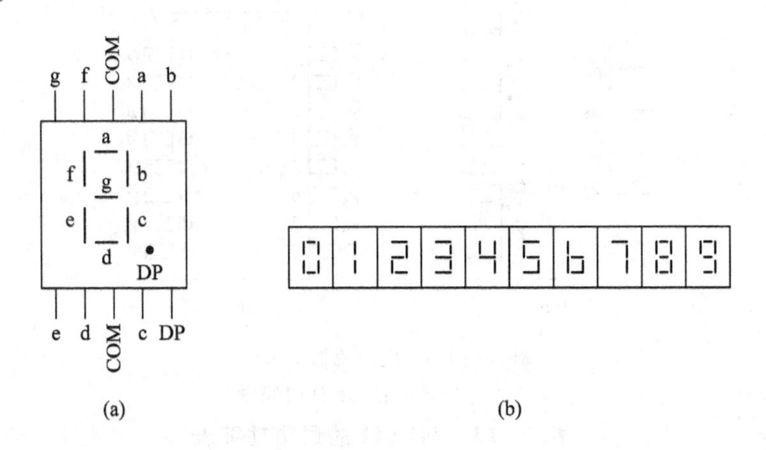


图 3-20　半导体数码管

(a) 外形结构；(b) 数码字型

图 3-21 为共阴和共阳两种工作方式原理图。

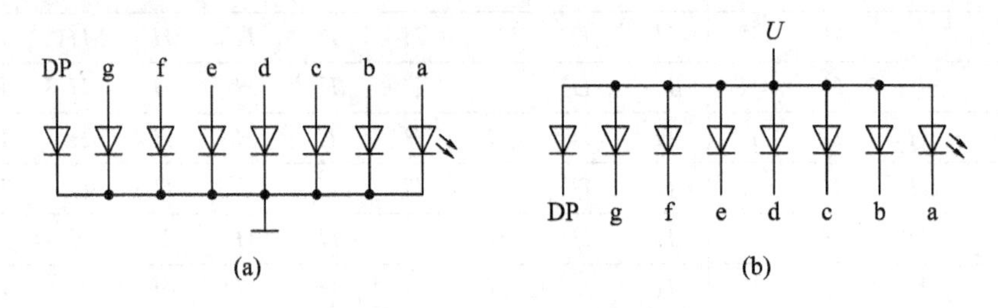


图 3-21　两种工作方式原理图

(a) 共阴型；(b) 共阳型

半导体数码管字型清晰，工作电压低(1.5～3 V)、体积小、可靠性好、寿命长、响应速度快、发光颜色因所用材料不同有红色、绿色、黄色等，可以直接用 TTL 门驱动。其缺点是工作电流较大，段电流为几至几十毫安。

上述七段字型数码管工作时必须采用 4-7 线七段显示译码器进行译码驱动，其输入为四位二进制 BCD 码，输出为七根控制线。下面以 74LS48 为例介绍七段显示译码器。

74LS48 用于共阴极半导体数码式译码/驱动器，其逻辑符号、外引线排列如图 3-22 所示，其功能如表 3-14 所示。

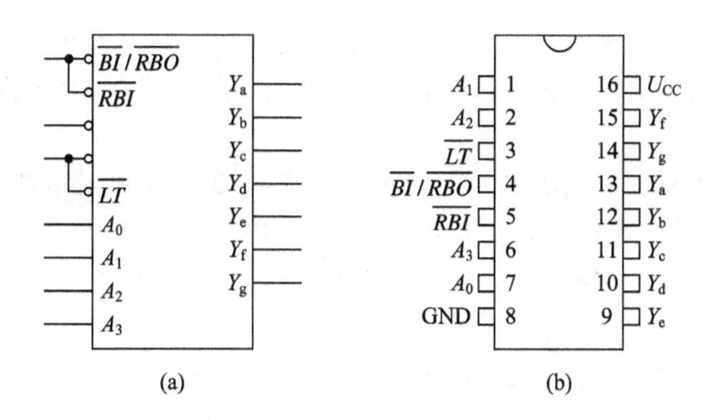


图 3-22　74LS48 译码/驱动器

(a) 逻辑符号；(b) 外引线图

**表 3-14　74LS48 的功能表**

| 十进制或功能 | 输入 | | | | | | $\overline{BI}/\overline{RBO}$ | 输出 | | | | | | | 字型 |
|---|---|---|---|---|---|---|---|---|---|---|---|---|---|---|---|
| | $\overline{LT}$ | $\overline{RBI}$ | $A_3$ | $A_2$ | $A_1$ | $A_0$ | | $Y_a$ | $Y_b$ | $Y_c$ | $Y_d$ | $Y_e$ | $Y_f$ | $Y_g$ | |
| 0 | H | H | L | L | L | L | H | H | H | H | H | H | H | L | |
| 1 | H | × | L | L | L | H | H | L | H | H | L | L | L | L | |
| 2 | H | × | L | L | H | L | H | H | H | L | H | H | L | H | |
| 3 | H | × | L | L | H | H | H | H | H | H | H | L | L | H | |
| 4 | H | × | L | H | L | L | H | L | H | H | L | L | H | H | |
| 5 | H | × | L | H | L | H | H | H | L | H | H | L | H | H | |
| 6 | H | × | L | H | H | L | H | L | L | H | H | H | H | H | |
| 7 | H | × | L | H | H | H | H | H | H | H | L | L | L | L | |
| 8 | H | × | H | L | L | L | H | H | H | H | H | H | H | H | |
| 9 | H | × | H | L | L | H | H | H | H | H | L | L | H | H | |
| 10 | H | × | H | L | H | L | H | L | L | L | H | H | L | H | |
| 11 | H | × | H | L | H | H | H | L | L | H | H | L | L | H | |
| 12 | H | × | H | H | L | L | H | L | H | L | L | L | H | H | |
| 13 | H | × | H | H | L | H | H | H | L | L | H | L | H | H | |
| 14 | H | × | H | H | H | L | H | L | L | L | H | H | H | H | |
| 15 | H | × | H | H | H | H | H | L | L | L | L | L | L | L | |
| 消　隐 | × | × | × | × | × | × | L | L | L | L | L | L | L | L | |
| 动态灭零 | H | L | L | L | L | L | L | L | L | L | L | L | L | L | |
| 灯测试 | L | × | × | × | × | × | H | H | H | H | H | H | H | H | |

输入信号 $A_3A_2A_1A_0$ 组成 8421BCD 码，输出信号 $Y_a \sim Y_g$ 为集电极开路输出结构，上拉电阻 2 kΩ 已接好，可直接驱动共阴半导体数码管。$\overline{LT}$、$\overline{RBI}$及$\overline{BI}/\overline{RBO}$端为使能控制端，功能如下：

$\overline{LT}$为灯测试输入端，当$\overline{BI}/\overline{RBO}=1$ 时，只要令$\overline{LT}=0$，则无论其他端的状态如何，$Y_a \sim Y_g$ 的输出均为高，数码管 a～g 各段均被点亮，用于检查数码管各段是否工作正常。

$\overline{RBI}$为灭零输入端，在正常显示情况下，当输入 $A_3A_2A_1A_0$ 为 0 时，数码管应该显示 0，此时如果令$\overline{RBI}=0$，则会将显示 0 的数码管熄灭。

$\overline{BI}/\overline{RBO}$为灭灯输入/灭零输出端，这是一个双功能的输入/输出端。当$\overline{BI}/\overline{RBO}$作为输入端使用时，称灭灯控制输入端。只要$\overline{BI}=0$，无论$\overline{LT}$、$\overline{RBI}$、$A_3A_2A_1A_0$ 的状态如何，$Y_a \sim Y_g$ 的输出均为低，可使数码管 a～g 各段均灭，即数码管熄灭。当$\overline{BI}/\overline{RBO}$作为输出端使用时，称灭零输出端。即当工作在灭零状态时，$\overline{RBO}$输出低电平，可用于其他位灭零。将$\overline{RBI}$与$\overline{RBO}$端配合使用，可方便实现多位数码显示系统的灭零控制，如图 3－23 给出了 8 位数码显示系统灭零控制的连接方法。

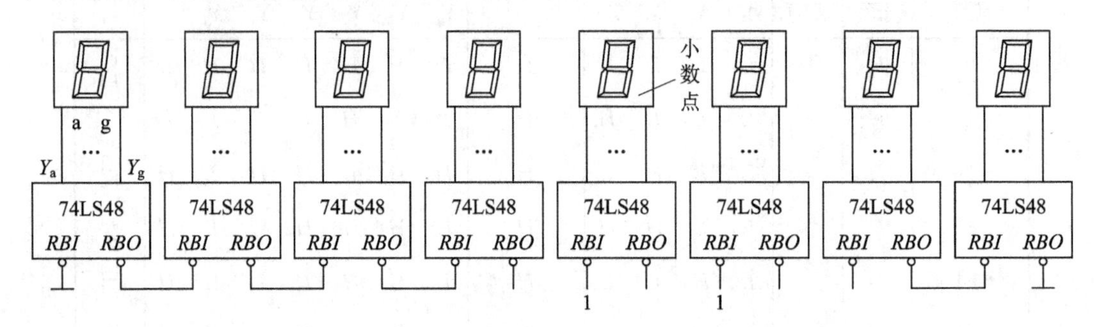


图 3－23　有灭零控制的数码显示系统图

### 3.4.5　数据选择器与数据分配器

数据选择器又称多路选择器，其逻辑功能是从多路输入数据中选择一路数据输出。数据分配器又称多路分配器，其逻辑功能是将一路输入数据分配到指定的数据输出上。图 3－24 所示是四通道数据选择器/数据分配器的示意图。其中 $D$ 为数据输入端，$Y$ 为数据输出端，$A$ 为数据选择输入端（又称地址输入端），此图中有四路输入/输出数据，故需要两个地址输入端，如果有 $2^n$ 路输入/输出数据，则需要 $n$ 个地址输入端。

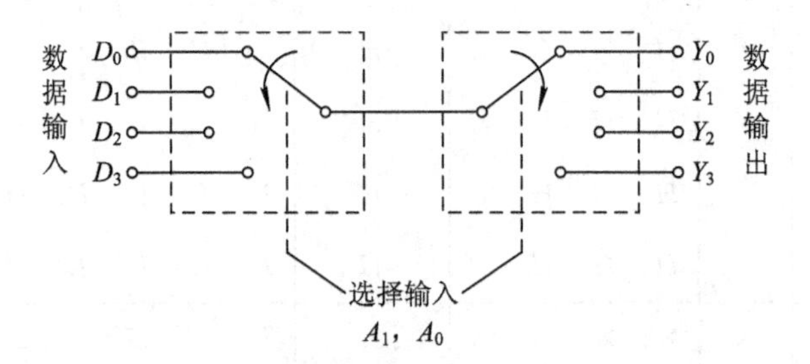


图 3－24　四通道数据选择/分配器示意图

### 1. 数据选择器

常见的数据选择器有二选一、四选一、八选一、十六选一等。下面以常用的四选一数据选择器 74LS153 为例，介绍数据选择器的原理及使用。

74LS153 是双四选一数据选择器，即一个芯片中包含两个四选一电路。其逻辑图，逻辑符号及外引线排列见图 3－25 所示，其功能表见表 3－15 所示。

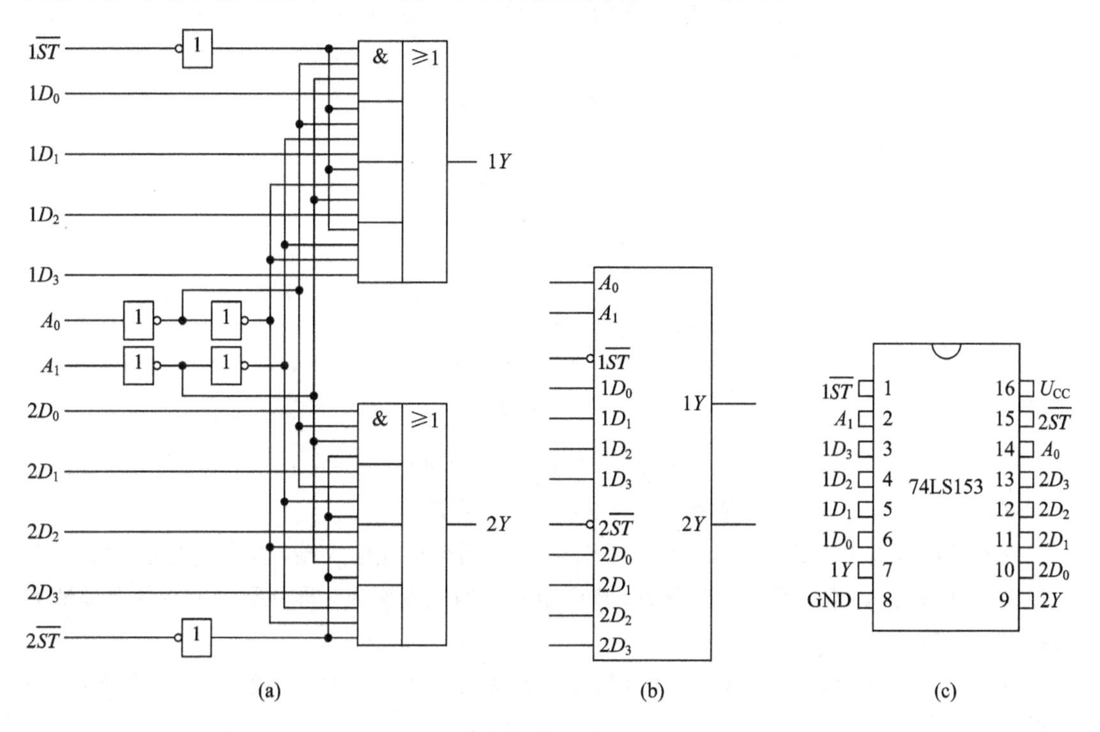


图 3－25　四选一数据选择器 74LS153

(a) 逻辑图；(b) 逻辑符号；(c) 外引线图

**表 3－15　74LS153 的功能表**

| 输　入 | | | 输　出 |
|---|---|---|---|
| $\overline{ST}$ | $A_1$ | $A_0$ | $Y$ |
| $H$ | × | × | $L$ |
| $L$ | $L$ | $L$ | $D_0$ |
| $L$ | $L$ | $H$ | $D_1$ |
| $L$ | $H$ | $L$ | $D_2$ |
| $L$ | $H$ | $H$ | $D_3$ |

74LS153 中的两个四选一数据选择器共用一个地址输入端($A_1$、$A_0$)、电源和地，其他均各自独立。每个输出逻辑表达式为

$$Y=\overline{A}_1\overline{A}_0D_0+\overline{A}_1A_0D_1+A_1\overline{A}_0D_2+A_1A_0D_3 \tag{3-12}$$

除以上介绍的双四选一数据选择器 74LS153 外，常用的数据选择器还有八选一数据选择器 74LS151，十六选一数据选择器 74LS150，二选一数据选择器 74LS157 等。

利用数据选择器可实现组合逻辑函数，下面通过两个例题进行讨论。

**例 3-8**　用 74LS153 实现逻辑函数 $Z=\overline{A}B+AB$。

**解**　双四选一数据选择器 74LS153 有两个地址端，可将输入变量 $A$、$B$ 分别送入选择地址端 $A_1$、$A_0$。令 $\overline{ST}=0$，再根据逻辑要求将数据输入端 $D_0 \sim D_3$ 分别置 0 或 1，即可实现所要求的逻辑功能，具体方法是将 $A_1=A$，$A_0=B$ 带入式(3-12)中，再根据所要实现的逻辑函数 $Z=\overline{A}B+AB$ 求出 $D_0 \sim D_3$ 的数值：

$$Z = \overline{A}B + AB = \overline{A}\overline{B}D_0 + \overline{A}BD_1 + A\overline{B}D_2 + ABD_3$$

得

$$D_0 = D_2 = 0, D_1 = D_3 = 1$$

画出逻辑图如图 3-26 所示。

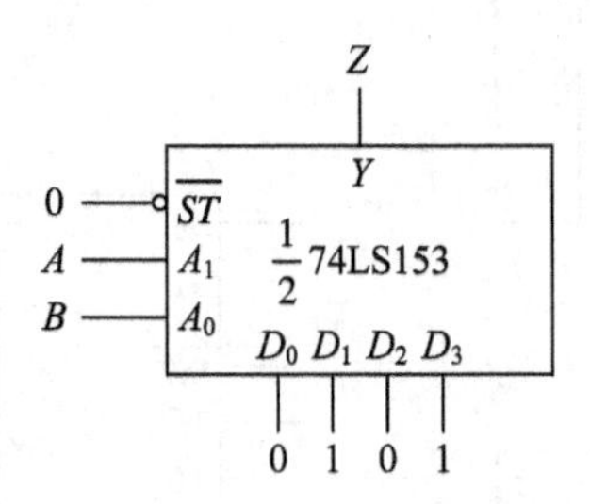


图 3-26　例 3-8 逻辑图

**例 3-9**　用 74LS153 实现逻辑函数 $Z=A\overline{D}+\overline{B}\overline{C}\overline{D}$。

**分析**　此题有四个逻辑变量，而 74LS153 只有两个地址输入端，要完成此题，可将 $C$、$D$ 接在地址 $A_1$、$A_0$ 端，另两个变量 $A$、$B$ 则由数据输入端引入。再分别讨论在各个地址下的数据输入值。

**解**　当 $CD$ 为 00，即 $A_1A_0$ 为 00 时，$D_0$ 被选通。将 $CD$ 为 00 代入 $Z=A\overline{D}+\overline{B}\overline{C}\,\overline{D}$ 式得

$$Z = A + \overline{B}$$

即

$$D_0 = A + \overline{B}$$

同理，$CD$ 为 01 时，$Z=D_1=0$；$CD$ 为 10 时，$Y=D_2=A$；$CD$ 为 11 时，$Y=D_3=0$。

画逻辑图如图 3-27 所示。

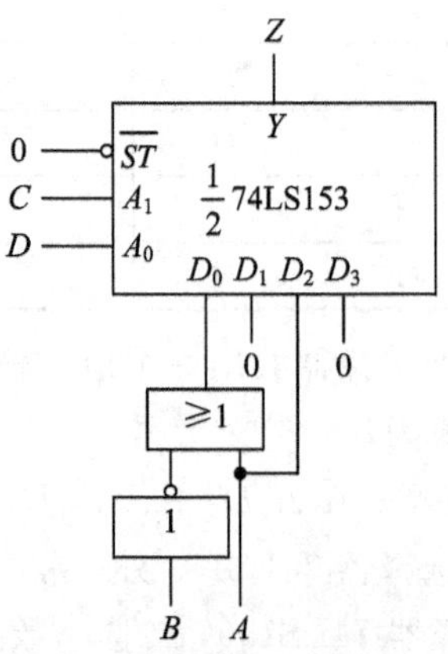


图 3-27　例 3-9 逻辑图

**2. 数据分配器**

从逻辑功能看，数据分配器与数据选择器相反，它只有一个数据输入端，在 $n$ 个地址端控制下，可将其送到 $2^n$ 个输出端的一端上。

前面我们讨论过通用译码器，原则上说，任何带使能端的通用译码器均可用作数据分配器使用。将译码器的使能端作为数据输入端，二进制代码输入端作为地址输入端，则可以完成数据分配器的功能。现以 3 - 8 线译码器 74LS138 为例说明。

我们已知，74LS138 有 8 个译码输出，3 个译码输入和 3 个使能端，现将译码输出 $\overline{Y}_0 \sim \overline{Y}_7$ 改作数据数出，译码输入 $A_2 \sim A_0$ 改作地址控制，使能端 $ST_A$、$\overline{ST_B}$、$\overline{ST_C}$中的一个改作数据输入端 $D$，即形成一个 8 路数据分配器了。需要注意的是当选择$\overline{ST_B}$或$\overline{ST_C}$作为数据输入端 $D$ 时，输出为原码；当选择 $ST_A$ 作为数据输入端 $D$ 时，输出为反码，如图 3 - 28 所示。

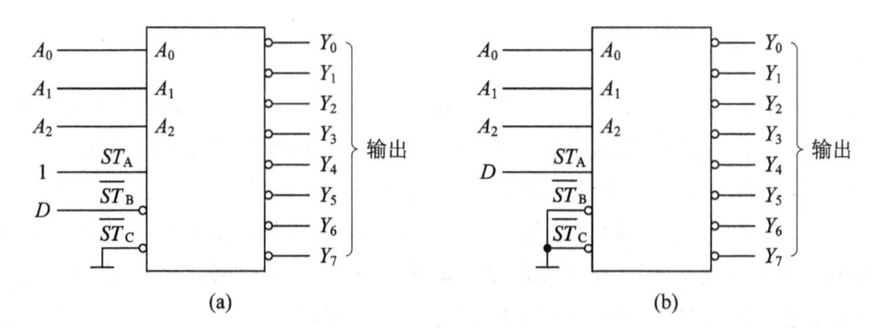


图 3 - 28　74LS138 构成 3 - 8 线数据分配器

(a) $\overline{ST_B}$作为数据输入端；(b) $ST_A$ 作为数据输入端

在图 3 - 28(a)中选择$\overline{ST_B}$ 作为数据输入端 $D$，令 $ST_A=1$，$\overline{ST_C}=0$，根据 74LS138 的功能可知，当 $A_2A_1A_0=000$ 时，若$\overline{ST_B}=0$，则芯片工作，$\overline{Y}_0=0$；若$\overline{ST_B}=1$，则芯片不工作，$\overline{Y}_0=1$。此时数据输入被分配到 $\overline{Y}_0$ 端，满足了数据分配器的逻辑功能。

在图 3 - 28(b)中选择 $ST_A$ 作为数据输入端 $D$，由于 $ST_A$ 是高电平有效，而 $\overline{Y}$ 为低电平输出，所以输出为输入的反码。

数据分配器在计算机系统中有广泛的应用，数据要传送到的最终地址以及传送的方式都可通过数据分配器来实现。另外，数据分配器与数据选择器组合使用，可实现多路信号分时传送，达到减少传输线数目的目的。

## 思考题

1. 什么是半加器？什么是全加器？
2. 什么是数值比较器？
3. 什么是编码？什么是优先编码？
4. 什么是译码？
5. 什么是通用译码器？什么是显示译码器？
6. 二进制译码器与二-十进制译码器有何不同？
7. 什么是数据选择器？它有何用途？

8. 什么是数据分配器？它有何用途？

9. 如何用数据选择器实现组合逻辑函数？

10. 数据选择器和数据分配器能否用作模拟开关？

## 3.5　组合逻辑电路中的竞争与冒险

前面分析、设计组合逻辑电路时，都忽略了各逻辑门的延迟时间，并且所有信号都是以理想阶跃形式出现的。实际上，各逻辑门都有一定的延迟时间，各逻辑门的输出信号也不可能发生突变。所以前面所设计的组合逻辑电路，在高速工作情况下就有可能不正常，不正常的原因就是电路中存在所谓竞争冒险。

### 3.5.1　竞争冒险的概念

**1. 竞争**

在组合逻辑电路中，当某个输入逻辑变量分别经过两条以上的路径到达门电路的输入端时，由于每条路径对信号的延迟时间不同，所以信号到达门电路输入端的时间就有先有后，这种现象就叫竞争。如在图 3-29(a)中，信号 $A$ 一路经过 $G_1$ 到达 $G_2$，另一路直接到达 $G_2$，因为 $G_1$ 有延时，所以两路信号到达 $G_2$ 的时间是不同的，这样就出现了两路信号在 $G_2$ 输入端的竞争。当然，由于各逻辑门的传输延迟时间离散性较大，信号多经过一级门并不见得比少经过一级门的延迟时间长，所以竞争是随机的。

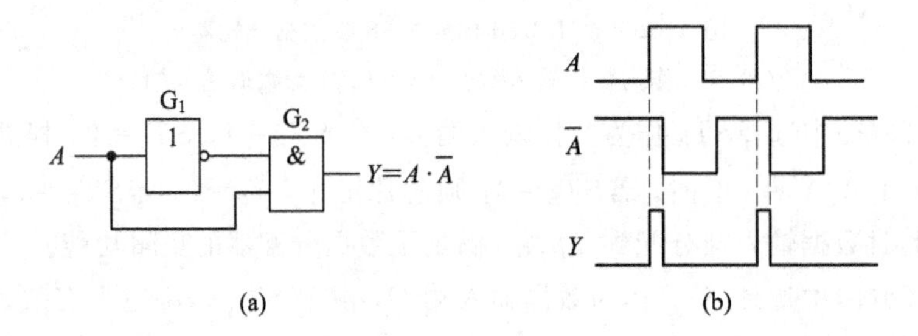


图 3-29　竞争冒险

(a) 逻辑电路；(b) 工作波形

**2. 冒险**

在上例中，若按理想情况分析，则无论变量 $A$ 为何值，$Y$ 均为 0。但若考虑竞争问题，则可能会出现如图 3-29(b)所示现象。即在某一瞬间出现了不应该出现的尖峰脉冲，从而可能引起对电路的干扰，我们将这种现象称为冒险。产生冒险的原因不止源于竞争，这里不作详述。

### 3.5.2　竞争冒险的判断与消除

**1. 判断**

根据前面的介绍，我们知道逻辑电路中有竞争就可能产生冒险。所以判断竞争冒险的基本方法可从逻辑函数式的结构出发来判断此逻辑电路是否存在某个变量的原变量和反变量同时出现的情况，如果有，就具备了竞争的条件。此时可将逻辑函数式中的其他变量去掉，留下被研究的变量，若得到表达式为$Y=A+\overline{A}$，则产生0冒险；若得到表达式为$Y=A\cdot\overline{A}$，则产生1冒险。如图3-30所示的逻辑电路，其逻辑函数表达式为

$$Y=\overline{\overline{\overline{A}B}\,\overline{AC}}=\overline{A}B+AC$$

当$B=1$、$C=1$时，$Y=\overline{A}+A$，即此时信号$A$在$G_4$输入端存在竞争，所以此电路可能出现0冒险。

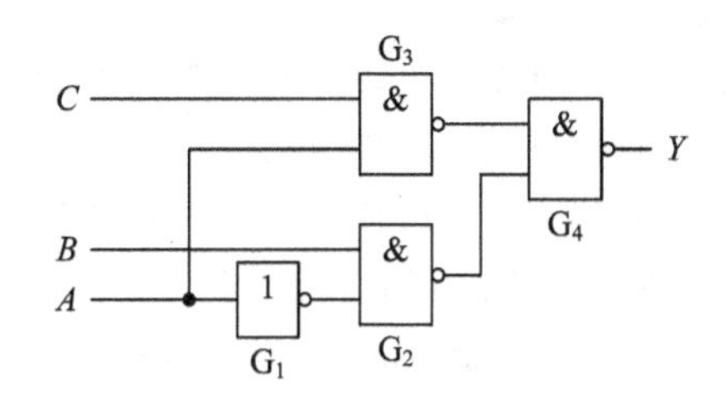


图3-30　存在0冒险的逻辑电路

**2. 消除冒险的方法**

1）接滤波电容

因为干扰脉冲一般都较窄，所以在有可能产生干扰脉冲的那些逻辑门的输出端与地之间并接一个几百皮法的滤波电容，就可以把干扰脉冲吸收掉。此法简单可行，但它会使输出波形边沿变坏，在要求输出波形较严格的情况下不宜采用。

2）引入选通脉冲

利用选通脉冲把有冒险脉冲输出的逻辑门封锁，使冒险脉冲不能输出。当冒险脉冲消失后，选通脉冲才将有关的逻辑门打开，允许正常输出。

3）修改逻辑设计

修改逻辑设计，有时是消除冒险现象较理想的办法。我们知道，产生冒险现象的重要原因是某些逻辑门存在着两个输入信号同时向相反的方向变化。若修改逻辑设计，使得任何时刻每一个逻辑门的输入端都只有一个变量改变取值，这样所得的逻辑电路就不可能由此而产生冒险。

如上例逻辑函数在$B=C=1$时会产生冒险。若将此逻辑函数式改写成$Y=\overline{A}B+AC+BC$即加入多余因子$BC$，那么所得到的新逻辑函数就没有冒险现象了，因为当$B=C=1$时，$Y=1$。

多余项在数字电路中是可有可无的无关项，它的存在与否并不影响逻辑函数的值。但利用它可化简逻辑函数，消除冒险，从而组成新的逻辑电路，这种方法在数字电路设计中经常采用。

逻辑电路中的竞争冒险现象，尤其在高频工作时表现的较为严重，要认真对待。对于用电位触发或工作频率较低的情况下，一般不用考虑竞争冒险的影响，电路都能正常工作。

## 思考题

1. 什么是组合逻辑电路中的竞争冒险？
2. 如何判断组合逻辑电路中的竞争冒险？

## 小　结

组合逻辑电路是由逻辑门组成，并且是无记忆的电路。本章讨论了组合逻辑电路的分析与设计及常用的集成组合逻辑电路。

组合逻辑电路的逻辑功能常用逻辑表达式、真值表、卡诺图、工作波形和逻辑图等五种形式来表示，熟悉这五种表示形式及它们之间的相互转换是非常重要的。

组合逻辑电路的分析是根据已知的逻辑图分析其逻辑功能，其步骤是：已知逻辑图→写出逻辑表达式→化简→列真值表→分析逻辑功能。

组合逻辑电路的设计是根据逻辑要求设计出逻辑图，其步骤是：已知逻辑要求→列出真值表→写出表达式→化简、变换→画出逻辑图。

对于本章讨论的加法器、数据比较器、编码器、译码器、数据选择器和数据分配器等中规模组合逻辑集成电路，必须要熟悉其逻辑功能，学会灵活使用。

采用中规模集成电路设计组合逻辑电路时，除了要熟悉器件的逻辑功能外，还要运用好方法。

组合逻辑电路中的竞争冒险问题在高速工作情况下要特别注意。在调试电路时要注意发现，排除。在后面所讨论的时序逻辑电路中也存在着竞争冒险问题。

## 习　题

3-1　写出图 3-31 所示逻辑图的逻辑表达式。

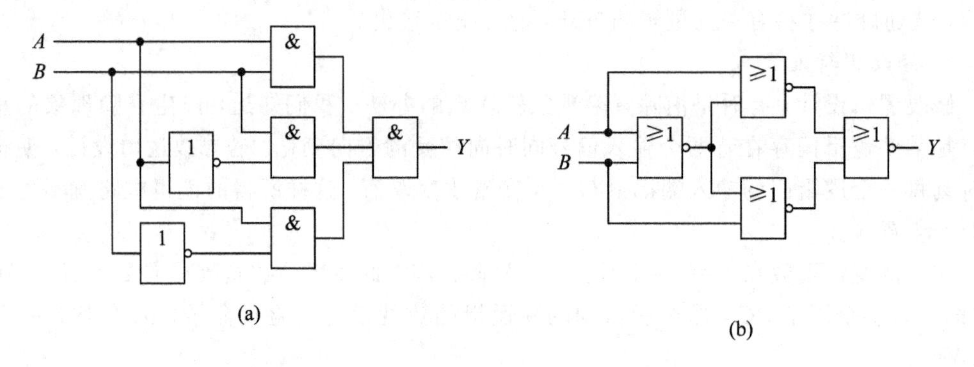


图 3-31　题 3-1 图

3-2　画出实现下列逻辑函数的逻辑图：

(1) $Y=\overline{AB+\overline{A}B+A\overline{B}}$；

(2) $Y=(\overline{AB+\overline{B}C})$；

(3) $Y=\overline{A}BC+\overline{A+B}$；

(4) $Y=\overline{(\overline{A+B+CD})E+\overline{F}}$。

3-3　试用与非门分别实现下列逻辑函数，画出逻辑图：

(1) $Y=AB+CD$；

(2) $Y=\overline{(\overline{A}+\overline{B})B}$。

3－4　组合电路如图3－32所示，试用与非门实现最简逻辑图。

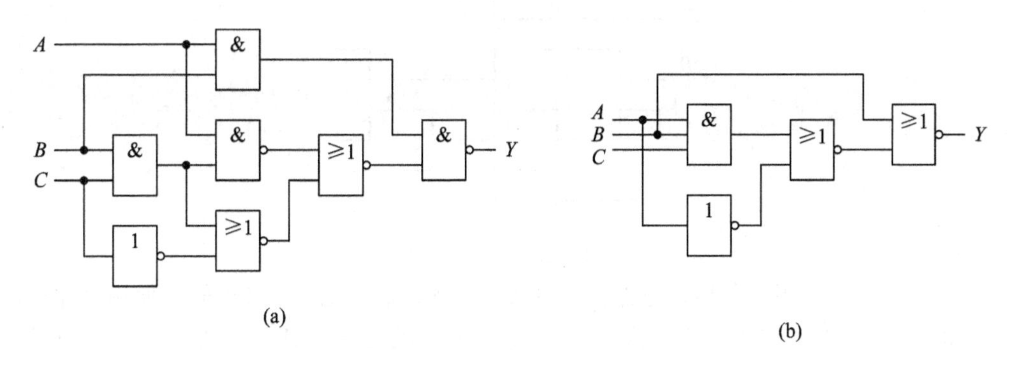


图3－32　题3－4图

3－5　试分别画出用两输入与非门实现下列逻辑功能的逻辑图：

(1) $Y=A\cdot B$；

(2) $Y=\overline{A}$；

(3) $Y=\overline{A+B}$；

(4) $Y=AB+CD$。

3－6　根据电路画波形。图3－33(a)所示电路的输入波形如图(b)所示，请画出输出端波形。

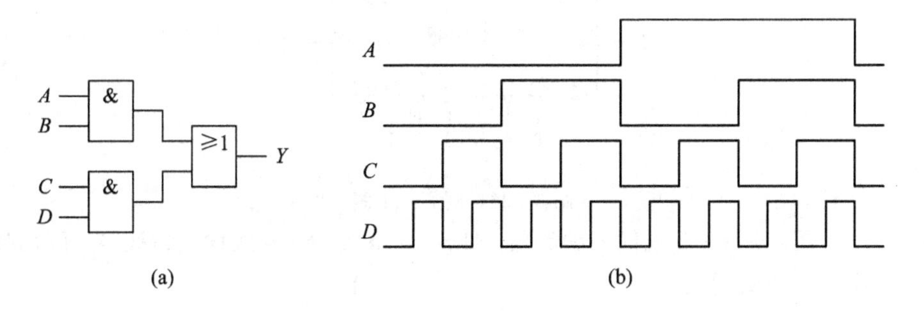


图3－33　题3－6图

3－7　用示波器测得某组合逻辑电路三个输入端$A$、$B$、$C$和输出端$Y$的波形如图3－34所示。试写出输出逻辑函数表达式，用与非门形成此电路。

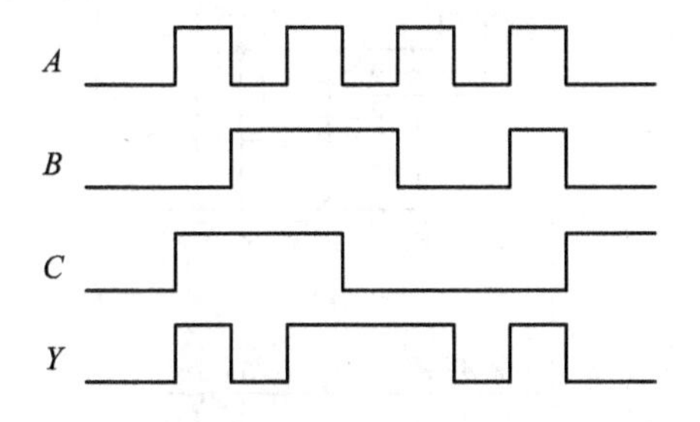


图3－34　题3－7图

3－8　某组合电路输出与输入的关系如图3－35所示，试说明其逻辑功能。

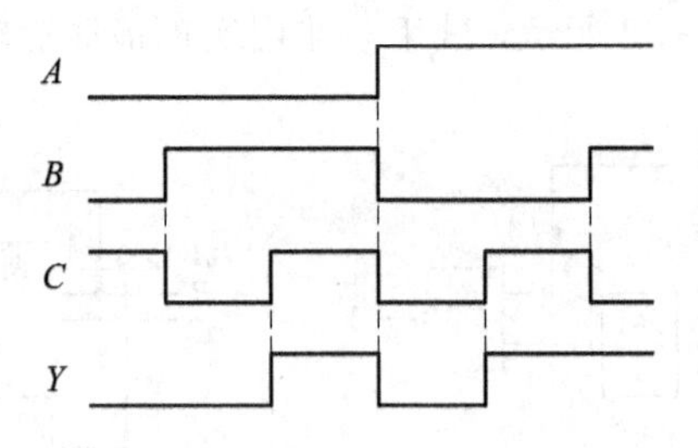


图 3-35　题 3-8 图

3-9　某机构需要三条启动电路，其中两条为正常启动电路，必须同时使用时才有效；而另一条为应急启动电路，只要这一条单独使用时就有效，试用与非门来实现此控制电路。

3-10　有四台电动机的额定功率分别为 10 kW、10 kW、20 kW、30 kW，电源设备的额定容量为 45 kW。若电动机的运行是随机的，试用与非门设计一个电源过载保护的逻辑电路。

3-11　图 3-36 所示是 8-3 线优先编码器 74LS148 一种工作状态，试指出输出信号 $W$、$Z$、$B_2$、$B_1$、$B_0$ 的状态(1 或 0)。

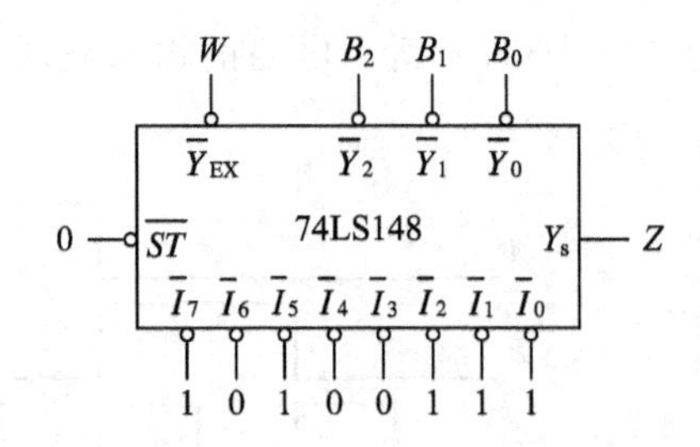


图 3-36　题 3-11 图

3-12　试用两片 8-3 线优先编码器 74LS148 组成 16-4 线优先编码器，画出接线图(允许附加必要的逻辑门)。

3-13　如图 3-37 所示，试写出 $Z_1$、$Z_2$ 的最简与或表达式。

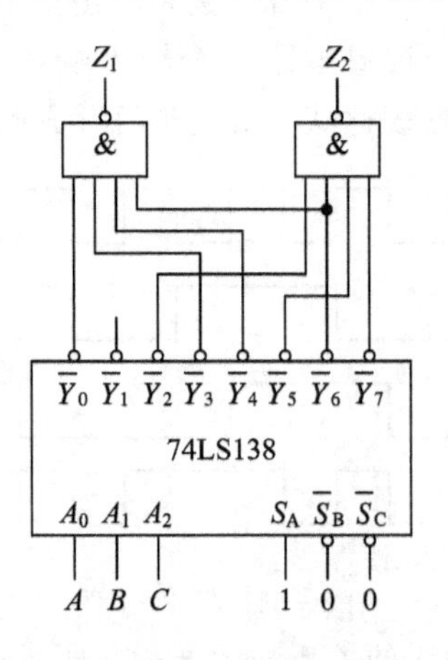


图 3-37　题 3-13 图

3-14　试用两片 3-8 线译码器 74LS138 组成 4-16 线译码器，画出接线图。

3-15　试用3-8线译码器74LS138和与非门实现下列逻辑函数：

(1) $Y=AB+BC$；

(2) $Y=ABC+A\overline{C}D$。

3-16　用具有OC门输出级的集成显示译码器74LS49去驱动LED数码管，若希望流过数码管各段的电流为10 mA。试选择译码器的上拉电阻，并画出其接线图。

3-17　试用四选一数据选择器74LS153实现下列逻辑函数：

(1) $Y=\overline{A}\overline{B}+\overline{A}B+AB$；

(2) $Y=A\overline{B}\overline{C}+\overline{A}BD$。

3-18　试用八选一数据选择器74LS151实现下列逻辑函数：

(1) $Y(A, B, C)=\sum m(0, 1, 5, 6)$；

(2) $Y=ABC+A\overline{B}D$。

3-19　判断下列逻辑函数是否存在竞争冒险。

$$Y=AB\overline{C}+\overline{A}BC+ACD+\overline{A}\overline{C}D$$

# 技 能 实 训

## 实训一　加法器

### 一、技能要求

1. 熟悉集成加法器的逻辑功能。
2. 熟悉集成加法器的使用。

### 二、实训内容

1. 选用超前进位加法器芯片74LS283，外引线图如图3-9所示。
2. 接好电路，在$A$和$B$端加上两个四位二进制数，在输出端测其和数。
3. 用两片74LS283搭接成八位加法器，通电测试。

## 实训二　编码器

### 一、技能要求

1. 熟悉集成编码器的逻辑功能。
2. 学会集成编码器的使用。

### 二、实训内容

1. 选用二进制优先编码器74LS148，外引线图如图3-12所示。
2. 接好电路，测其逻辑功能，列表并与表3-9相比较。
3. 用两片74LS148搭接成16-4线优先编码器，可参考图3-13。自选所用与非门并画出接线图。

## 实训三 译码与数码显示器

### 一、技能要求

1. 熟悉集成译码器的逻辑功能。

2. 熟悉数码显示器。

3. 学会显示译码器的使用。

### 二、实训内容

1. 选用七段显示译码/驱动器74LS48一片(外引线图见图3-22)，选用共阴型数码管BS-201A一个(外形结构见图3-20)。

2. 按图3-38接好电路。

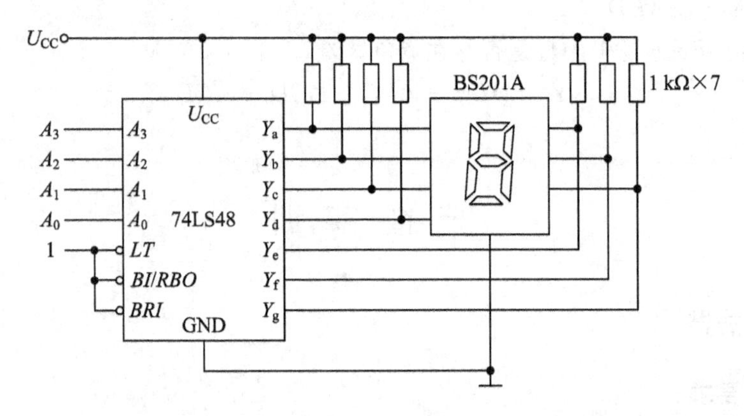


图3-38 实训图

3. 电源电压接5 V，使能端$\overline{LT}$、$\overline{RBI}$和$\overline{BI}/\overline{RBO}$接高电平，在输入端$A_3A_2A_1A_0$加入8421BCD信号，观察数码管的显示。

4. 使能端$\overline{LT}$、$\overline{RBI}$和$\overline{BI}/\overline{RBO}$的作用。

(1) 令$\overline{LT}=0$，观察数码管a～g各段是否均被点亮。

(2) 当输入$A_3A_2A_1A_0$为0时，令$\overline{RBI}=0$，观察数码管是否熄灭。测试$\overline{RBO}$端输出是否低电平。

(3) 令$\overline{BI}=0$，观察数码管是否熄灭。各段均灭，即数码管熄灭。

# 第4章　集成触发器

触发器是构成时序逻辑电路的基本单元，它具有记忆功能，主要表现在触发器有两个稳定的输出状态，在一定的外加信号作用下，触发器可从一种稳态转变到另一种稳态。

本章将介绍触发器的基本组成、逻辑功能、触发方式及集成触发器等内容。学习本章要掌握触发器的逻辑功能及正确使用。

## 4.1　基本触发器

### 4.1.1　触发器及分类

触发器是数字逻辑电路的基本单元电路，它有两个稳态输出(双稳态触发器)，具有记忆功能，可用于存储二进制数据、记忆信息等。

从结构上来看，触发器由逻辑门电路组成，有一个或几个输入端，两个互补输出端，通常标记为 $Q$ 和 $\overline{Q}$。触发器的输出有两种状态，即“0”态($Q=0$、$\overline{Q}=1$)和“1”态($Q=1$、$\overline{Q}=0$)。触发器的这两种状态都为相对稳定状态，只有在一定的外加信号触发作用下，才可从一种稳态转变到另一种稳态。

触发器的种类很多，大概可按以下几种方式进行分类：

根据是否有时钟脉冲输入端，可将触发器分为基本触发器和钟控触发器等。

根据逻辑功能的不同，可将触发器分为RS触发器、D触发器、JK触发器、T和T′触发器等。

根据电路结构的不同，可将触发器分为基本触发器、同步触发器、主从触发器、边沿触发器等。

根据触发方式的不同，可将触发器分为电平触发、主从触发、边沿触发的触发器。

触发器的逻辑功能可用功能表(特性表)、特性方程、状态图(状态转换图)和时序图(时序波形图)来描述。

### 4.1.2　基本RS触发器

#### 1. 电路组成

图4-1所示为由与非门组成的基本RS触发器的逻辑图和逻辑符号。由图可知，基本RS触发器由两个与非门交叉耦合而成，$Q$ 和 $\overline{Q}$ 为两个互补输出端，$\overline{R}$ 和 $\overline{S}$ 为两个输入端。其中 $\overline{R}$ 称为置0端(复位端)，$\overline{S}$ 称为置1端(置位端)。

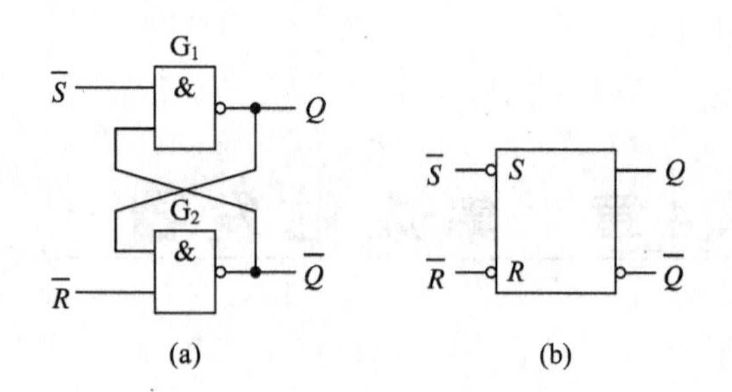


图 4-1 基本 RS 触发器

(a) 逻辑图；(b) 逻辑符号

**2. 逻辑功能**

触发器有两个输出状态，即 0 态和 1 态，在输入信号 $\overline{R}$ 和 $\overline{S}$ 作用下，可进行状态转换。下面根据基本 RS 触发器逻辑图 4-1(a)讨论其逻辑功能。

1) $\overline{R}=\overline{S}=1$

因为 $\overline{S}$ 端和 $\overline{R}$ 端分别是与非门 $G_1$、$G_2$ 的两个输入端，若二者均为 1，则两个与非门的状态只能取决于对应的交叉耦合输出端的状态。

如 $Q=1$、$\overline{Q}=0$，与非门 $G_1$ 则由于 $\overline{Q}=0$ 而保持为 1，而与非门 $G_2$ 则由于 $Q=1$ 而继续为 0。若 $Q=0$、$\overline{Q}=1$，与非门 $G_2$ 则由于 $Q=0$ 而保持为 1，而与非门 $G_1$ 则由于 $\overline{Q}=1$ 而继续为 0。可看出，在这种情况下触发器的状态是不变化的。

2) $\overline{R}=0$、$\overline{S}=1$

$\overline{R}=0$ 使 $G_2$ 门输出 $\overline{Q}=1$，而 $\overline{S}=1$ 与 $\overline{Q}=1$ 使 $G_1$ 门输出 $Q=0$，这时触发器被置为 0 态。

3) $\overline{R}=1$、$\overline{S}=0$

$\overline{S}=0$ 使 $G_1$ 门输出 $Q=1$，而 $\overline{R}=1$ 和 $Q=1$ 使 $G_2$ 门输出 $\overline{Q}=0$，这时触发器被置为 1 态。

可见，在 $\overline{R}$ 端加有效输入信号(低电平 0)时，触发器为 0 态，在 $\overline{S}$ 端加有效输入信号(低电平 0)时，触发器为 1 态。所以 $\overline{R}$ 端被称为置 0 端，$\overline{S}$ 端被称为置 1 端。

4) $\overline{R}=\overline{S}=0$

若 $\overline{R}$ 端和 $\overline{S}$ 端同时为 0，则此时由于两个与非门都是低电平输入而使 $Q$ 端和 $\overline{Q}$ 端同时为 1，这对于触发器来说是一种不正常状态，首先它不符合触发器两输出端互补的规定，同时更重要的是此后如果 $\overline{R}$ 和 $\overline{S}$ 又同时为 1，则新状态会由于两个门延迟时间的不同、当时所受外界干扰不同等因素而无法判定，即会出现不定状态，这是不允许的，应尽量避免。

根据以上分析，可列出此基本 RS 触发器的功能表(也称特性表)如表 4-1 所示。

**表 4-1 基本 RS 触发器的功能表**

| $\overline{R}$ | $\overline{S}$ | $Q$ | $\overline{Q}$ |
|---|---|---|---|
| 1 | 1 | 不变 | |
| 0 | 1 | 0 | 1 |
| 1 | 0 | 1 | 0 |
| 0 | 0 | 不定 | |

由于基本RS触发器有一个输出不定状态，且又没有时钟控制输入端，所以单独使用的情况并不多，一般只作为其他触发器的一个组成部分。

## 思考题

1. 什么是触发器，如何分类？
2. 基本RS触发器有几种输出状态，如何转换？
3. 如果将基本RS触发器的与非门改成或非门，那么功能将如何变化？

# 4.2　同步触发器

在数字系统中，实际使用的触发器常常需要在同一个时钟脉冲作用下协同动作，为此这些触发器必须能被时钟脉冲同步控制，我们称这样的触发器为钟控触发器。能实现钟控的触发器按电路结构的不同，分为同步式、主从式和边沿式等，但无论哪一种，它的状态改变都与时钟脉冲同步。在讨论此类触发器时，常将某个时钟脉冲作用前触发器的状态称作为现态。用 $Q^n$ 表示，而时钟脉冲作用后的状态称作为次态，用 $Q^{n+1}$ 表示。实用的主从式、边沿式钟控触发器其结构均较复杂，本节仅利用简单的同步式结构来讨论几种常用触发器的逻辑功能。

## 4.2.1　同步RS触发器

### 1. 基本结构

在由与非门组成的基本RS触发器基础上，增加两个控制门 $G_3$ 和 $G_4$，并加入时钟脉冲 $CP$(Clock Pulse)端，便组成了同步RS触发器，图4-2示出了同步RS触发器的逻辑图和逻辑符号。

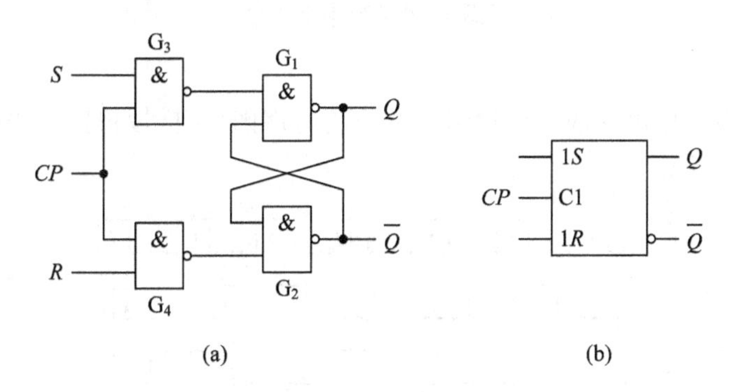


图4-2　同步RS触发器
(a) 逻辑图；(b) 逻辑符号

### 2. 逻辑功能

由图4-2可看出，$G_3$，$G_4$ 两个与非门被时钟脉冲 $CP$ 所控制，同时也控制着触发信号 $R$、$S$ 能否加入。具体作用如下：

当 $CP=0$(低电平)时，$G_3$、$G_4$ 闭锁，$R$、$S$ 不起作用，触发器状态不变，处于保持状态。

当 $CP=1$(高电平)时，$G_3$、$G_4$ 开门，触发信号 $R$、$S$ 被反相加入，此时，只要将触发信号 $R$、$S$ 取反，即可根据基本 RS 触发器的功能得出同步 RS 触发器功能如表 4-2 所示。

**表 4-2　同步 RS 触发器的功能表**

| $R$ | $S$ | $Q^{n+1}$ |
|---|---|---|
| 0 | 0 | $Q^n$ 不变 |
| 0 | 1 | 1 |
| 1 | 0 | 0 |
| 1 | 1 | 不定 |

将表 4-2 与表 4-1 对照可看出，因同为 RS 触发器，故基本功能没发生变化，但由于 $G_3$、$G_4$ 门的反相作用，使得输入触发信号 $R$、$S$ 由原来的低电平触发变为了高电平触发。

**3. 特性方程**

触发器的特性方程，是指触发器输出状态的次态 $Q^{n+1}$ 与现态 $Q^n$ 及输入之间的逻辑关系表达式。触发器现态 $Q^n$ 即是触发器现在的输出状态，又同时与输入信号共同决定着触发器的下一个输出状态(次态 $Q^{n+1}$)。所以，特性方程实际上是以触发器的输入及现态作变量，输出次态为函数的逻辑方程。由逻辑图可得到同步 RS 触发器的特性方程如下：

$$\bar{Q}^n = \overline{\bar{R} \cdot Q^n} \tag{4-1}$$

$$Q^{n+1} = \overline{\bar{S} \cdot \bar{Q}^n} \tag{4-2}$$

将方程(4-1)代入方程(4-2)得

$$Q^{n+1} = S + \bar{R}Q^n \tag{4-3}$$

因为 $R$ 和 $S$ 不能同时为 1(否则出现不定状态)，所以在特性方程中加入约束条件，可得 RS 触发器特性方程为

$$\begin{cases} Q^{n+1} = S + \bar{R}Q^n \\ RS = 0 \text{（约束条件）} \end{cases} \tag{4-4}$$

**4. 时序图**

分析触发器及时序电路的工作过程时常使用时序图(时序波形图)，图 4-3 示出了同步 RS 触发器的时序图。

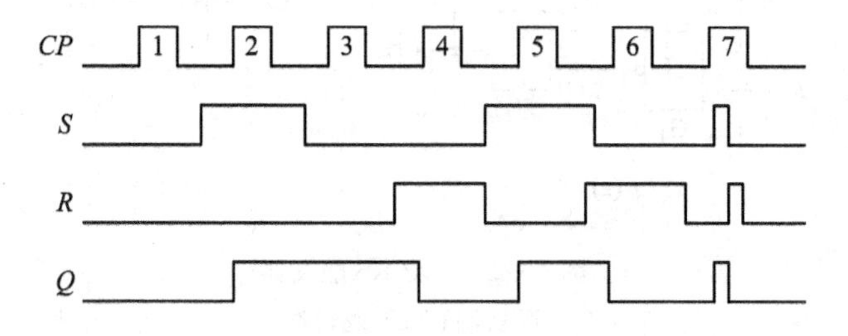


图 4-3　同步 RS 触发器时序图

时序图是根据触发器的功能做出的，具体规律是：首先看 $CP$ 脉冲，以决定触发器 $Q$ 端的变化时刻，只有在 $CP=1$ 时 $Q$ 端才有可能发生变化，其次再看触发输入(RS)以决定 $Q$ 的具体变化状态。如图 4-3 中在第一个脉冲作用时($CP=1$)，触发器输入 $S=R=0$，可知触发器此时处于保持状态，故 $Q$ 不变化。在第二个脉冲作用时，触发器输入 $S=1$、$R=0$，

触发器处于置1状态，故$Q=1$。以后依次类推，值得注意的是，在第七个脉冲作用时，$S$和$R$均变化了两次，故$Q$也跟随变化两次，即先置1又置0。像这样在一个$CP$期间触发器翻转两次或两次以上的情况，称为触发器发生了空翻，这在实际使用中是需要禁止的，这也是这种同步触发器所存在的问题。

由前面分析可知，当$R=S=1$时，RS触发器存在着不定状态，这在实际使用中非常不方便，故将它进行适当的变化可得到另外两种常用的触发器。

### 4.2.2 同步D触发器

在同步RS触发器前加一个非门，使$S=\bar{R}$便构成了同步D触发器，而原来的$S$端改称为$D$端。同步D触发器的逻辑图及逻辑符号如图4-4所示。

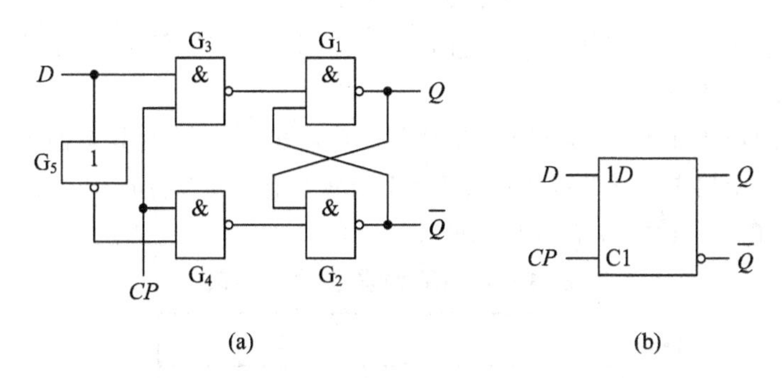


图4-4 同步D触发器

(a) 逻辑图；(b) 逻辑符号

令$D=S=\bar{R}$，带入RS触发器特性方程(4-3)中可得D触发器特性方程为

$$Q^{n+1}=D \tag{4-5}$$

由于$S=\bar{R}(S\neq R)$，所以原RS触发器的不定状态自然也就不存在了。D触发器的功能表如表4-3所示。

**表4-3 D触发器的功能表**

| $D$ | $Q^{n+1}$ |
|---|---|
| 0 | 0 |
| 1 | 1 |

从功能表和特性方程可看出，D触发器的次态总是与输入端$D$保持一致，即状态$Q^{n+1}$仅取决于控制输入$D$，而与现态$Q^n$无关。D触发器广泛用于数据存储，所以也称为数据触发器。

### 4.2.3 同步JK触发器

JK触发器有两个输入控制端$J$和$K$，也可从RS触发器演变而来。将RS触发器输出交叉引回到输入，使$S=J\cdot\bar{Q}^n$，$R=K\cdot Q^n$便可得到同步式JK触发器如图4-5所示。同样将$S=J\cdot\bar{Q}^n$、$R=K\cdot Q^n$带入RS触发器特性方程(4-3)中，可得JK触发器特性方程为

$$Q^{n+1}=J\bar{Q}^n+\bar{K}Q^n \tag{4-6}$$

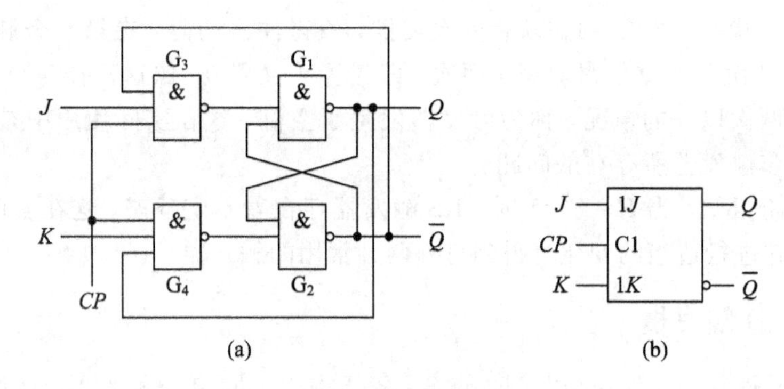


图 4-5　同步式 JK 触发器

(a) 逻辑图；(b) 逻辑符号

由于 $Q$ 端与 $\overline{Q}$ 端总是互补的，因此图 4-5(a)中 $G_3$、$G_4$ 门的输出不存在同时为 0 的情况，也就消去了不定状态。

JK 触发器的功能如表 4-4 所示，从功能表可看出，JK 触发器有四个工作状态，第一行 $J=K=0$ 为保持状态，第二行 $J=0$、$K=1$ 为置 0 态，第三行 $J=1$、$K=0$ 为置 1 态。第四行 $J=K=1$，$Q^{n+1}=\overline{Q}^n$，次态为现态的反。

**表 4-4　JK 触发器的功能表**

| $J$ | $K$ | $Q^{n+1}$ |
|---|---|---|
| 0 | 0 | $Q^n$ |
| 0 | 1 | 0 |
| 1 | 0 | 1 |
| 1 | 1 | $\overline{Q^n}$ |

由以上分析可看出，D 触发器和 JK 触发器均消除了不定状态问题，JK 触发器由于有两个输入控制端，故在使用时较 D 触发器更加灵活。

## 4.2.4　T 触发器和 T′触发器

T 触发器可看成是 JK 触发器在 $J=K$ 条件下的特例，它只有一个控制输入端 $T$ 端。图 4-6 是其逻辑图，表 4-5 是 T 触发器功能表，T 触发器特性方程为

$$Q^{n+1} = T\overline{Q}^n + \overline{T}Q^n \tag{4-7}$$

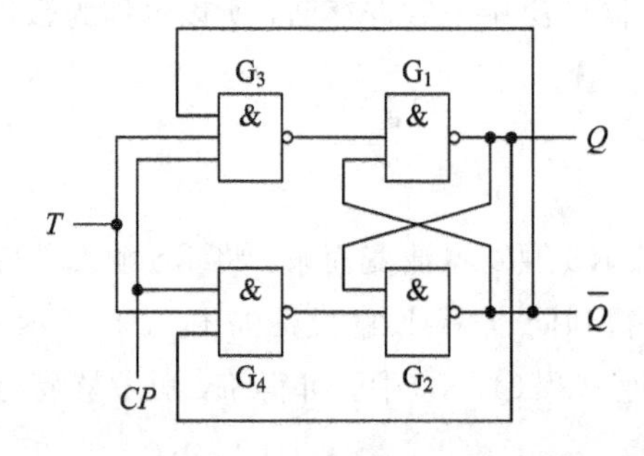


图 4-6　T 触发器逻辑图

**表 4-5　T 触发器的功能表**

| $T$ | $Q^{n+1}$ |
|---|---|
| 0 | $Q^n$ |
| 1 | $\overline{Q^n}$ |

如果将T触发器的$T$端接高电平，即成为T′触发器。它的逻辑功能为次态是现态的反，即此时的特性方程为

$$Q^{n+1} = \bar{Q}^n \tag{4-8}$$

T′触发器也称为翻转触发器。

最后指出，本节所讨论的各触发器均是以结构简单的同步式触发器为例的，而现实所用的各种触发器形式都较之复杂，但对于逻辑功能则是完全相同的。

## 思考题

1. 什么是钟控触发器，为什么要钟控？
2. 什么是D触发器，它的功能如何？
3. 什么是JK触发器，它的功能如何？
4. 什么是T触发器，它的功能如何？
5. 什么是T′触发器，它的功能如何？

# 4.3　集成触发器

以上讨论的同步触发器虽然结构简单，但由于在$CP$脉冲作用期间，触发器会随时接收输入信号而产生翻转，从而可能产生空翻现象。为避免触发器在实际使用中出现空翻，提高触发器的工作可靠性，实际的触发器产品中设计了时钟边沿触发器及主从触发器。它们都是通过触发器的特殊结构来限制触发器的翻转时刻，从而达到控制触发器不出现空翻的。由于这些触发器的内部结构和工作原理比较复杂，在此我们仅以使用者的角度介绍集成触发器的外部特性及使用。

## 4.3.1　边沿触发器

边沿触发器意指利用时钟边沿触发的触发器，它的工作特点是触发器的翻转时刻仅发生在触发脉冲的上升沿或下降沿。根据电路结构的不同，边沿触发器又可分为维持阻塞结构和利用逻辑门传输延迟的边沿结构。

### 1. 集成D触发器

集成D触发器的逻辑功能与同步型相同，逻辑符号如图4-7所示。图中的$\bar{R}_D$和$\bar{S}_D$端称为直接复位端和直接置位端，低电平有效，可对触发器进行直接复位(置0)和直接置位(置1)操作，$CP$端的符号“>”表示边沿触发，并且是上升沿触发(如加“∘”表示下降沿触发)，即触发器仅在$CP$脉冲由低电平上跳到高电平这一上升沿时刻接收信号产生翻转。图4-8举例画出了一个D触发器的逻辑波形关系，从波形可看出输出$Q$的波形变化取决于$CP$脉冲及输入信号$D$，由于是上升沿触发，所以输出$Q$的翻转时刻都对应$CP$脉冲的上升沿，即仅在$CP$脉冲的上升沿有可能翻转，如何翻转取决于当时的输入信号$D$。

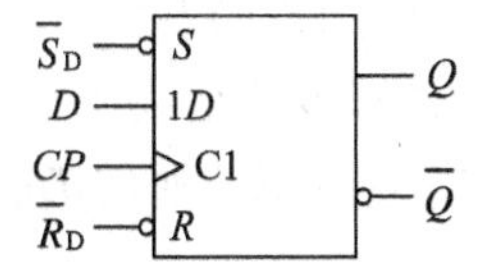

图4-7　D触发器逻辑符号

集成D触发器的典型品种是74LS74，它是TTL维持阻塞结构。该芯片内含两个D触

发器，它们具有各自独立的时钟触发端($CP$)及置位($\overline{S}_D$)端、复位 ($\overline{R}_D$) 端，图 4－9 所示是 74LS74 外引线图，表 4－6 给出了其功能表。

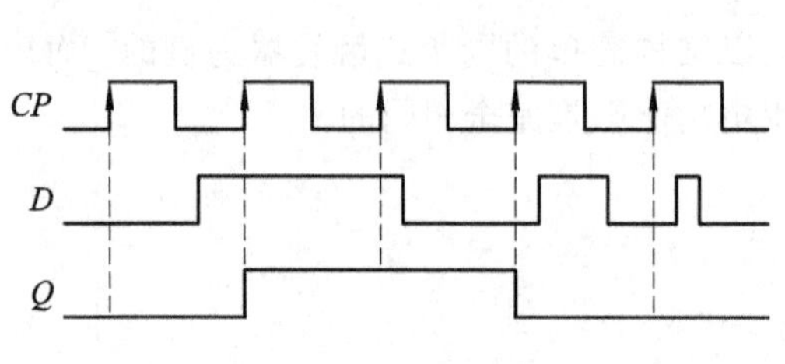


图 4－8　D 触发器波形图

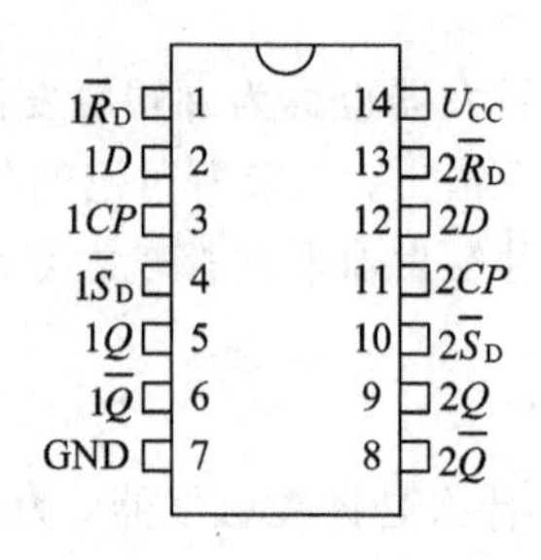


图 4－9　74LS74 外引线图

**表 4－6　74LS74 的功能表**

| 输　入 | | | | 输　出 | |
|---|---|---|---|---|---|
| $\overline{S}_D$ | $\overline{R}_D$ | $CP$ | $D$ | $Q^{n+1}$ | $\overline{Q}^{n+1}$ |
| $L$ | $H$ | × | × | $H$ | $L$ |
| $H$ | $L$ | × | × | $L$ | $H$ |
| $L$ | $L$ | × | × | $\Phi$ | $\Phi$ |
| $H$ | $H$ | ↑ | $H$ | $H$ | $L$ |
| $H$ | $H$ | ↑ | $L$ | $L$ | $H$ |
| $H$ | $H$ | $L$ | × | $Q^n$ | $\overline{Q}^n$ |

分析表 4－6 得出，前两行是异步置位(置 1)和复位(清 0)工作状态，它们无需在 $CP$ 脉冲的同步下而异步工作。其中 $\overline{S}_D$、$\overline{R}_D$ 均为低电平有效。第三行为异步输入禁止状态。第 4～5 行为触发器同步数据输入状态，在置位端和复位端均为高电平的前提下，触发器在 $CP$ 脉冲上升沿的触发下将输入数据 $D$ 读入。最后一行无 $CP$ 上升沿触发为保持状态。

**2. 集成 JK 触发器**

集成 JK 触发器的逻辑功能也与同步型相同，图 4－10 是一个负边沿 JK 触发器的逻辑符号。该触发器的触发方式是 $CP$ 脉冲负边沿(下降沿)触发(利用门的传输延迟实现的)，故称为负边沿 JK 触发器。图 4－11 举例画出了 JK 触发器的逻辑波形关系，从波形可看出输出 $Q$ 的波形变化取决于 $CP$ 脉冲的下降沿及输入信号 $J$ 和 $K$ ，即仅在 $CP$ 脉冲的下降沿触发器有可能翻转，如何翻转取决于当时的输入信号 $J$ 和 $K$ 。

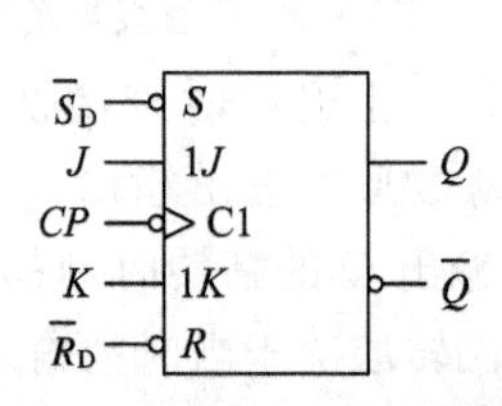


图 4－10　负边沿 JK 触发器逻辑符号

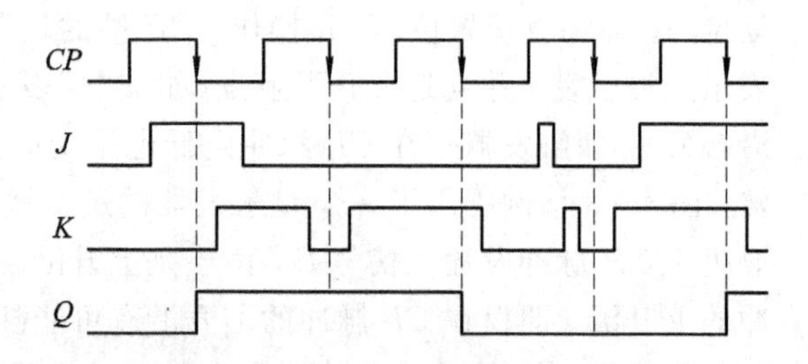


图 4－11　负边沿 JK 触发器波形图

集成JK触发器的典型产品有74LS113，该芯片内包括两个负边沿JK触发器，每个触发器均有异步置位端($\bar{S}_D$)及独立的$CP$时钟脉冲触发端，其中置位端为低电平有效，$CP$为下降沿触发。74LS113外引线图如图4-12所示，其功能如表4-7所示。

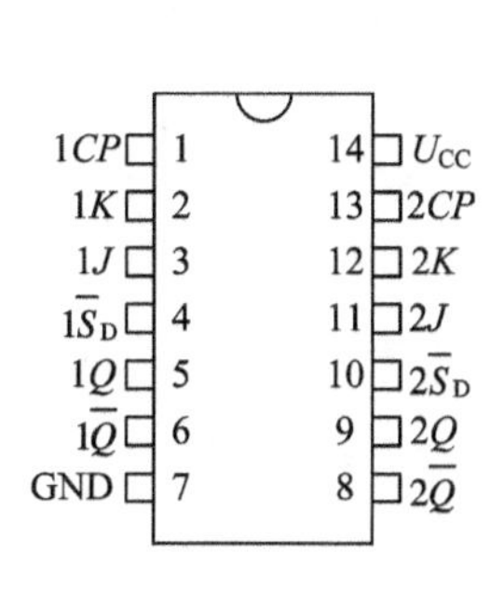


图4-12 74LS113外引线图

**表4-7 74LS113的功能表**

| 输入 | | | | 输出 | |
|---|---|---|---|---|---|
| $\bar{S}_D$ | $CP$ | $J$ | $K$ | $Q^{n+1}$ | $\bar{Q}^{n+1}$ |
| $L$ | × | × | × | $H$ | $L$ |
| $H$ | ↓ | $L$ | $L$ | $Q^n$ | $\bar{Q}^n$ |
| $H$ | ↓ | $H$ | $L$ | $H$ | $L$ |
| $H$ | ↓ | $L$ | $H$ | $L$ | $H$ |
| $H$ | ↓ | $H$ | $H$ | $\bar{Q}^n$ | $Q^n$ |
| $H$ | $H$ | × | × | $Q^n$ | $\bar{Q}^n$ |

表中第1行为异步置位状态，$\bar{S}_D$为低电平有效，它无需在$CP$脉冲的同步下而异步工作。第2～5行为同步触发状态，在置位端高电平的前提下，$CP$下降沿触发，完成JK触发器功能，最后一行是保持状态。

### 4.3.2 集成触发器使用的特殊问题

使用集成触发器除了要考虑数字集成电路使用的共有问题外，还要注意集成触发器使用的特殊问题。

**1. 异步置位$\bar{S}_D$端和复位$\bar{R}_D$端**

集成触发器一般均可进行直接置位、复位操作，它们是独立于时钟脉冲的异步操作，因为它的电路结构与前述基本RS触发器相似，所以存在着不定状态，在使用中应尽量避免。

**2. 最高时钟频率$f_{max}$**

手册中所给$f_{max}$为$CP$时钟脉冲的最高工作频率，在实际使用时为保证触发器可靠工作，所用$CP$脉冲频率一定要小于$f_{max}$。

**3. 建立时间$t_{set}$和保持时间$t_h$**

触发器的状态转换是由$CP$脉冲与触发输入共同作用完成的，为使触发器实现可靠的状态转换，$CP$脉冲与触发输入必须有很好的时间配合。以D触发器为例，其$CP$脉冲与触发输入的时序关系如图4-13所示。

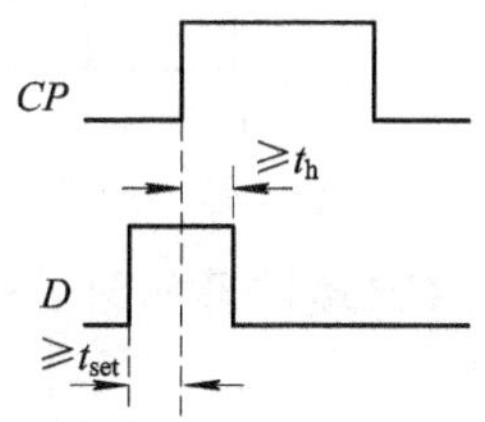


图4-13 $D$与$CP$时序

建立时间 $t_{set}$：触发输入 $D$ 的建立必须比 $CP$ 脉冲上升沿提前一段时间，这段时间的最小值为建立时间 $t_{set}$。

保持时间 $t_h$：触发输入 $D$ 的消失必须比 $CP$ 脉冲上升沿滞后一段时间，这段时间的最小值为保持时间 $t_h$。

### 思考题

1. 集成D触发器和JK触发器是否会出现空翻？
2. 集成触发器主要有几种结构？
3. 使用集成触发器要注意哪些问题？

## 小　　结

触发器是数字逻辑电路的基本单元电路，它有两个稳态输出，在触发输入的作用下，可以从一个稳态翻转到另一个稳态。触发器可用于存储二进制数据。

触发器的种类很多，根据是否有时钟脉冲输入端、逻辑功能、电路结构、触发方式等可将触发器分为基本触发器和时钟触发器、RS触发器、D触发器、JK触发器、T触发器、电平触发、主从触发、边沿触发等。

基本RS触发器虽然独立的集成芯片已很少见，但它是触发器的基础，掌握它对于学习其他类型的触发器是非常重要的。

D触发器和JK触发器是两个实用的触发器，学习时要掌握它们的逻辑功能及时序关系，要牢记触发器的翻转条件是由触发输入与时钟脉冲共同决定的，即在时钟脉冲作用时触发器可能翻转，而是否翻转和如何翻转则要视触发器输入而定。

触发器的逻辑功能可用功能表(特性表)、特性方程、状态图(状态转换图)和时序图(时序波形图)来描述。

## 习　　题

4-1　在由与非门组成的基本RS触发器的 $\overline{R}$ 端和 $\overline{S}$ 端分别加上如图4-14所示的触发信号，画出输出端 $Q$ 的波形(设初态 $Q=0$)。

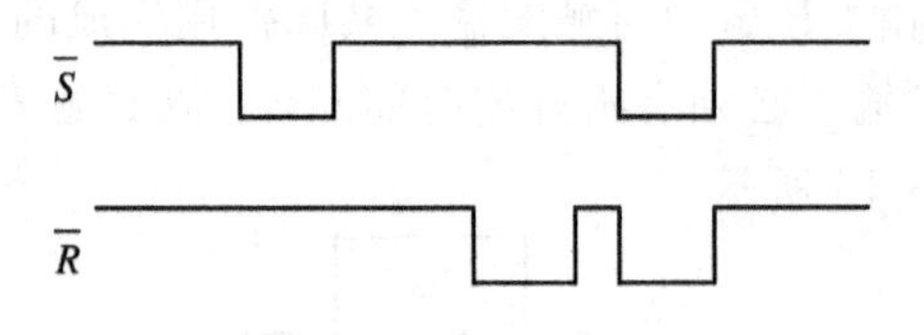


图4-14　题4-1图

4-2　同步RS触发器的 $R$、$S$、$CP$ 端波形如图4-15所示，画出输出端 $Q$ 的波形(设初态 $Q=0$)。

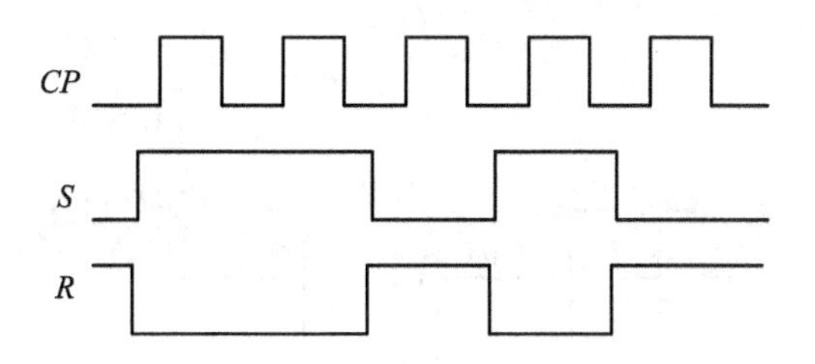


图 4-15　题 4-2 图

4-3　上升沿 D 触发器波形如图 4-16 所示，试画出 $Q$ 端的波形(设初态 $Q=0$)。

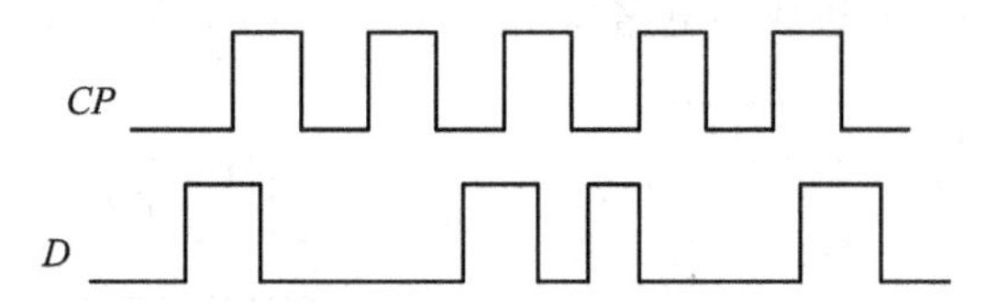


图 4-16　题 4-3 图

4-4　负边沿 JK 触发器波形如图 4-17 所示，试画出 $Q$ 端的波形(设初态 $Q=0$)。

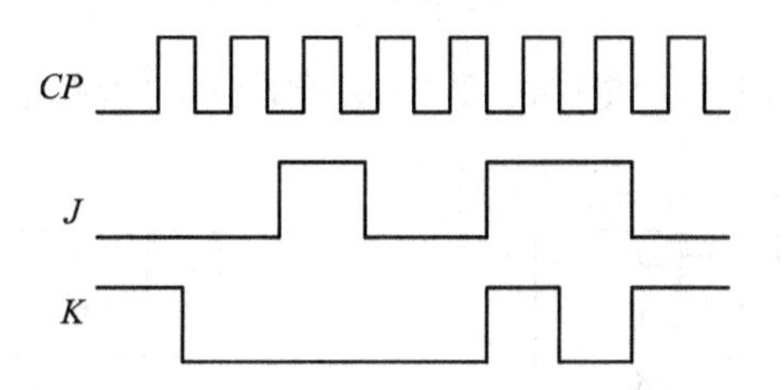


图 4-17　题 4-4 图

4-5　由 D 触发器和与非门组成的电路如图 4-18 所示，试画出 $Q$ 端的波形(设初态 $Q=0$)。

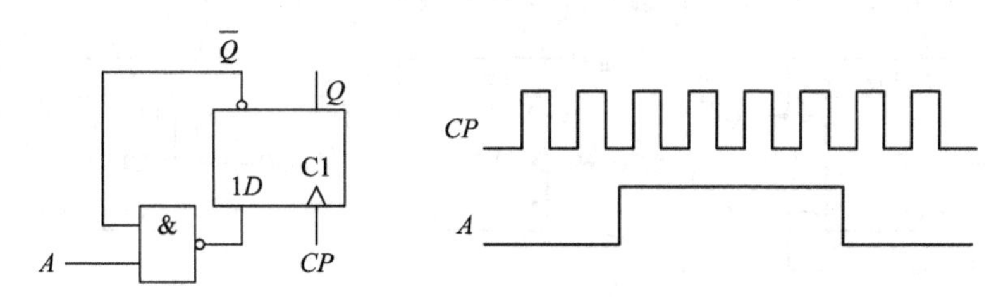


图 4-18　题 4-5 图

4-6　在图 4-19 电路中，将两个方波信号加在输入端，试根据下列几种情况分析 LED 工作情况，画出 $Q$ 端波形。

(1) $u_{i1}$ 与 $u_{i2}$ 相位相同；

(2) $u_{i1}$ 与 $u_{i2}$ 相位不同；

(3) $u_{i1}$ 与 $u_{i2}$ 频率不同。

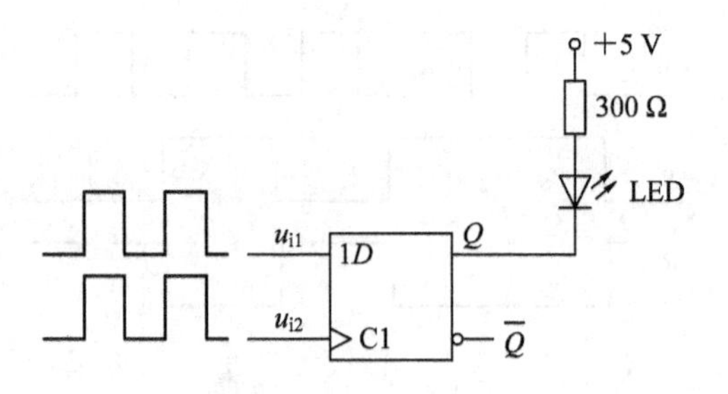


图 4-19　题 4-6 图

4-7　由两个 D 触发器组成的电路如图 4-20 所示，试画出 $Q_1$、$Q_2$ 端的波形。

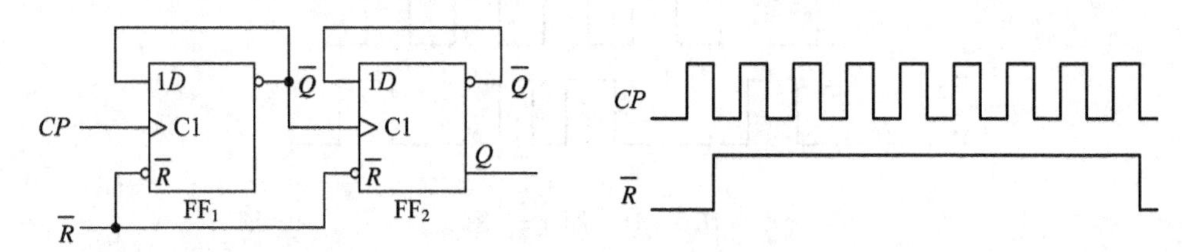


图 4-20　题 4-7 图

4-8　试画出图 4-21 所示电路的 $Q_1$、$Q_2$ 端的波形(设初态 $Q_1=Q_2=0$)。

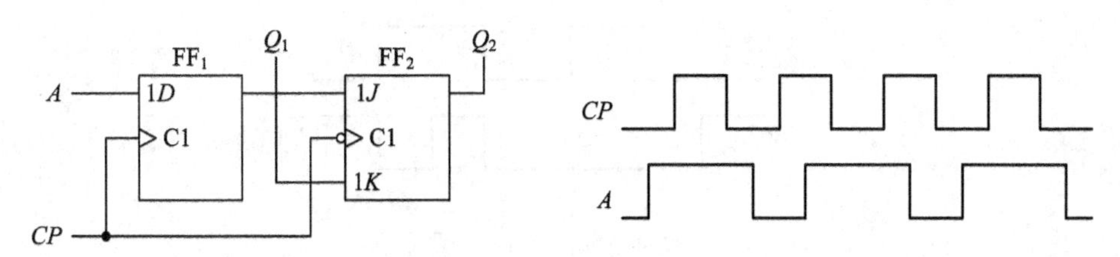


图 4-21　题 4-8 图

4-9　试画出图 4-22 所示各触发器 $Q$ 端的波形(设初态 $Q=0$)。

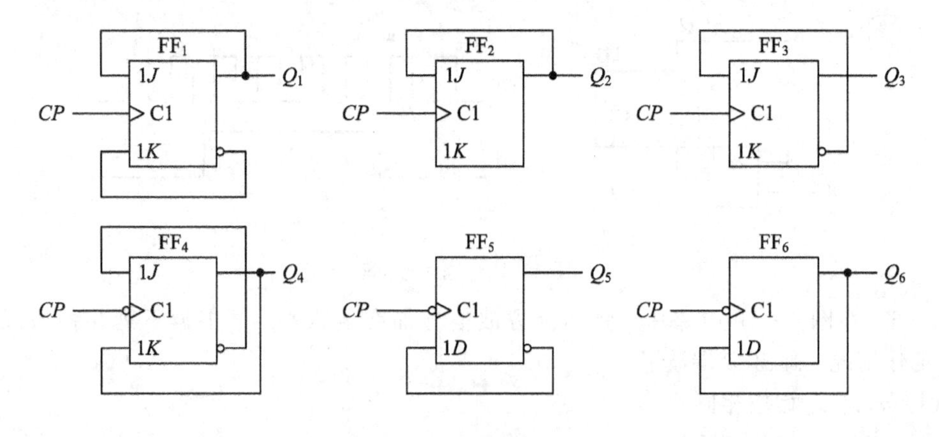


图 4-22　题 4-9 图

4-10　试画出图 4-23 所示电路 $Q$、$\overline{Q}$、$A$、$B$ 各端波形(设初态 $Q=0$)。

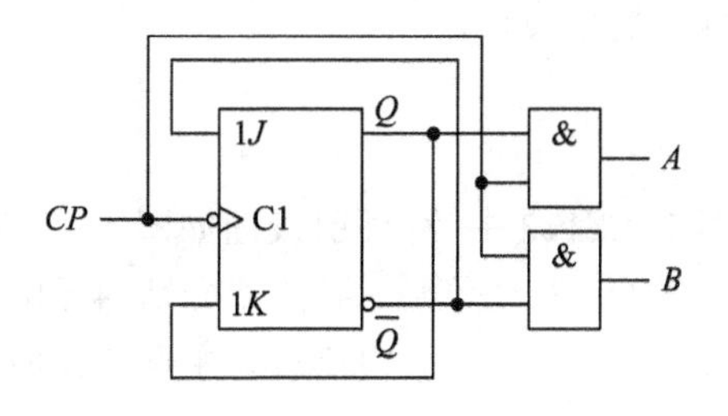


图4-23 题4-10图

# 技能实训

## 实训一 基本RS触发器

### 一、技能要求

1. 熟悉基本RS触发器的电路结构。

2. 会测试基本RS触发器的逻辑功能。

### 二、实训内容

1. 选用74LS00一片组接成基本RS触发器。

2. 接好电路，电源电压接5 V，在两个输入端加不同的高低电平，进行置0、置1操作，测其逻辑功能，特别注意对不定状态的测试，要反复几次，列出表并与表4-1相比较。

## 实训二 D触发器

### 一、技能要求

1. 熟悉集成D触发器芯片。

2. 会测试并理解逻辑功能。

3. 熟悉集成D触发器的简单应用。

### 二、实训内容

1. 选用集成D触发器74LS74一片(外引线图如图4-9所示)。

2. 接好电源和地，在置位($\overline{S}_D$)、复位($\overline{R}_D$)两端分别加低电平，进行置0、置1操作。

3. 测其逻辑功能，列出表并与表4-6相比较。注意测试时要保证有足够的建立时间和保持时间。

4. 用74LS74搭接一个如图4-20所示四分频电路，加入$CP$，测$Q$端波形，画在图中。

## 实训三 JK触发器

### 一、技能要求

1. 熟悉集成JK触发器芯片。

2. 会测试并理解逻辑功能。

3．熟悉集成 JK 触发器的简单应用。

## 二、实训内容

1．选用集成 JK 触发器 74LS113 一片(外引线图如图 4-12 所示)。

2．接好电源和地，在置位($\bar{S}_D$)、复位 ($\bar{R}_D$)两端分别加低电平，进行置 0、置 1 操作。

3．测其逻辑功能，列出表并与表 4-7 相比较。注意测试时要保证有足够的建立时间和保持时间。

4．自行设计，用 74LS113 搭接一个四分频电路，加入 $CP$，测 $Q$ 端波形并画出波形图。

# 第5章 时序逻辑电路

时序逻辑电路是另一类数字逻辑电路，是一种有记忆电路。它的基本模块是触发器，基本功能电路是计数器和寄存器。本章将介绍时序逻辑电路的基本概念及集成计数器，集成寄存器原理及使用，讨论时序逻辑电路的基本分析方法。

## 5.1 时序逻辑电路概述

我们前面讨论知道，在组合逻辑电路中，任何一个给定时刻的稳定输出仅仅取决于该时刻的输入，而与以前各时刻的输入无关。而在数字逻辑电路中，还有一类电路被称为有记忆电路，即某一给定时刻的输出不仅取决于该时刻的输入，而且还和以前的输入、即现在电路所处的工作状态有关，这类电路称为时序逻辑电路，简称时序电路。

### 5.1.1 时序逻辑电路的组成与分类

#### 1. 时序逻辑电路的组成

时序逻辑电路是一种有记忆电路，其电路由组合逻辑电路和存储电路构成。图5-1是时序逻辑电路方框图。由图中看到，电路某一时刻的输出状态，通过存储电路记忆下来，并与电路现时刻的输入共同作用产生一个新的输出。我们假定电路某一时刻的输出状态为“现态”，将要达到的下一时刻的输出状态为“次态”，则时序逻辑电路的工作特征是电路的次态由现态和输入共同决定。时序逻辑电路中有记忆功能的存储电路通常由触发器担任。

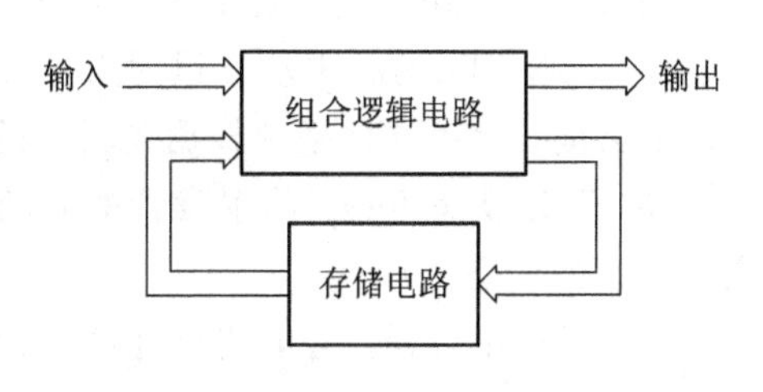

图5-1 时序逻辑电路方框图

#### 2. 时序逻辑电路的分类

时序逻辑电路按其触发器翻转的次序可分为同步时序逻辑电路和异步时序逻辑电路。在同步时序逻辑电路中，所有触发器的时钟端均连在一起由同一个时钟脉冲触发，电路中需要变化状态的触发器会在同一个时钟脉冲触发下同步翻转。

在异步时序逻辑电路中，只有部分触发器的时钟端与输入时钟脉冲相连而被触发，而其他触发器则靠时序电路内部产生的脉冲触发，电路中需要变化状态的触发器的翻转过程是异步进行的。

从逻辑功能上看，时序逻辑电路的基本功能电路是计数器和寄存器，另外还有序列信号检测器，顺序脉冲发生器等多种时序逻辑功能电路。

### 5.1.2 时序逻辑电路的分析

**1. 时序逻辑电路的状态描述**

时序逻辑电路是有记忆电路，其电路的输出状态与电路的历史状态有关，因此，时序逻辑电路的状态描述要反映出完整的时序关系。时序逻辑电路的状态描述主要有状态方程、状态表、状态图和时序图等几种。

状态方程也称为次态方程，它表示了触发器次态与现态之间的关系。它是将各触发器驱动方程代入特性方程而得到的。

状态表即状态转换真值表，它是将电路所有现态依次列举出来，分别代入各触发器的状态方程中求出相应的次态并列成表。通过状态表可分析出时序电路的转换规律。

状态图和时序图分别是描述时序电路逻辑功能的另外两种方法。状态图是将状态表变成了图形的形式，而时序图即为电路的波形图，为了分析结果直观，可采用这两种表示方法。

**2. 时序逻辑电路的分析步骤**

分析时序逻辑电路主要是根据逻辑图得出电路的状态转换规律，从而掌握其逻辑功能。分析时序逻辑电路一般采用如下步骤：

（1）确定电路时钟脉冲触发方式。我们知道，时序电路可分为同步电路和异步电路，同步时序电路中各触发器的时钟端均与总时钟相连，即 $CP_1=CP_2=\cdots=CP$，这样在分析电路时每一个触发器所受时钟控制是相同的，可总体考虑。而异步时序电路中各触发器的时钟端可能是不相同的，故在分析电路时必须分别考虑，以确定各触发器的翻转条件。

（2）写驱动方程。驱动方程即为各触发器输入信号的逻辑表达式。它们决定着触发器次态的去向，驱动方程必须根据逻辑图的连线得出。

（3）确定状态方程。将触发器的驱动方程代入其特性方程中得到反映电路次态与现态之间关系的状态方程。

（4）写输出方程。若电路有外部输出，如计数器进位输出等，则写出这些输出的逻辑表达式，即输出方程。

（5）列状态表。分析电路的状态方程，列出反映电路状态转换规律的状态表。

（6）画状态图和时序图。为了准确、直观地分析电路的逻辑功能，可分别画状态图和时序图。从而确定电路的逻辑功能。

时序逻辑电路是由组合逻辑电路和触发器混合组成的，电路中存在着反馈，电路的工作状态与时间密切相关，其电路原理及分析均较组合逻辑电路复杂。本节仅给出时序逻辑电路的分析方法，具体分析将结合后面介绍的计数器和寄存器展开讨论。

## 思考题

1. 时序逻辑电路由哪几部分组成，有何特点？
2. 描述时序逻辑电路的功能有几种方法，它们之间有何关系？
3. 如何进行时序逻辑电路的分析？
4. 异步时序逻辑电路和同步时序逻辑电路主要差别是什么，分析时应注意什么？

# 5.2 计 数 器

计数器是以累计输入脉冲的个数实现计数操作的电路，主要由触发器及门电路组合构成，是典型的时序逻辑电路，在数字系统中广泛使用。除了计数功能外，还可用于分频、定时、测速以及进行数字运算等。

## 5.2.1 计数器分类

### 1. 按计数体制分

二进制计数器：按二进制运算规律进行计数的电路称为二进制计数器。

非二进制计数器：指二制计数器之外的其他进制计数器，包括按十进制运算规律进行计数的十进制计数器和 $N$(任意)进制计数器：如七进制、十二进制、六十进制计数器等。

### 2. 按计数增减分

加法计数器：按递增计数规律计数的电路称做加法计数器。

减法计数器：按递减计数规律计数的电路称做减法计数器。

### 3. 按计数器中各个触发器状态转换情况分

异步计数器：没有公共时钟脉冲，输入计数脉冲只作用于某些触发器 CP 端，而其他触发器的触发信号则由电路内部提供，即各个触发器状态翻转有先有后。

同步计数器：各个触发器的状态转换是在同一时钟脉冲(输入计数脉冲)触发下同时发生的，即各个触发器状态的翻转与输入脉冲同步。由于计数脉冲同时加到各个触发器，所以它的计数速度要比异步计数器快得多。

加/减计数器：在加/减控制信号作用下，即可作加法计数又可作减法计数的电路称做加/减计数器，通常又称可逆计数器。

### 4. 按计数器集成度分

小规模集成计数器：由若干个集成触发器和门电路经外部连接而成的计数器为小规模集成计数器。

中规模集成计数器：将整个计数器集成在一块硅片上，具有完整的计数功能，并能扩展使用的计数器为中规模集成计数器。

## 5.2.2 二进制计数器

### 1. 异步二进制计数器

我们知道，数字系统是以二进制为计数体制的，以二进制规律计数是计数器的基本电路。触发器有两种输出状态，分别与二进制的 0、1 相对应，可作为计数器的基本单元电路，将多个触发器级联，便可构成简单的二进制计数器。

图 5 - 2 所示是由三个下降沿 JK 触发器构成的三位二进制异步加法计数器，首先我们看一下电路的结构。三个 JK 触发器的输入端 $J$、$K$ 均悬空(或接高电平)，即接成为 T′触发器。时钟脉冲 $CP$ 加在最低位触发器 $FF_0$ 的时钟端，而另两个触发器的时钟均是由低一

位触发器的输出 $Q$ 端提供的。

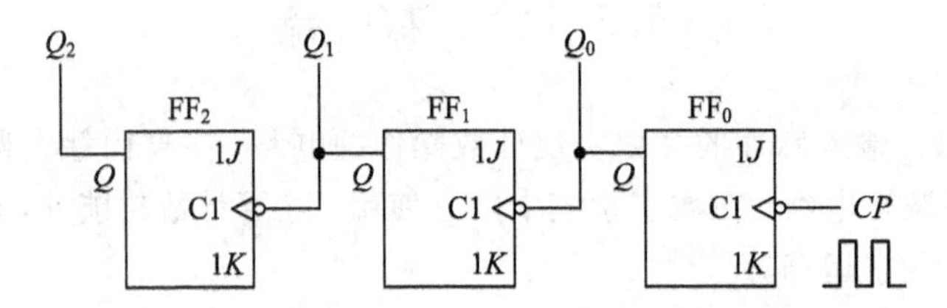


图 5-2 三位二进制异步加法计数器

触发器 $FF_0$ 每来一个 $CP$ 脉冲，输出 $Q_0$ 翻转一次，触发器 $FF_1$ 在其相邻低位触发器的 $Q_0$ 端由 1 变为 0(输出下降沿)时翻转，触发器 $FF_2$ 在其相邻低位触发器的 $Q_1$ 端由 1 变为 0(输出下降沿)时翻转。由此可得该电路的状态转换真值表(简称状态表)如表 5-1 所示。

**表 5-1 二进制加法计数器状态表**

| $CP$ 脉冲序号 | 现态 | | | 次态 | | |
|---|---|---|---|---|---|---|
| | $Q_2^n$ | $Q_1^n$ | $Q_0^n$ | $Q_2^{n+1}$ | $Q_1^{n+1}$ | $Q_0^{n+1}$ |
| 1 | 0 | 0 | 0 | 0 | 0 | 1 |
| 2 | 0 | 0 | 1 | 0 | 1 | 0 |
| 3 | 0 | 1 | 0 | 0 | 1 | 1 |
| 4 | 0 | 1 | 1 | 1 | 0 | 0 |
| 5 | 1 | 0 | 0 | 1 | 0 | 1 |
| 6 | 1 | 0 | 1 | 1 | 1 | 0 |
| 7 | 1 | 1 | 0 | 1 | 1 | 1 |
| 8 | 1 | 1 | 1 | 0 | 0 | 0 |

由状态表可看出此电路输出 $Q_2Q_1Q_0$ 的状态在 $CP$ 脉冲触发下，由初始 000 状态依次递增到 111 状态，其递增规律每输入一个 $CP$ 脉冲，电路输出状态 $Q_2Q_1Q_0$ 按二进制运算规律加一。所以此电路是一个三位二进制加法计数器，并且是异步工作。

图 5-3 所示为该计数器的状态转换图(状态图)，在状态图中，将每一个状态用圈圈上，用箭头表示状态转换过程。状态图能更直观地表示时序逻辑电路的工作过程。

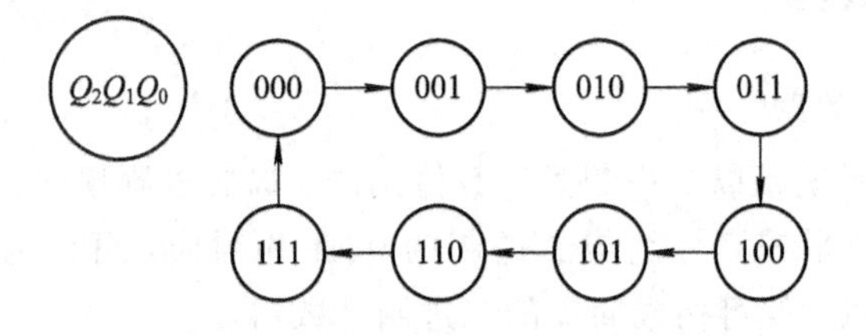


图 5-3 二进制加法计数器状态图

为了清楚地描述 $Q_2Q_1Q_0$ 状态受 $CP$ 脉冲触发的时序关系，还可以用时序波形图(时序图)来表示计数器的工作过程，如图 5-4 所示，图中向下的箭头表示下降沿触发。

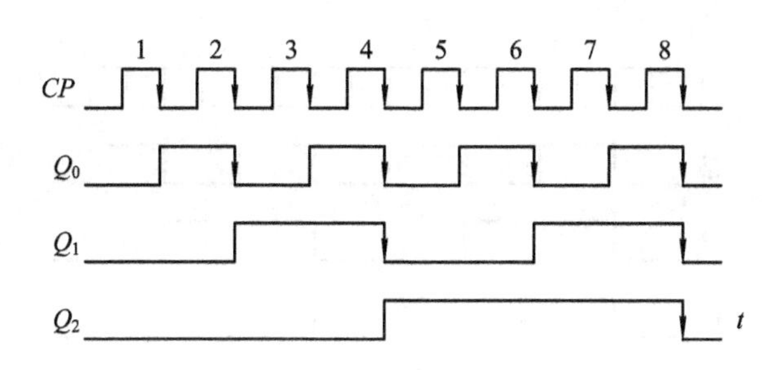


图 5-4　二进制加法计数器时序图

从时序图还可看出，此电路若以 $Q_2$ 作为输出端，也可称为八进制加法计数器或八分频器，因为 $Q_2$ 的波形频率是 $CP$ 频率的 1/8。

若将图 5-2 电路中的 $FF_1$、$FF_2$ 两个触发器的时钟端依次接到低一位触发器的输出 $\bar{Q}$ 端，如图 5-5 所示，不难分析，当连续输入计数脉冲 $CP$ 时，计数器的状态表如表 5-2 所示，这是一个三位二进制减法计数器，其状态图，时序图分别如图 5-6、图 5-7 所示。

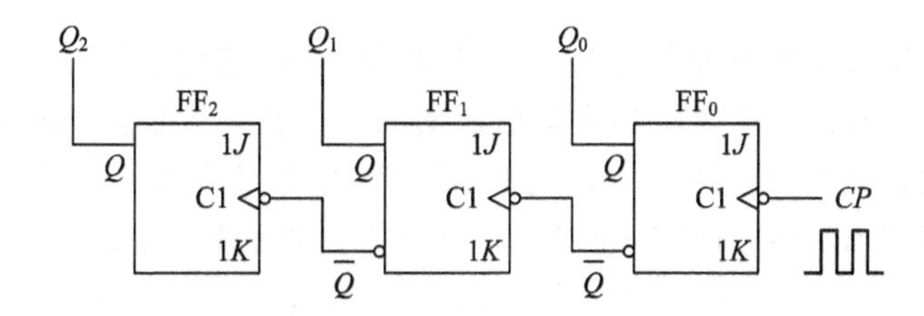


图 5-5　三位二进制异步减法计数器

**表 5-2　二进制减法计数器状态表**

| CP 脉冲序号 | 计数器状态 | | |
|---|---|---|---|
| | $Q_2$ | $Q_1$ | $Q_0$ |
| 0 | 0 | 0 | 0 |
| 1 | 1 | 1 | 1 |
| 2 | 1 | 1 | 0 |
| 3 | 1 | 0 | 1 |
| 4 | 1 | 0 | 0 |
| 5 | 0 | 1 | 1 |
| 6 | 0 | 1 | 0 |
| 7 | 0 | 0 | 1 |
| 8 | 0 | 0 | 0 |

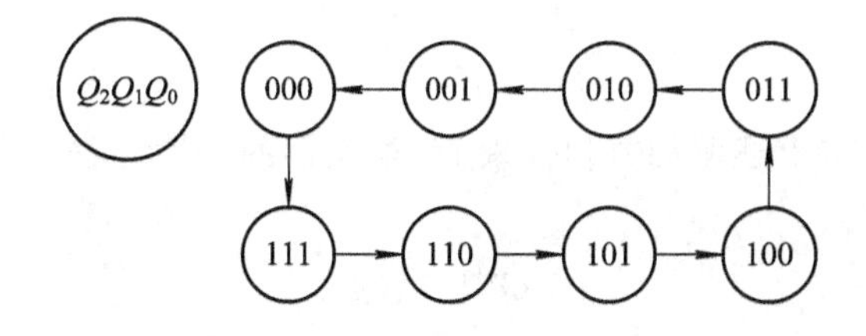


图 5-6　二进制减法计数器状态图

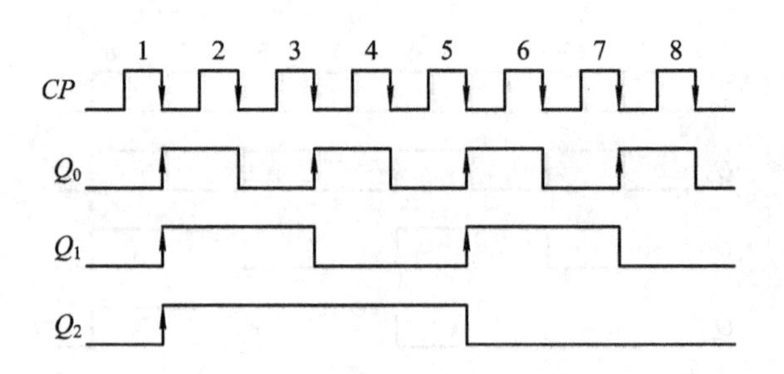


图 5-7　二进制减法计数器时序图

减法计数器的计数特点与加法计数器相反，每输入一个 $CP$ 脉冲，$Q_2Q_1Q_0$ 的状态数减 1，当输入 8 个 $CP$ 后，$Q_2Q_1Q_0$ 减小到 0，完成一个计数周期。

由时序图可以看出，除最低位触发器 $FF_0$ 受 $CP$ 的下降沿直接触发外，其他高位触发器均受低一位的 $\bar{Q}$ 下降沿(即 $Q$ 的上升沿)触发。同样，减法计数器也具有分频功能。

**2. 同步二进制计数器**

异步二进制计数器结构简单，电路工作可靠，但工作速度较慢，为了提高工作速度，可采用同步结构，它的计数规律与异步计数器相同，但工作速度高，结构也较复杂。下面举例讨论同步二进制计数器，并进一步熟悉时序逻辑电路的分析。

**例 5-1**　时序逻辑电路如图 5-8 所示，试分析它的逻辑功能。

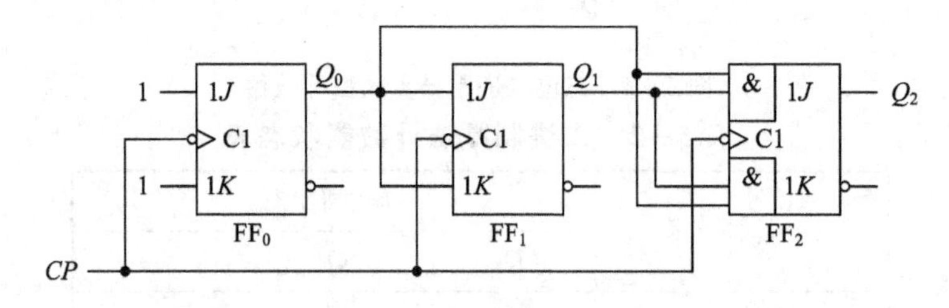


图 5-8　例 5-1 逻辑电路

**解**　(1) 分析电路时钟脉冲触发方式。由电路可知，该电路由三个 JK 触发器构成。总 $CP$ 脉冲分别与每个触发器的时钟脉冲端相连，有

$$CP_1=CP_2=CP_3=CP$$

因此电路是一个同步时序逻辑电路。

(2) 写驱动方程：

$$J_0=K_0=1$$

$$J_1=K_1=Q_0^n$$

$$J_2=K_2=Q_1^nQ_0^n$$

(3) 列状态方程。将上述驱动方程代入 JK 触发器的特性方程 $Q^{n+1}=J\bar{Q}^n+\bar{K}Q^n$ 中，得到电路的状态方程为

$$Q_0^{n+1}=\bar{Q}_0^n$$

$$Q_1^{n+1}=\bar{Q}_1^nQ_0^n+Q_1^n\bar{Q}_0^n$$

$$Q_2^{n+1}=\bar{Q}_2^nQ_1^nQ_0^n+Q_2^n\bar{Q}_1^n+Q_2^n\bar{Q}_0^n$$

(4) 列状态表。列状态表是分析过程的关键，其方法是先依次设定电路现态 $Q_2^nQ_1^nQ_0^n$，再将其代入状态方程及输出方程，得出相应次态 $Q_2^{n+1}Q_1^{n+1}Q_0^{n+1}$，列出状态表见表 5-3。

**表 5-3　例 5-1 的状态表**

| 现态 | | | 次态 | | |
|---|---|---|---|---|---|
| $Q_2^n$ | $Q_1^n$ | $Q_0^n$ | $Q_2^{n+1}$ | $Q_1^{n+1}$ | $Q_0^{n+1}$ |
| 0 | 0 | 0 | 0 | 0 | 1 |
| 0 | 0 | 1 | 0 | 1 | 0 |
| 0 | 1 | 0 | 0 | 1 | 1 |
| 0 | 1 | 1 | 1 | 0 | 0 |
| 1 | 0 | 0 | 1 | 0 | 1 |
| 1 | 0 | 1 | 1 | 1 | 0 |
| 1 | 1 | 0 | 1 | 1 | 1 |
| 1 | 1 | 1 | 0 | 0 | 0 |

在列表时可首先假定电路的现态 $Q_2^nQ_1^nQ_0^n$ 为 000，代入状态方程得出电路的次态 $Q_2^{n+1}Q_1^{n+1}Q_0^{n+1}$ 为 001，再以 001 作为现态求出下一个次态 010，如此反复进行，即可列出所分析电路的状态表。

(5) 画状态图。根据状态表可画出状态图，如图 5-9 所示。图中圈内数为电路的状态，箭头所指方向为状态转换方向。

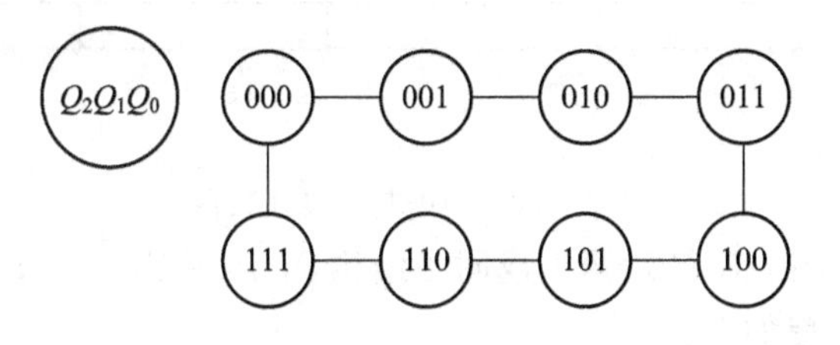


图 5-9　例 5-1 状态图

(6) 时序图。设电路的初始状态 $Q_2^nQ_1^nQ_0^n$ 为 000，根据状态表和状态图，可画出时序图如图 5-10 所示。

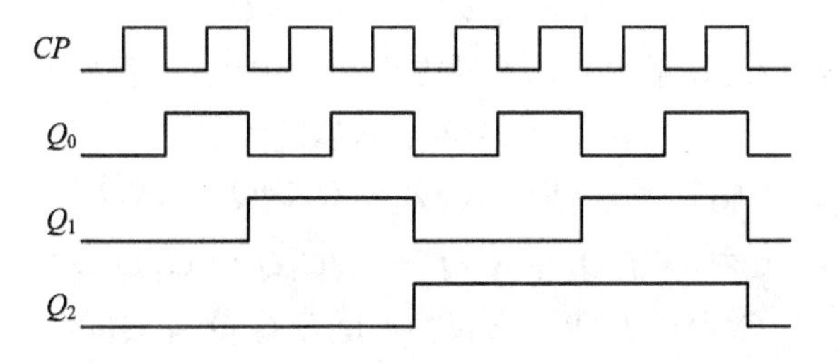


图 5-10　例 5-1 时序图

(7) 逻辑功能分析。由状态表、状态图、时序图均可看出，此电路有八个有效工作状态，在时钟脉冲 $CP$ 的作用下，由初始 000 状态依次递增到 111 状态，其递增规律每输入一个 $CP$ 脉冲，电路输出状态按二进制运算规律加 1。所以此电路是一个三位二进制同步加法计数器。

### 5.2.3 非二进制计数器

除了二进制计数器之外，数字系统还需用其他进制的计数器，如十进制等。如何用仅有两种状态的触发器形成 $N$ 进制计数器呢？前面讨论二进制计数器时我们提到，如将三位二进制计数器看成是一位，以最高位($Q_2$)输出，则它就是一位八进制计数器，它有从 000 到 111 八个状态，逢八进一。

**1. 十进制计数器**

我们知道，十进制的计数体制是“逢十进一”，每一位十进制数必须有十个状态。所以要组成一位十进制电路必须由四位二进制电路组成，用其对应的二进制编码来实现十进制计数，故十进制计数器也称二-十进制计数器。下面举例分析十进制计数器。

**例 5-2**　分析图 5-11 所示十进制同步计数器。

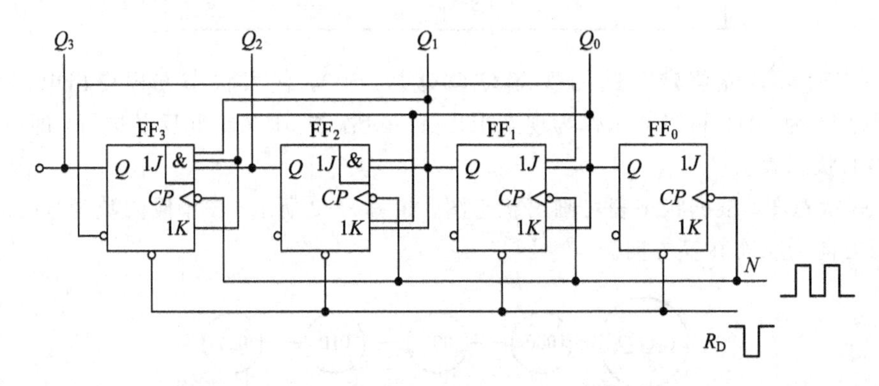


图 5-11　十进制同步计数器

**解**　该计数器由四个 JK 触发器组成同步结构，$CP_0=CP_1=CP_2=CP_3=CP$，各触发器输入端 $J$、$K$ 驱动方程如下：

$$J_0=K_0=1$$

$$J_1=\overline{Q}_3^nQ_0^n,\ K_1=Q_0^n$$

$$J_2=K_2=Q_1^nQ_0^n$$

$$J_3=Q_2^nQ_1^nQ_0^n,\ K_3=Q_0^n$$

将上述驱动方程代入 JK 触发器的特性方程，得到状态方程如下：

$$Q_0^{n+1}=J_0\overline{Q}_0^n+\overline{K}_0Q_0^n=\overline{Q}_0^n$$

$$Q_1^{n+1}=J_1\overline{Q}_1^n+\overline{K}_1Q_1^n=\overline{Q}_3^n\overline{Q}_1^nQ_0^n+Q_1^n\overline{Q}_0^n$$

$$Q_2^{n+1}=J_2\overline{Q}_2^n+\overline{K}_2Q_2^n=\overline{Q}_2^nQ_1^nQ_0^n+Q_2^n\overline{Q_1^nQ_0^n}$$

$$Q_3^{n+1}=J_3\overline{Q}_3^n+\overline{K}_3Q_3^n=\overline{Q}_3^nQ_2^nQ_1^nQ_0^n+Q_3^n\overline{Q}_0^n$$

根据上述状态方程列表得状态表如表 5-4 所示，可以看出，这是一个按 8421 码编码的十进制同步计数器。

表 5-4　十进制同步计数器状态表

| 脉冲序号 | $Q_3$ | $Q_2$ | $Q_1$ | $Q_0$ | 对应十进制数 |
|---|---|---|---|---|---|
| 0 | 0 | 0 | 0 | 0 | 0 |
| 1 | 0 | 0 | 0 | 1 | 1 |
| 2 | 0 | 0 | 1 | 0 | 2 |
| 3 | 0 | 0 | 1 | 1 | 3 |
| 4 | 0 | 1 | 0 | 0 | 4 |
| 5 | 0 | 1 | 0 | 1 | 5 |
| 6 | 0 | 1 | 1 | 0 | 6 |
| 7 | 0 | 1 | 1 | 1 | 7 |
| 8 | 1 | 0 | 0 | 0 | 8 |
| 9 | 1 | 0 | 0 | 1 | 9 |
| 10 | 0 | 0 | 0 | 0 | 0 |

**2. *N* 进制计数器**

除以上讨论的二进制和十进制计数器外，数字系统还需要其他进制的计数器，如五进制、八进制、十六进制等，我们可统称为 *N* 进制计数器。下面以一个五进制计数器为例进行分析。

**例 5-3**　时序逻辑电路如图 5-12 所示，试分析它的逻辑功能。

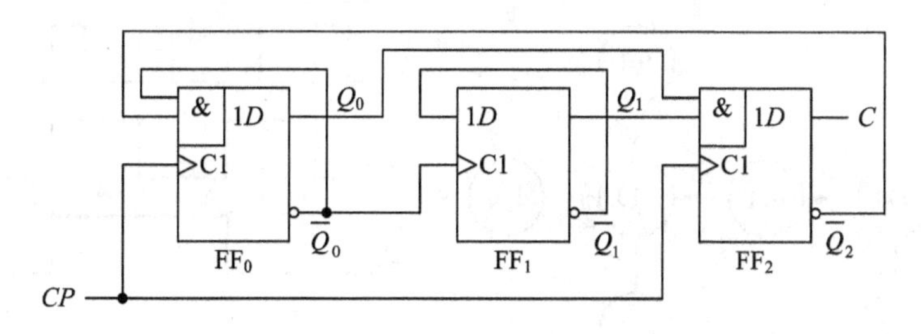


图 5-12　例 5-3 逻辑电路

**解**　(1) 电路时钟脉冲触发方式。此电路由三个 D 触发器组成，其中 $FF_0$、$FF_2$ 的时钟端与总时钟脉冲相连，而 $FF_1$ 的时钟端是独立的，所以此电路是异步时序电路。得

$$CP_0 = CP_2 = CP,\ CP_1 = \bar{Q}_0$$

(2) 驱动方程：

$$D_0 = \bar{Q}_2^n \bar{Q}_0^n$$

$$D_1 = \bar{Q}_1^n$$

$$D_2 = Q_1^n Q_0^n$$

(3) 状态方程：

$$Q_0^{n+1} = \bar{Q}_2^n \bar{Q}_0^n$$

$$Q_1^{n+1} = \bar{Q}_1^n$$

$$Q_2^{n+1} = Q_1^n Q_0^n$$

(4) 输出方程：

$$C = Q_2^n$$

(5) 状态表。在分析异步时序逻辑电路的状态表时，考虑到各触发器的时钟脉冲的触发情况，应加入触发器的 $CP$ 变化一栏，以便确定各触发器的翻转。

在本例题中，$CP_0=CP_2=CP$，所以 $FF_0$ 和 $FF_2$ 每次 $CP$ 都可能翻转，具体情况看状态方程。而 $CP_1=\overline{Q}_0$，则 $FF_1$ 是否有可能变化则必须看 $\overline{Q}_0$ 是否出现上升沿，即 $Q_0$ 是否从 1 变到 0 出现下降沿，只有当 $Q_0$ 下跳，$CP_1$ 才有触发脉冲，$FF_1$ 才能被触发，如表 5－5 所示。

**表 5－5　例 5－3 的状态表**

| 现　态 | | | 次　态 | | | 输　出 | 时　钟 | | |
|---|---|---|---|---|---|---|---|---|---|
| $Q_2^n$ | $Q_1^n$ | $Q_0^n$ | $Q_2^{n+1}$ | $Q_1^{n+1}$ | $Q_0^{n+1}$ | $C$ | $CP_2$ | $CP_1$ | $CP_0$ |
| → 0 | 0 | 0 | 0 | 0 | 1 | 0 | ↑ | ↓ | ↑ |
| 0 | 0 | 1 | 0 | 1 | 0 | 0 | ↑ | ↑ | ↑ |
| 0 | 1 | 0 | 0 | 1 | 1 | 0 | ↑ | ↓ | ↑ |
| 0 | 1 | 1 | 1 | 0 | 0 | 0 | ↑ | ↑ | ↑ |
| — 1 | 0 | 0 | 0 | 0 | 0 | 1 | ↑ | × | ↑ |
| 1 | 0 | 1 | 0 | 1 | 0 | 1 | ↑ | ↑ | ↑ |
| 1 | 1 | 0 | 0 | 1 | 0 | 1 | ↑ | × | ↑ |
| 1 | 1 | 1 | 1 | 0 | 0 | 1 | ↑ | ↑ | ↑ |

(6) 状态图和时序图。根据状态表画出状态图如图 5－13 所示，时序图如图 5－14 所示。

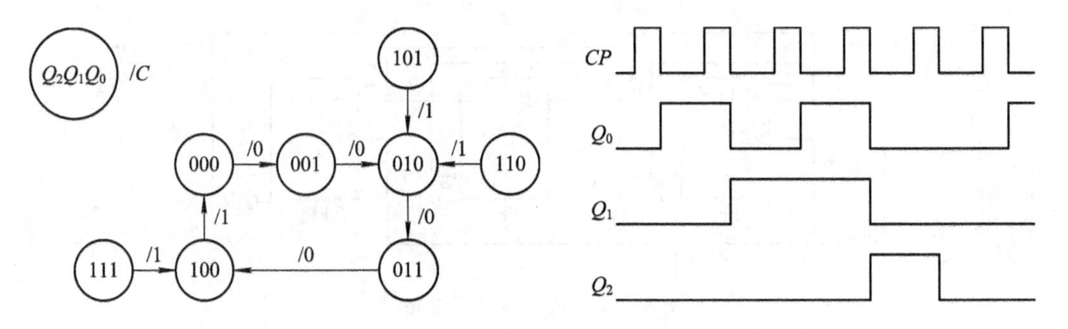


图 5－13　例 5－2 状态图　　　　图 5－14　例 5－2 时序图

(7) 逻辑功能分析。由状态表、状态图、时序图可分别看出，在时钟脉冲 $CP$ 的作用下，电路状态由 000 到 100 反复循环，同时输出端 $C$ 配合输出进位信号，所以此电路为五进制异步计数器。分析中发现还有 101、110、111 三个状态不在有效循环状态之内，正常工作时是不出现的，故称为无效状态。如果由于某种原因使电路进入到无效状态中，则此电路只要在时钟脉冲的作用下就可自动过渡到有效工作状态中(见状态表后三行)，故称此电路可以自启动。

### 5.2.4　集成计数器

集成计数器是将整个计数器集成在一块半导体芯片上，使其具有完善的计数功能，是一种中规模集成电路。集成计数器的系列、品种较多，门类齐全。下面通过几种不同类型的集成计数器的介绍，来了解其电路组成，逻辑功能及使用。

**1. 集成异步计数器**

常用的集成异步计数器芯片型号有 74LS290、74LS293、74LS390、74LS393 等几种，它们的功能如表 5-6 所示。

**表 5-6　异步计数器芯片**

| 型号 | 功　能 |
| --- | --- |
| 74LS290 | 二-五-十进制异步计数器 |
| 74LS293 | 四位二进制异步计数器 |
| 74LS390 | 双二-五-十进制异步计数器 |
| 74LS393 | 双四位二进制异步计数器 |

下面以二-五-十进制异步计数器(74LS290)为例作一介绍。74LS290 也称集成十进制异步计数器，其逻辑图如图 5-15 所示，它由四个负边沿 JK 触发器组成，两个与非门作置 0、置 9 控制门。其中，$S_{9(1)}$、$S_{9(2)}$ 称为直接置“9”端，$R_{0(1)}$、$R_{0(2)}$ 称为直接置“0”端；$\overline{CP}_0$、$\overline{CP}_1$ 端为计数脉冲输入端，$Q_3Q_2Q_1Q_0$ 为输出端。

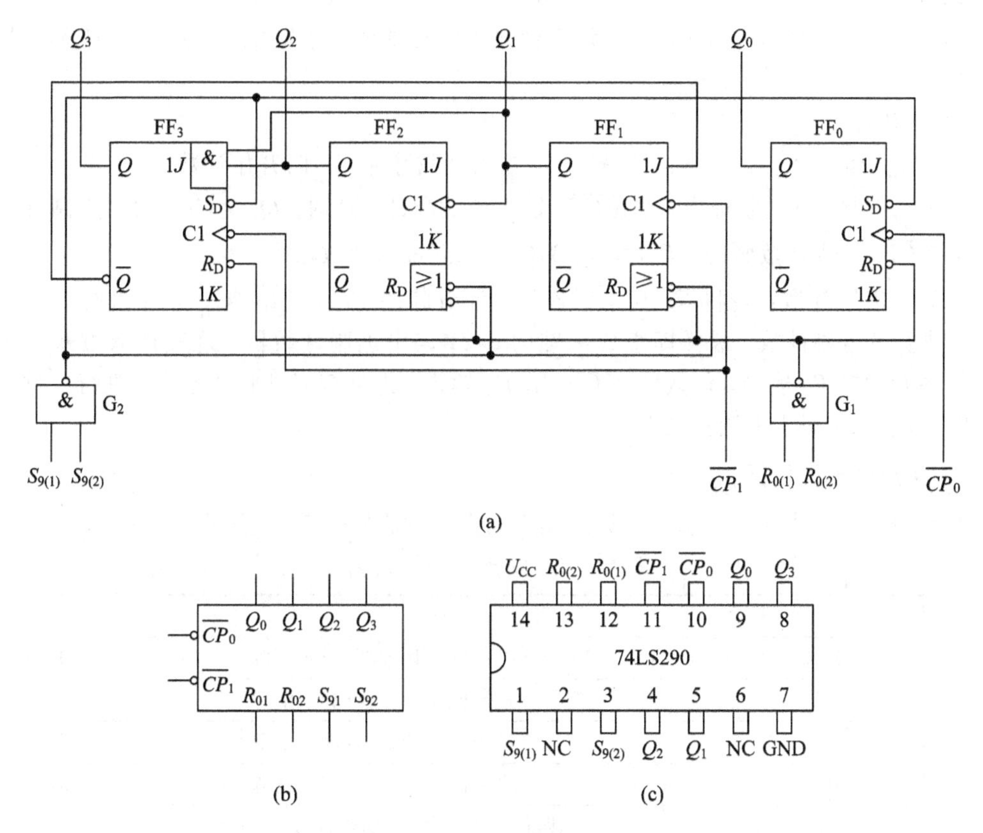


图 5-15　异步二进制计数器 74LS290

(a) 逻辑图；(b) 逻辑符号；(c) 外引线图

74LS290 内部分为二进制和五进制计数器两个独立的部分。其中二进制计数器从$\overline{CP}_0$输入计数脉冲，从 $Q_0$ 端输出；五进制计数器从$\overline{CP}_1$ 输入计数脉冲，从 $Q_3Q_2Q_1$ 端输出。这两部分既可单独使用，也可连接起来使用以构成十进制计数器，所以称它为“二-五-十进制计数器”。其功能如表 5-7 所示。

**表 5-7　74LS290 的功能表**

| $S_{9(1)}$ | $S_{9(2)}$ | $R_{0(1)}$ | $R_{0(2)}$ | $\overline{CP}_0$ | $\overline{CP}_1$ | $Q_3$ | $Q_2$ | $Q_1$ | $Q_0$ |
|---|---|---|---|---|---|---|---|---|---|
| $H$ | $H$ | × | × | × | × | 1 | 0 | 0 | 1 |
| $L$ | × | $H$ | $H$ | × | × | 0 | 0 | 0 | 0 |
| × | $L$ | $H$ | $H$ | × | × | 0 | 0 | 0 | 0 |
| $S_{9(1)} \cdot S_{9(2)}=0$<br>$R_{0(1)} \cdot R_{0(2)}=0$ | | | | $CP$ | 0 | 二进制 | | | |
| | | | | 0 | $CP$ | 五进制 | | | |
| | | | | $CP$ | $Q_0$ | 8421 十进制 | | | |
| | | | | $Q_3$ | $CP$ | 5421 十进制 | | | |

1）异步清零

当 $R_{0(1)}$、$R_{0(2)}$ 全为高电平，$S_{9(1)}$、$S_{9(2)}$ 中至少有一个低电平时，不论其他输入状态如何，计数器输出 $Q_3Q_2Q_1Q_0=0000$，故又称异步清零功能或复位功能。

2）异步置 9

当 $S_{9(1)}$、$S_{9(2)}$ 全为高电平时，不论其他输入状态如何，$Q_3Q_2Q_1Q_0=1001$，故又称异步置 9 功能。

3）计数功能

当 $R_{0(1)}$、$R_{0(2)}$ 及 $S_{9(1)}$、$S_{9(2)}$ 不全为 1，输入计数脉冲 $CP$ 时开始计数。

（1）二进制、五进制计数：当由 $\overline{CP}_0$ 输入计数脉冲 $CP$ 时，$Q_0$ 为 $\overline{CP}_0$ 的二进制计数输出，当由 $\overline{CP}_1$ 输入计数脉冲 $CP$ 时，$Q_3$ 为 $\overline{CP}_1$ 的五进制计数输出。

（2）十进制计数：若将 $Q_0$ 与 $\overline{CP}_1$ 连接，计数脉冲 $CP$ 由 $\overline{CP}_0$ 输入，先进行二进制计数，再进行五进制计数，这样即组成标准的 8421 码十进制计数器，这种计数方式最为常用；若将 $Q_3$ 与 $\overline{CP}_0$ 连接，计数脉冲 $CP$ 由 $\overline{CP}_1$ 输入，先进行五进制计数，再进行二进制计数，即组成 5421 码十进制计数器。

**2. 集成同步计数器**

集成同步计数器种类繁多，常见的集成同步计数器如表 5-8 所示。

**表 5-8　同步计数器芯片**

| 型号 | 功　能 |
|---|---|
| 74LS160 | 四位十进制同步计数器（异步清除） |
| 74LS161 | 四位二进制同步计数器（异步清除） |
| 74LS162 | 四位十进制同步计数器（同步清除） |
| 74LS163 | 四位二进制同步计数器（同步清除） |
| 74LS190 | 四位十进制加/减同步计数器 |
| 74LS191 | 四位二进制加/减同步计数器 |
| 74LS192 | 四位十进制加/减同步计数器（双时钟） |
| 74LS193 | 四位二进制加/减同步计数器（双时钟） |

下面以集成二进制同步计数器 74LS161 为例作介绍。其逻辑图如图 5-16 所示，它由

四个 JK 触发器作四位计数单元，其中 $\overline{R}_D$ 是异步清零端，$\overline{LD}$是预置数控制端，$CP$ 为计数脉冲输入端，$D_0D_1D_2D_3$ 是四个并行数据输入端，$Q_AQ_BQ_CQ_D$ 为输出端，$EP$ 和 $ET$ 是计数使能端，$RCO$ 是进位输出端，供芯片扩展使用。

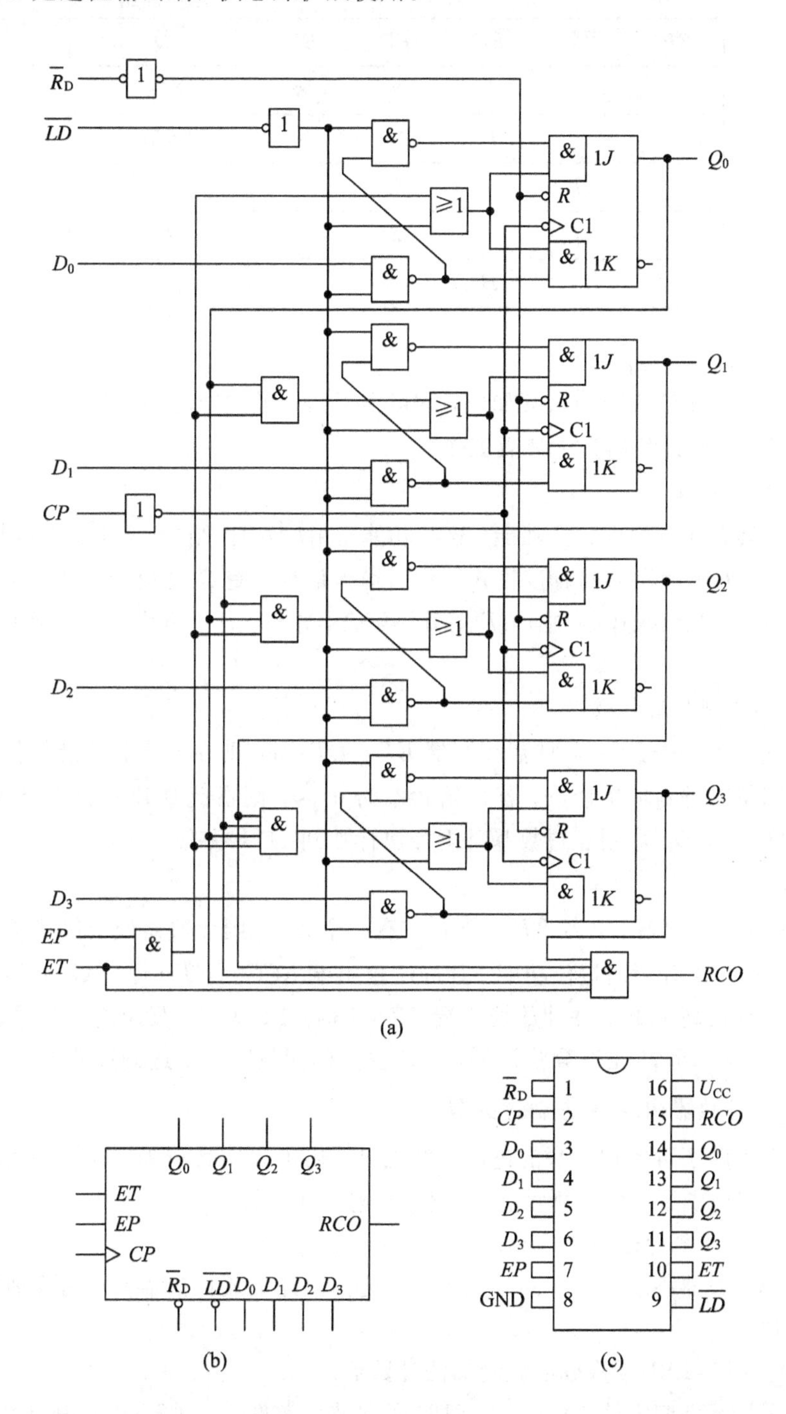


图 5 - 16　同步二进制计数器 74LS161

(a) 逻辑图；(b) 逻辑符号；(c) 外引线图

74LS161 为四位同步二进制计数器，其功能如表 5-9 所示。

**表 5-9　74LS161 的功能表**

| 输入 | | | | | 输出 |
|---|---|---|---|---|---|
| $CP$ | $\overline{LD}$ | $\overline{R}_D$ | $EP$ | $ET$ | $Q$ |
| × | × | $L$ | × | × | 全“$L$” |
| ↑ | $L$ | $H$ | × | × | 预置数据 |
| ↑ | $H$ | $H$ | $H$ | $H$ | 计数 |
| × | $H$ | $H$ | $L$ | × | 保持 |
| × | $H$ | $H$ | × | $L$ | 保持 |

1）异步清零

当 $\overline{R}_D=0$ 时，无论其他输入端如何，均可实现四个触发器全部清零。清零后，$\overline{R}_D$ 端应接高电平，以不妨碍计数器正常计数工作。

2）同步并行置数

74LS161 具有并行输入数据功能，这项功能是由$\overline{LD}$端控制的。当$\overline{LD}=0$ 时，在 $CP$ 上升沿的作用下，四个触发器同时接收并行数据输入信号，使 $Q_3Q_2Q_1Q_0=D_3D_2D_1D_0$，计数器置入初始数值，此项操作必须有 $CP$ 上升沿配合，并与 $CP$ 上升沿同步，所以称为同步置数功能。

3）同步二进制加法计数

在 $\overline{R}_D=\overline{LD}=1$ 状态下，若计数控制端 $EP=ET=1$，则在 $CP$ 上升沿的作用下，计数器实现同步四位二进制加法计数，若初始状态为 0000，则在此基础上加法计数到 1111 状态，若已置数 $D_3D_2D_1D_0$ 则在置数基础上加法计数到 1111 状态。

4）保持

在 $\overline{R}_D=\overline{LD}=1$ 状态下，若 $EP$ 与 $ET$ 中有一个为 0，则计数器处于保持状态。

此外，74LS161 有超前进位功能。其进位输出端 $RCO=ET\cdot Q_0\cdot Q_1\cdot Q_2\cdot Q_3$，即当计数器状态达到最高 1111，并计数控制端 $ET=1$ 时，$RCO=1$，发出进位信号。

综上所述，74LS161 是有异步清零，同步置数的四位同步二进制计数器。

**3. 用集成计数器构成 N 进制计数器**

集成计数器除了可实现本身的进制计数之外，还可利用其清零，置数等使能端进行扩展使用，用以实现成品计数器所没有的其他 $N$ 进制计数器。

1）实现模小于本身进制的计数器

如需要的计数器小于现有成品计数器，可选择单片集成计数器，采用反馈归零法和反馈置数法实现。

**例 5-4**　用 74LS161 构成七进制加法计数器。

**解一**　采用反馈归零法：利用 74LS161 的异步清零端 $\overline{R}_D$，强行中止其计数趋势，返回到初始零态。如设初态为 0，则在前六个计数脉冲作用下，计数器 $Q_3Q_2Q_1Q_0$ 按四位二进制规律从 0000～0110 正常计数，而当第七个计数脉冲到来后，计数器状态 $Q_3Q_2Q_1Q_0=$

0111，这时，通过与非门强行将 $Q_2Q_1Q_0$ 的 1 引回到 $\overline{R}_D$ 端，借助异步清零功能，使计数器回到 0000 状态，从而实现七进制计数。电路图及状态图如图 5－17 所示。在此电路工作中，0111 状态会瞬间出现，但并不属于有效循环。

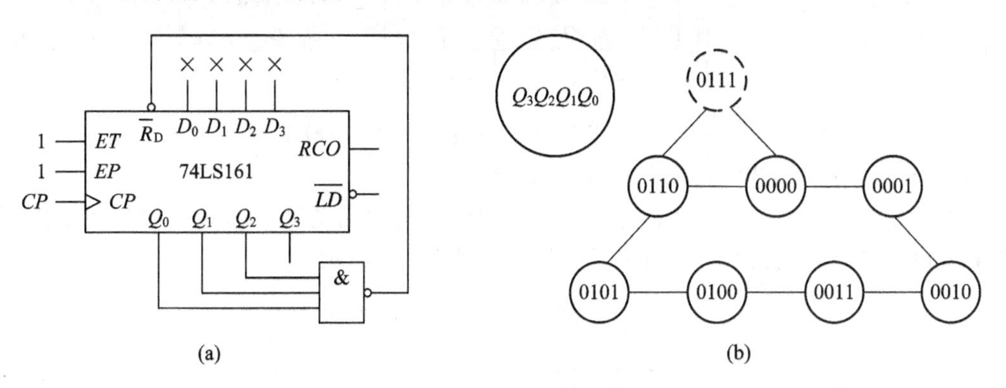


图 5－17　采用反馈归零法用 74LS161 构成七进制加法计数器

(a) 逻辑图；(b) 状态图

反馈归零法适用于有清零端的集成计数器。

**解二**　采用反馈置数法：利用 74LS161 的同步置数端 $\overline{LD}$，强行中止其计数趋势，返回到并行输入数 $D_3D_2D_1D_0$ 状态，如图 5－18 所示。

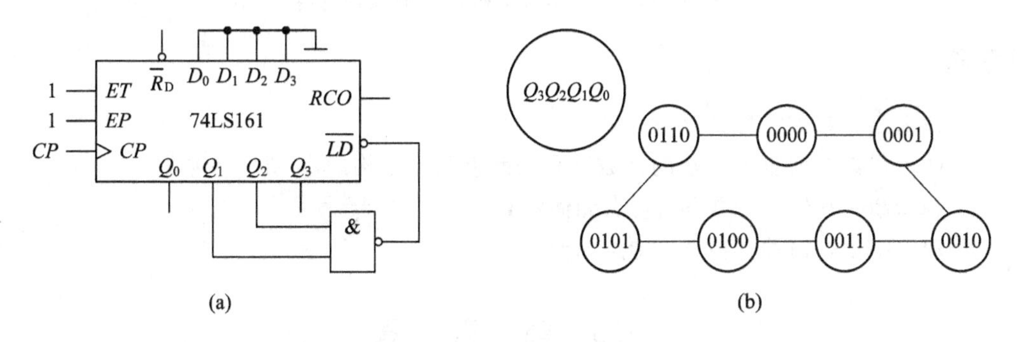


图 5－18　采用反馈置数法用 74LS161 构成七进制加法计数器

(a) 逻辑图；(b) 状态图

图中将计数器输出 $Q_2Q_1$ 端通过与非门引回到置数控制 $\overline{LD}$ 端，而令并行数据 $D_3D_2D_1D_0=0000$，这样当第六个计数器脉冲到来时，计数器状态为 0110 时，$\overline{LD}$ 被置 0，但由于 $\overline{LD}$ 是同步置数操作，所以，只有在第七个计数器脉冲到来时，计数器被置入 0000。

也可利用 74LS161 的进位输出端 $RCO$ 控制 $\overline{LD}$ 端，使计数器工作在 $D_3D_2D_1D_0$～1111 状态，构成置最小数法，读者可自行分析。反馈置数法适用于有置数端的集成计数器。

2）扩展成任意进制的计数器

如果所需要的计数器大于现有成品计数器，可通过多片集成计数器扩展实现。

**例 5－5**　用 74LS290 构成 100 进制计数器。

**解**　用两片 74LS290，每一片均接成十进制计数器，然后将低位片的输出 $Q_3$ 连到高位片的 $\overline{CP_0}$ 端，即采用异步级联的方式即可完成，如图 5－19 所示。

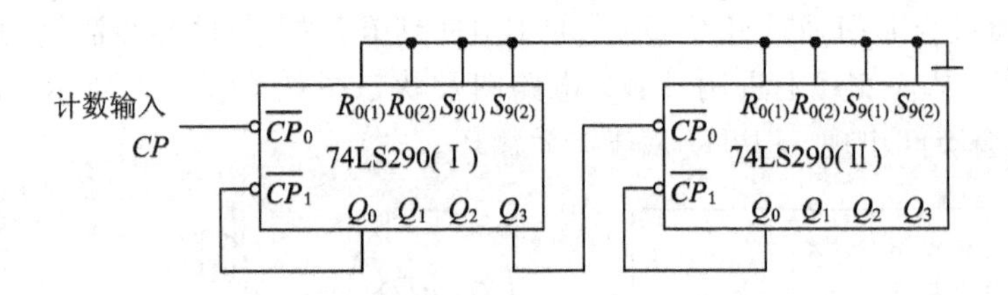


图 5-19　用 74LS290 构成 100 进制计数器

**例 5-6**　用 74LS290 构成 78 进制计数器。

**解**　78 进制计数器即当状态为 01111000 时回 0，先用两片 74LS290 接成 100 进制计数器，再用反馈归零法构成 78 进制计数器，如图 5-20 所示。

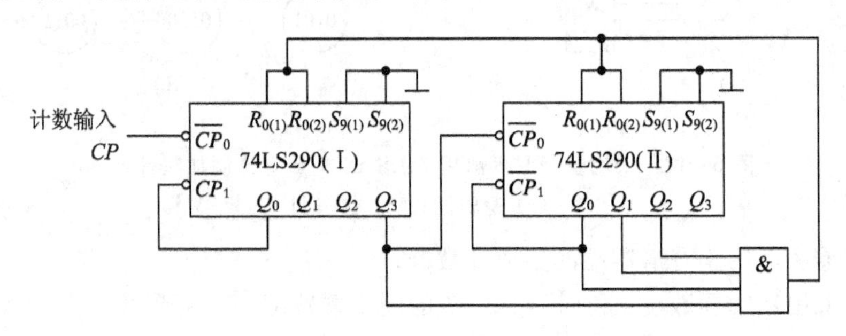


图 5-20　用 74LS290 构成 78 进制计数器

**思考题**

1. 什么是计数器？什么是分频器？
2. 能否用具有同步清零端的计数器采用反馈归零法构成 $N$ 进制计数器？
3. 74LS290 是何种计数器，特点如何？
4. 74LS161 是何种计数器，特点如何？

## 5.3　寄　存　器

寄存器是数字电路中的另一个重要数字部件，它们具有接收，存放及传送数码的功能，移位寄存器还可将所存放的数码进行左右移位。

寄存器可用来暂存运算结果，存储容量小，一般只有几位。

### 5.3.1　数码寄存器

在数字系统中，用以暂存数码的数字部件称为数码寄存器。由前面讨论的触发器可知，触发器具有两种稳态，可分别代表 0 和 1，所以一个触发器可存放 1 位二进制数，用多个触发器便可组成多位二进制寄存器。现以集成四位数码寄存器 74LS175 为例来介绍数码寄存器的电路结构和逻辑功能。

四位数码寄存器 74LS175 逻辑图如图 5-21 所示。

数码寄存器 74LS175 由四个 D 触发器组成，两个非门分别作清 0 和寄存数码控制门。$1D$～$4D$ 是四个数据输入端，$1Q$～$4Q$ 是数据输出端，$1\overline{Q}$～$4\overline{Q}$ 是反码输出端。

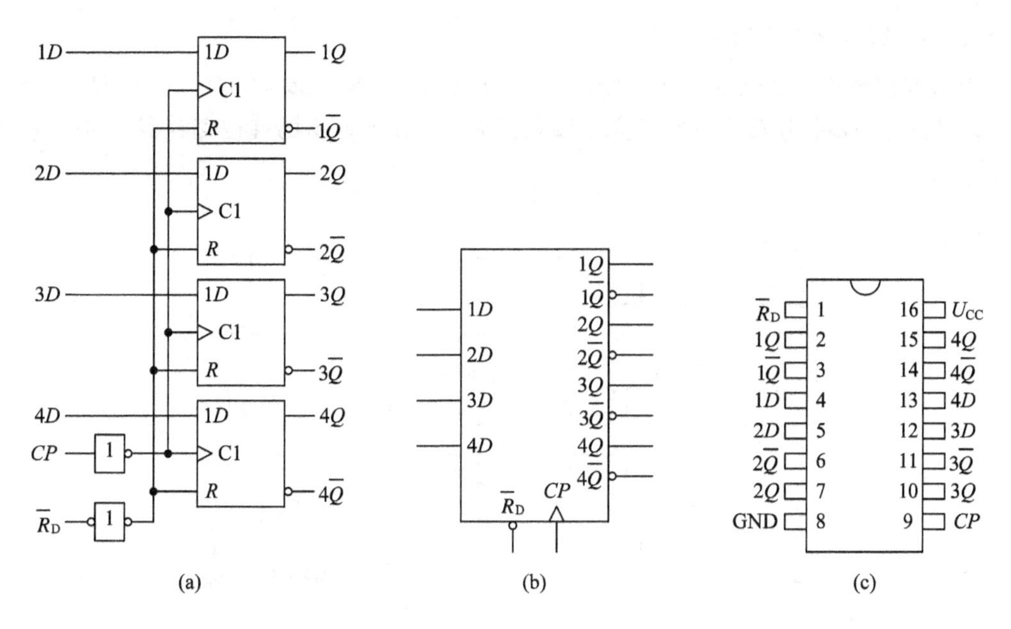


图 5-21　码寄存器 74LS175

(a) 逻辑图；(b) 逻辑符号；(c) 外引线图

74LS175 功能表如表 5-10 所示，其功能如下：

(1) 异步清零。在 $\bar{R}_D$ 端加低电平，各触发器异步清零。清零后，应将 $\bar{R}_D$ 接高电平，以不妨碍数码的寄存。

(2) 并行输入数据。在 $\bar{R}_D=1$ 的前提下，将所要存入的数据 $D$ 加到数据输入端，在 $CP$ 脉冲上升沿的作用下，数据将被并行存入。

(3) 记忆保持。$\bar{R}_D=1$，$CP$ 无上升沿(通常接低电平)，则各触发器保持原状态不变，寄存器处在记忆保持状态。

(4) 并行输出。可同时在输出端并行取出已存入的数码及它们的反码。

**表 5-10　74LS175 的功能表**

| 输　入 | | | 输　出 | |
|---|---|---|---|---|
| $\bar{R}_D$ | $CP$ | $D$ | $Q$ | $\bar{Q}$ |
| $L$ | × | × | $L$ | $H$ |
| $H$ | ↑ | $H$ | $H$ | $L$ |
| $H$ | ↑ | $L$ | $L$ | $H$ |
| $H$ | $L$ | × | $Q_0$ | $\bar{Q}_0$ |

## 5.3.2　移位寄存器

能进行移位操作的寄存器称为移位寄存器。在移位命令的作用下，寄存器中各位的内容依次向左(或向右)移动。移位寄存器可分为单向移位寄存器和双向移位寄存器。

**1. 移位寄存器工作原理**

上节我们讨论了数码寄存器74LS175。若将其1$Q$接2$D$、2$Q$接3$D$、3$Q$接4$D$，且数码从1$D$串行输入，则组成了一个四位右移串行输入、并行输出的移位寄存器，如图5-22所示。

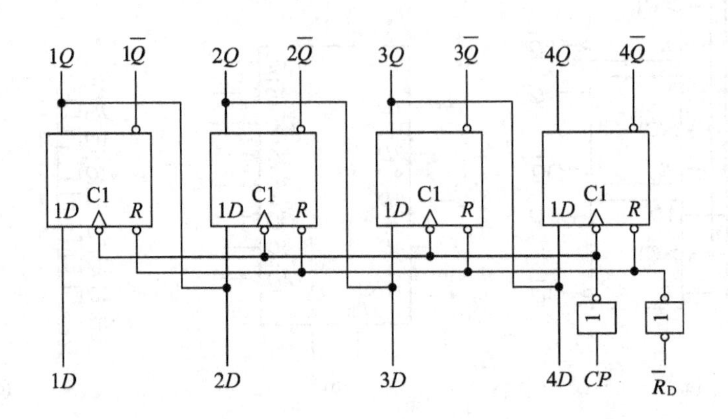


图5-22　四位右移寄存器

现讨论工作原理。设需存入数码为$D_1D_2D_3D_4$，将它们高位在前依次加在1$D$端，则第一个$CP$脉冲到来后，$D_4$被读入第一个触发器中，即1$Q$=$D_4$，而此时，1$Q$又作为第二个触发器2$D$的输入，则在第二个$CP$脉冲到来后，$D_4$又进入到第二个触发器，即2$Q$=$D_4$，以后，每来一个$CP$脉冲，数据就右移1位，当第四个$CP$脉冲到来后，四个数据全部进入寄存器。表5-11示出了以上移位的工作过程。

如将4$Q$接3$D$、3$Q$接2$D$、2$Q$接1$D$，且数码从4$D$串行输入，则组成了左移位寄存器。

**表5-11　右移寄存器的移位过程**

| $CP$ | 串行数据 $D$ | | | | 1$Q$ | 2$Q$ | 3$Q$ | 4$Q$ |
|---|---|---|---|---|---|---|---|---|
| 0 | $D_1$ | $D_2$ | $D_3$ | $D_4$ | 0 | 0 | 0 | 0 |
| 1 | × | $D_1$ | $D_2$ | $D_3$ | $D_4$ | 0 | 0 | 0 |
| 2 | × | × | $D_1$ | $D_2$ | $D_3$ | $D_4$ | 0 | 0 |
| 3 | × | × | × | $D_1$ | $D_2$ | $D_3$ | $D_4$ | 0 |
| 4 | × | × | × | × | $D_1$ | $D_2$ | $D_3$ | $D_4$ |

**2. 集成移位寄存器**

74LS194是四位双向移位寄存器，图5-23示出了它的逻辑图、符号及外引线图，表5-12是其功能。

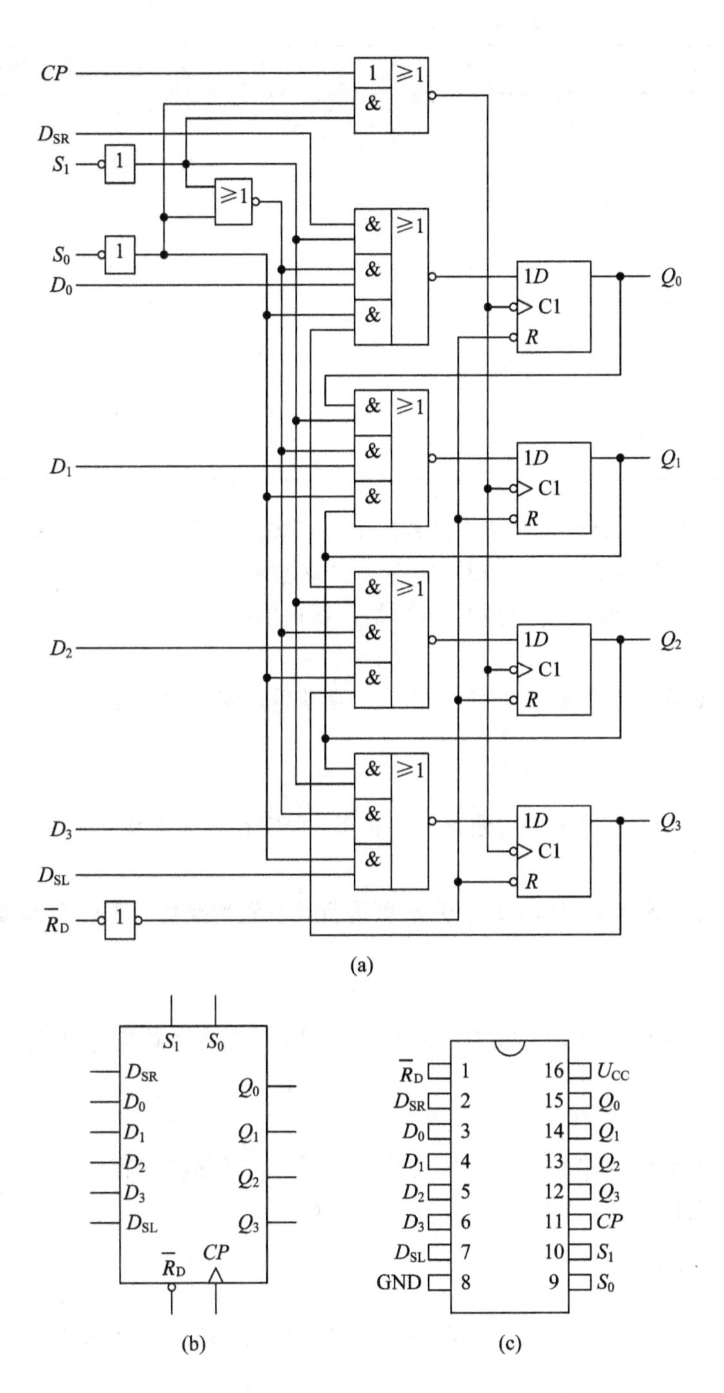


图 5 - 23　四位双向移位寄存器 74LS194

(a) 逻辑图；(b) 逻辑符号；(c) 外引线图

**表 5-12　74LS194 的功能表**

| 输入 | | | | | | | | | | 输出 | | | |
|---|---|---|---|---|---|---|---|---|---|---|---|---|---|
| $\bar{R}_D$ | $S_1$ | $S_0$ | $CP$ | $D_{SL}$ | $D_{SR}$ | $D_0$ | $D_1$ | $D_2$ | $D_3$ | $Q_0^{n+1}$ | $Q_1^{n+1}$ | $Q_2^{n+1}$ | $Q_3^{n+1}$ |
| $L$ | × | × | × | × | × | × | × | × | × | $L$ | $L$ | $L$ | $L$ |
| $H$ | × | × | $L$ | × | × | × | × | × | × | $Q_0^n$ | $Q_1^n$ | $Q_2^n$ | $Q_3^n$ |
| $H$ | $H$ | $H$ | ↑ | × | × | $a$ | $b$ | $c$ | $d$ | $a$ | $b$ | $c$ | $d$ |
| $H$ | $L$ | $H$ | ↑ | × | $H$ | × | × | × | × | $H$ | $Q_0^n$ | $Q_1^n$ | $Q_2^n$ |
| $H$ | $L$ | $H$ | ↑ | × | $L$ | × | × | × | × | $L$ | $Q_0^n$ | $Q_1^n$ | $Q_2^n$ |
| $H$ | $H$ | $L$ | ↑ | $H$ | × | × | × | × | × | $Q_1^n$ | $Q_2^n$ | $Q_3^n$ | $H$ |
| $H$ | $H$ | $L$ | ↑ | $L$ | × | × | × | × | × | $Q_1^n$ | $Q_2^n$ | $Q_3^n$ | $L$ |
| $H$ | $L$ | $L$ | × | × | × | × | × | × | × | $Q_0^n$ | $Q_1^n$ | $Q_2^n$ | $Q_3^n$ |

74LS194 由四个 D 触发器组成，另有四个与或非门完成左、右移位和并行置数的切换功能。其中 $\bar{R}_D$ 是清零端，$D_{SL}$、$D_{SR}$ 是左、右移数据输入端，$S_1$、$S_0$ 是使能控制端，$D_0D_1D_2D_3$ 是并行数据输入端，$Q_0Q_1Q_2Q_3$ 是数据输出端。具体功能如下。

1）异步清零

在 $\bar{R}_D$ 端加低电平，各触发器异步清零。清零后，应将 $\bar{R}_D$ 接高电平，以不妨碍寄存工作。

2）保持

在 $\bar{R}_D=1$ 或 $S_1S_0=00$ 时，均处于保持状态，即寄存器输出状态不变。

3）并行置数

在 $\bar{R}_D=1$ 及 $S_1S_0=11$ 时，$CP$ 上升沿可进行并行置数操作，即 $Q_0Q_1Q_2Q_3=abcd$（输入数据）。

4）右移

在 $\bar{R}_D=1$ 及 $S_1S_0=01$ 时，在 $CP$ 上升沿作用下，寄存器内容依次向右移动 1 位，而 $D_{SR}$端接收输入数据。

5）左移

在 $\bar{R}_D=1$ 及 $S_1S_0=10$ 时，在 $CP$ 上升沿作用下，寄存器内容依次向左移动 1 位，而 $D_{SL}$端接收输入数据。

### 5.3.3　寄存器的应用

作为一种重要的逻辑器件，寄存器应用是多方面的，现介绍寄存器在数字电路中的典型应用。

**1. 构成扭环计数器**

图 5-24 为一双向移位寄存器 74LS194 加一反馈电路（反相器）构成的扭环计数器，当电路清零后，随着计数脉冲的到来，数据右移，$Q_3Q_2Q_1Q_0$ 的数据依次为

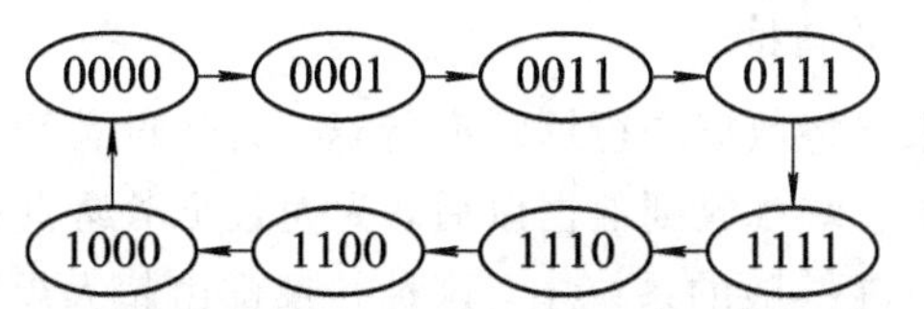


其中，共有八种不同的状态，并且构成一个循环。接在寄存器后面的译码器可以对这八种状态译码，得到 0～7 共八个数字，显然，上述电路构成八进制计数器。

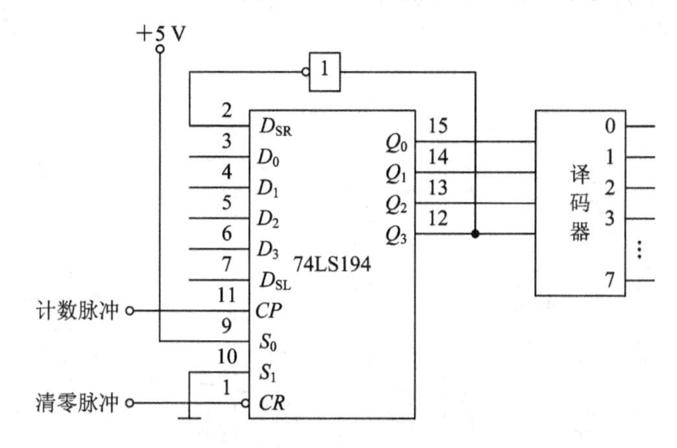


图 5 - 24　用移位寄存器构成扭环计数器

计数前，如果不清零，由于随机性，随着计数脉冲的到来，$Q_3Q_2Q_1Q_0$ 的状态可能进入如下的循环：

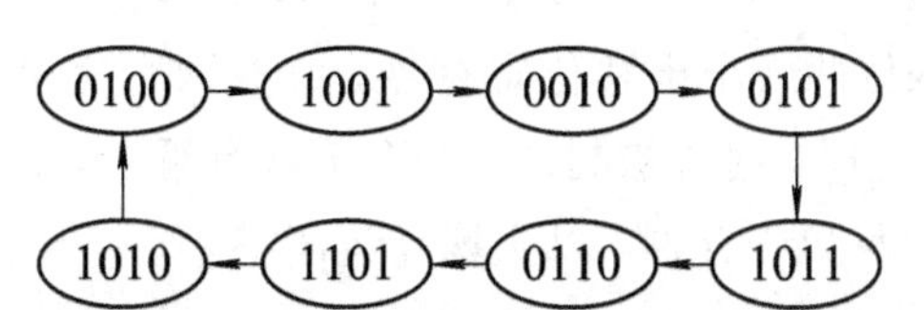


原来的译码器无法对这八种状态译码。这种循环称之为封闭无效循环。因此，不允许寄存器工作在这种循环状态。

除了在无效循环外，上述计数器的另一个缺点是没有充分利用寄存器输出的所有状态。解决的办法是设计反馈逻辑电路。

由寄存器构成的计数器的一般电路如图 5 - 25 所示。

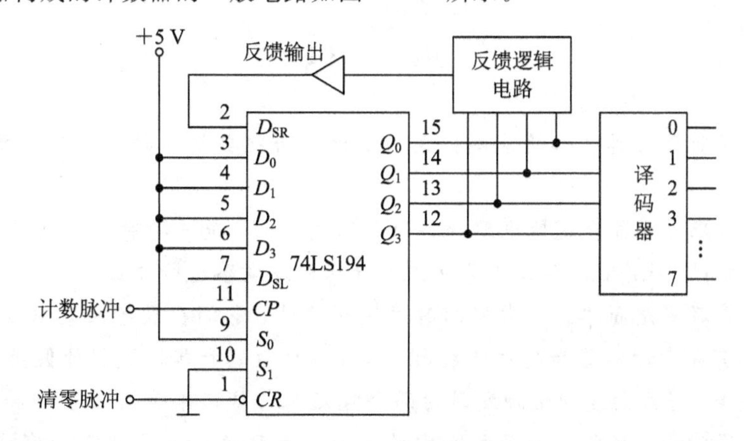


图 5 - 25　由移位寄存器构成的计数器的一般电路

**2. 实现并、串与串、并转换**

在数字系统中，如果要将数据进行远距离传送，为使设备简单，发送端常常要将并行数据转换为串行数据。接收端接收到数据以后，为使数据处理起来比较快捷，又需要将串行数据转换为并行数据。在一般的系统中，这种转换都由超大规模集成电路内部的移位寄存器来完成。在某些试验或实用系统中，则由具有并入串出与并出的移位寄存器来完成。在传送八位数据时，常采用74LS164和74LS165两种移位寄存器。图5-26为采用这两种寄存器的实用电路。

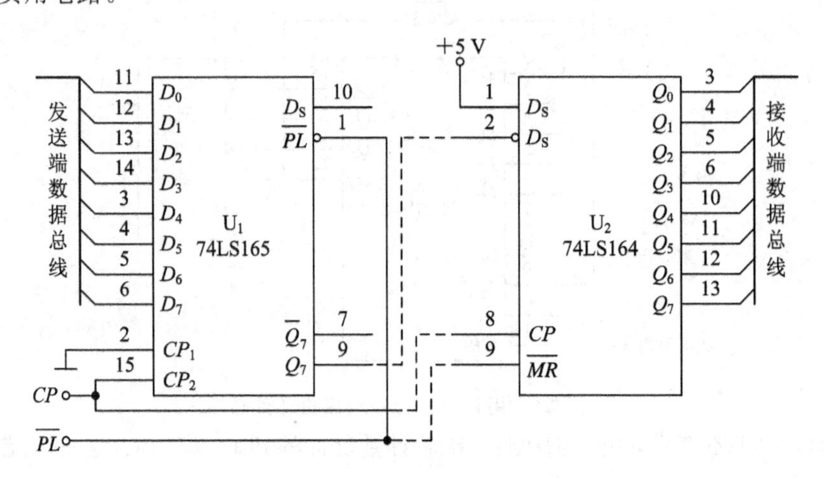


图5-26　并、串与串并转换电路

图中，74LS165为八位并入串出移位寄存器。它有两个完全等价的时钟输入端$CP_1$、$CP_2$，当其中一个接高电平时，时钟被封闭，一个接低电平时，另一个可以输入时钟脉冲。74LS164为八位串入并出移位寄存器，可实现异步清零。

## 思考题

1. 什么是寄存器？什么是数码寄存器？什么是移位寄存器？
2. 左移和右移寄存器是如何定义的？
3. 74LS194是什么器件，功能如何？

# 小　　结

本章介绍了时序逻辑电路的基本概念、分析方法及典型的时序逻辑电路计数器和寄存器。

时序逻辑电路是由组合逻辑电路加存储电路构成的，是一种有记忆电路。通过使用驱动方程、状态方程、状态图、状态表等可方便地对时序电路进行分析。

计数器和寄存器是简单而又常用的时序逻辑器件，它们在数字系统中应用十分广泛。计数器的类型有异步计数器和同步计数器，二进制计数器和非二进制计数器，加法计数器和减法计数器等。寄存器是利用触发器的两个稳定工作状态来寄存数码0和1，用逻辑门的控制作用实现清除、接收、寄存和输出的功能。寄存器是用于暂存小容量信息的数字部件。

随着集成技术的不断发展，集成数字部件越来越丰富，如何了解集成器件的功能，正确使用集成数字部件是本章的一个重要内容。

## 习 题

5-1 试用上升沿D触发器组成一个四位二进制异步加法计数器，画出波形图。

5-2 试用上升沿D触发器组成一个四位二进制异步减法计数器，画出波形图。

5-3 分析图5-27所示电路的逻辑功能。

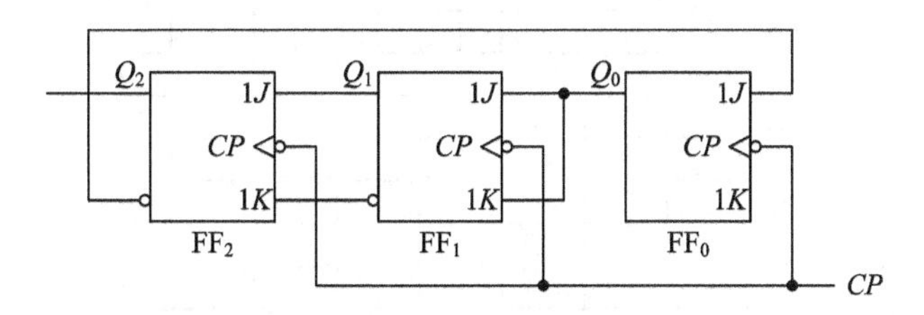


图5-27 题5-3图

5-4 分析图5-28所示电路的逻辑功能。

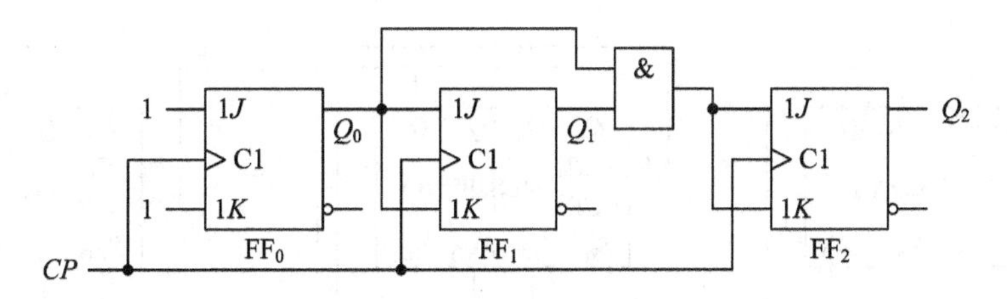


图5-28 题5-4图

5-5 分析图5-29所示电路的逻辑功能。

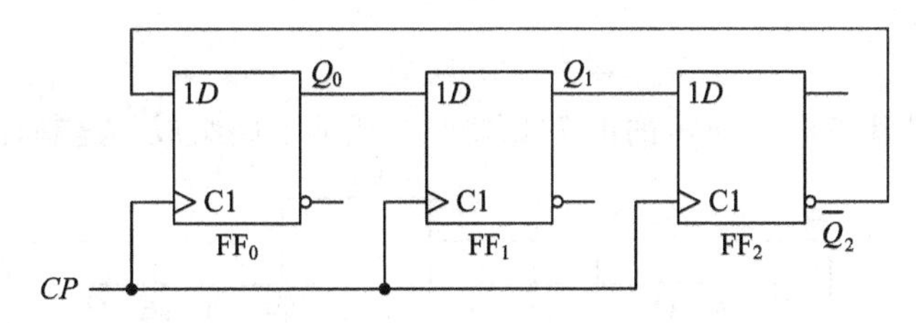


图5-29 题5-5图

5-6 分析图5-30所示电路的逻辑功能。

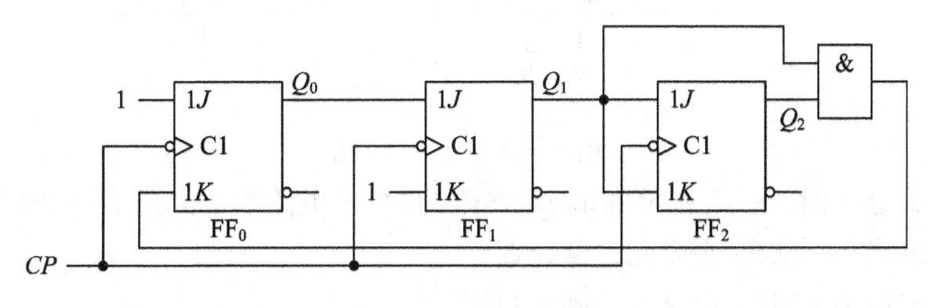


图5-30 题5-6图

5-7　分析图 5-31 所示电路的逻辑功能。

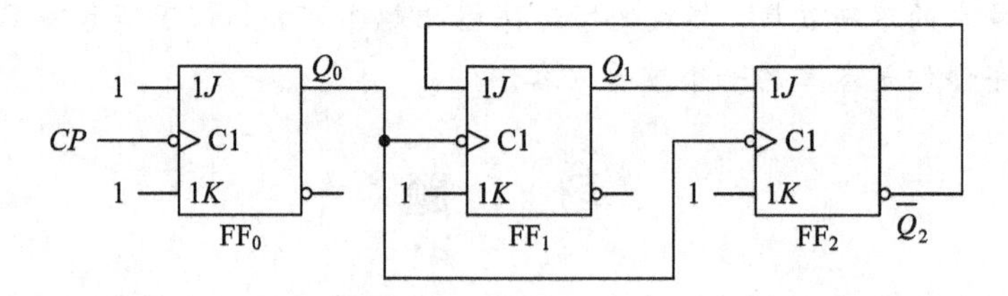


图 5-31　题 5-7 图

5-8　已知计数器波形如图 5-32 所示，试确定该计数器的模。

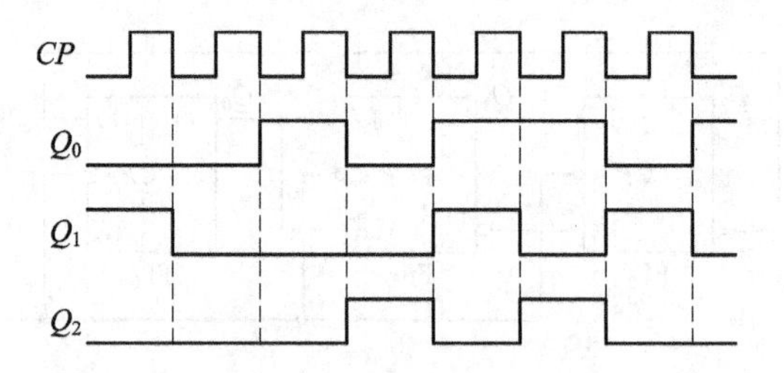


图 5-32　题 5-8 图

5-9　试分析图 5-33 所示的由 74LS290 构成的各电路分别组成几进制计数器。

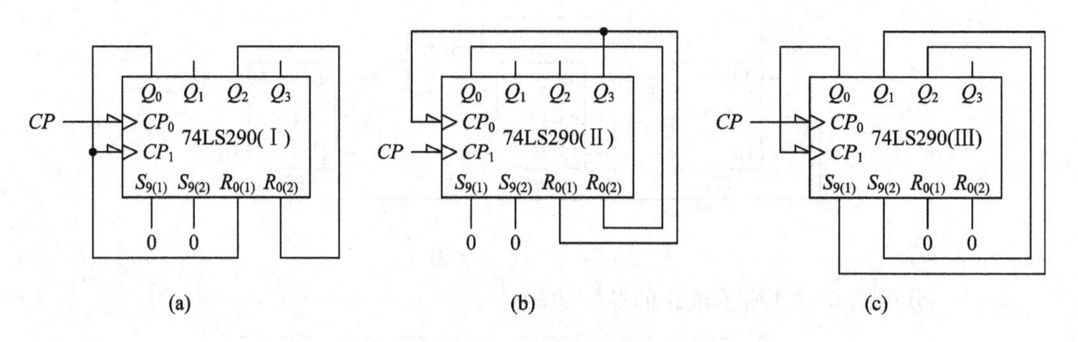


图 5-33　题 5-9 图

5-10　试分析图 5-34 所示的由 74LS290 构成的电路组成几进制计数器。

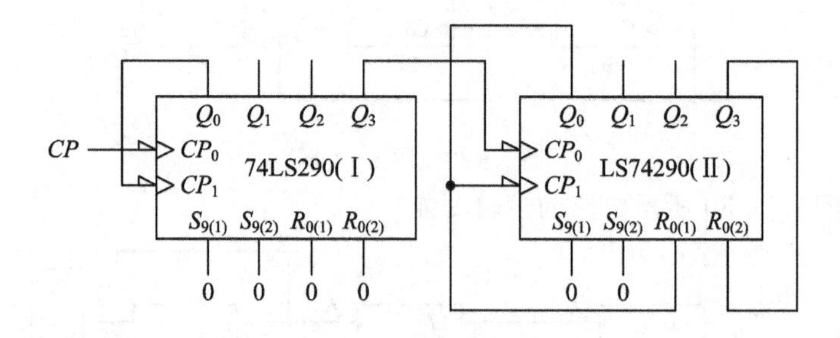


图 5-34　题 5-10 图

5-11　试分析图 5-35 所示的由 74LS161 构成的电路组成几进制计数器。

5-12　试用 74LS290 构成九进制计数器。

5-13　试用 74LS161 构成九进制计数器。

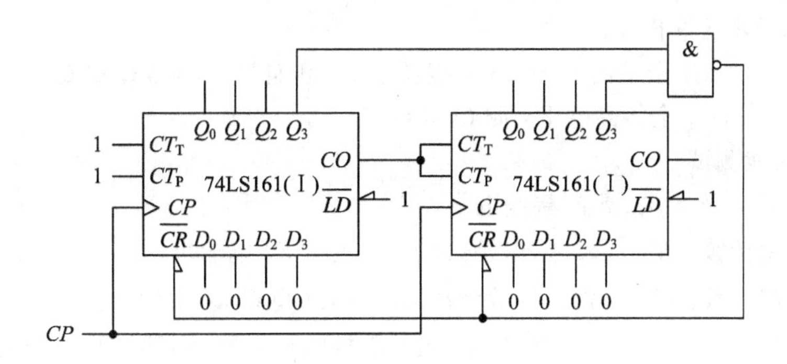


图5-35　题5-11图

5-14　试用74LS290构成86进制计数器。

5-15　试用74LS161构成82进制计数器。

# 技能实训

## 实训一　集成二进制计数器

### 一、技能要求

1. 熟悉集成二进制计数器芯片。
2. 会测试并理解逻辑功能。
3. 熟悉集成二进制计数器的应用。

### 二、实训内容

1. 选用集成二进制同步计数器74LS161一片(外引线图如图5-16所示)。

接好电源和地，进行异步清零操作。将$\bar{R}_D$接低电平，测试计数器输出$Q_3Q_2Q_1Q_0$端。

2. 置数测试：将$\overline{LD}$接低电平，$\bar{R}_D$接高电平，在$D_0D_1D_2D_3$端加入一组数，如0101，加$CP$脉冲，测试计数器输出$Q_3Q_2Q_1Q_0$端。

3. 计数功能测试：设置$\bar{R}_D$和$\overline{LD}=1$，计数控制端$EP$和$ET=1$均接高电平，在$CP$端加脉冲，测试计数器输出$Q_3Q_2Q_1Q_0$端，进位输出端$RCO$，将测试结果画出波形。

4. 用74LS161构成七进制加法计数器。

(1) 采用反馈归零法：按图5-18接电路，测试计数器输出$Q_3Q_2Q_1Q_0$，画出状态图。

(2) 采用反馈置数法：按图5-19接电路，测试计数器输出$Q_3Q_2Q_1Q_0$，画出状态图。

## 实训二　集成十进制计数器

### 一、技能要求

1. 熟悉集成十进制计数器芯片。
2. 会测试并理解逻辑功能。
3. 熟悉集成十进制计数器的使用。

### 二、实训内容

1. 选用二-五-十进制异步计数器74LS290(外引线图见图5-19)。接好电源和地，进行异步清零和异步置 9 操作。

(1) 将 $R_{0(1)}$、$R_{0(2)}$ 全接高电平，$S_{9(1)}$ 接低电平，测计数器输出 $Q_3Q_2Q_1Q_0$。

(2) 将 $S_{9(1)}$、$S_{9(2)}$ 全接高电平，测 $Q_3Q_2Q_1Q_0$。

2. 计数功能测试

将 $R_{0(1)}$、$R_{0(2)}$ 及 $S_{9(1)}$、$S_{9(2)}$ 接地电平。

(1) 二进制计数：在 $\overline{CP_0}$ 输入计数脉冲 $CP$，测试 $Q_0$ 端输出。

(2) 五进制计数：在 $\overline{CP_1}$ 输入计数脉冲 $CP$，测试 $Q_3Q_2Q_1$ 端输出。

(3) 十进制计数：将 $Q_0$ 与 $\overline{CP_1}$ 连接，在 $\overline{CP_0}$ 输入计数脉冲 $CP$，测 $Q_3Q_2Q_1Q_0$ 端输出。若将 $Q_3$ 与 $\overline{CP_0}$ 连接，计数脉冲 $CP$ 由 $\overline{CP_1}$ 输入，再测 $Q_3Q_2Q_1Q_0$ 端输出。

3. 搭接 $N$ 进制计数器，按图 5-31 接电路，测试计数器输出 $Q_3Q_2Q_1Q_0$ 端，画出状态图。判别其为几进制计数器。

## 实训三　集成寄存器

### 一、技能要求

1. 熟悉集成寄存器芯片。
2. 会测试并理解逻辑功能。
3. 熟悉集成寄存器的使用。

### 二、实训内容

1. 选用四位双向移位寄存器 74LS194 一片(外引线图如图 5-23 所示)。接好电源和地，进行异步清零操作。将 $\bar{R}_D$ 端接低电平，测试寄存器输出 $Q_0Q_1Q_2Q_3$。

2. 并行置数。将 $\bar{R}_D$ 及 $S_1S_0=11$ 接高电平时，再并行数据输入端加入数据 $abcd$，加 $CP$ 脉冲，测试寄存器输出 $Q_0Q_1Q_2Q_3$。

3. 移位寄存。

(1) 右移：将 $\bar{R}_D=1$，$S_1S_0=01$，在 $D_{SR}$ 端输入数据。加 $CP$ 脉冲，测试寄存器输出 $Q_0Q_1Q_2Q_3$。

(2) 左移：将 $\bar{R}_D=1$，$S_1S_0=10$，在 $D_{SL}$ 端输入数据。加 $CP$ 脉冲，测试寄存器输出 $Q_0Q_1Q_2Q_3$。

# 第 6 章　半导体存储器与可编程逻辑器件

半导体存储器是用以存储二值数据的数字部件，其具有容量大、存储速度快、体积小、成本低、可靠性高、省电等一系列优点，已成为电子计算机及数字系统中重要的组成部分。

可编程逻辑器件是一种可由使用者按一定规则和要求定义、设计逻辑功能，完成大规模复杂数字系统的集成器件。它集成度高、使用灵活、速度快、系统可靠性强，在产品开发、工业生产及高科技电子产品等方面有着广泛的应用。

半导体存储器与可编程逻辑器件均是大规模集成电路器件，本章将对它们的组成结构、基本原理及特点作介绍。

## 6.1　随机存储器 RAM

半导体存储器可分为易失性存储器和非易失性存储器两大类。所谓易失性和非易失性，是指存储器在断电后所储存数据是否丢失。随机存储器 RAM(Random Access Memory)是一种广泛用于存储数据和程序的易失性半导体存储器，它使用方便，可随时进行数据的读(从 RAM 中调用数据)写(向 RAM 中存储数据)操作，故 RAM 又称为读/写存储器，但一旦断电，RAM 中所存内容立即丢失。

### 6.1.1　RAM 的基本结构

RAM 的基本结构由存储矩阵、地址译码和输入输出控制等三个部分组成。图 6-1 是 RAM 的基本组成结构。

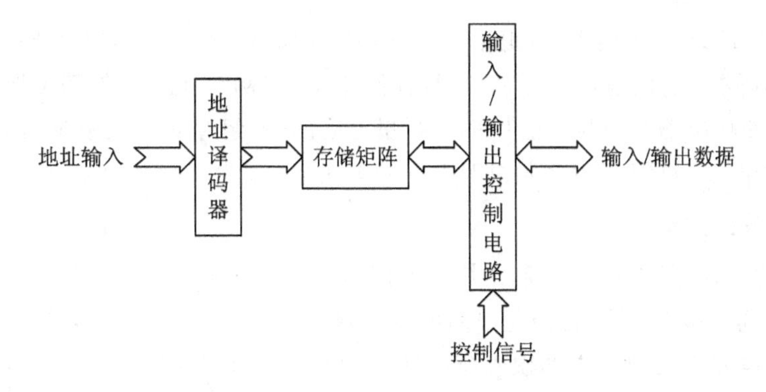


图 6-1　RAM 的基本组成结构

#### 1. 存储矩阵

存储矩阵是由许多存储单元组成的阵列，每个存储单元可存放 1 位二进制数，存储器中所存数据通常以字为单位，1 个字含有若干个存储单元，即含有若干位，其位数也称为字长。存储器的容量通常以字数和字长的乘积表示，如 1024×4 存储器表示有 1024 个字，每个字 4 位，有 4096 个存储单元(容量)，如图 6-2 所示。

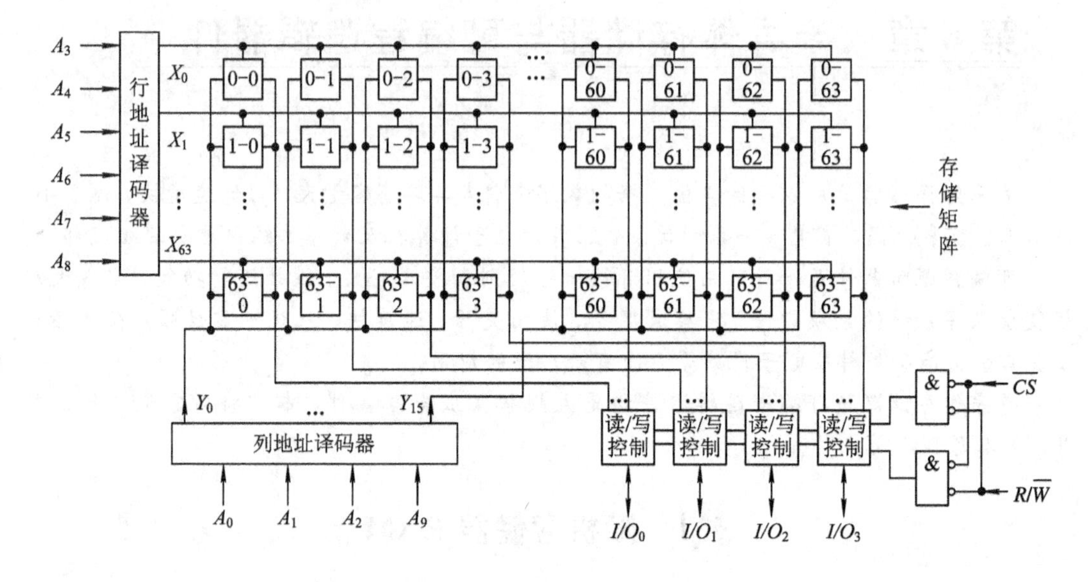


图 6-2　1024×4 RAM 结构图

图中每个小方块代表一个存储单元，4096 个存储单元排列成 64×64 矩阵。

**2. 地址译码器**

地址译码器是将外部给出的地址信号进行译码，找到对应的存储单元。通常根据存储单元所排列的矩阵形式，将地址译码器分成行译码器和列译码器。行地址译码器将输入地址码的若干位译成对应字线上的有效信号，在存储矩阵中选中一行存储单元；列地址译码器将输入地址码的其余几位译成对应输出线上的有效信号，从字线选中的存储单元中再选 1 位或 $n$ 位，使这些被选中单元电路和读/写控制电路接通，再由读/写控制电路决定对这些单元进行读/写操作。

图 6-2 中 1024 个字用 10 位地址码寻址，每次找出一个字。其中 $A_3 \sim A_8$ 六位地址码加到行地址译码器，它的输出信号从 64 行存储单元中选中一行。另外四位地址码加到列地址译码器，它的输出信号再从已选中的一行里分立的 16 组存储单元中挑出可进行读/写操作的 1 组存储单元，每组存储单元由四个存储单元组成。

**3. 输入/输出控制**

输入/输出控制也称读/写控制，是数据读取和写入的指令控制，它和输入/输出缓冲器完成数据的读写操作。读/写控制电路的读/写控制信号 $R/\overline{W}=1$ 时，执行读出操作，将被选中的存储单元里的数据送到输入/输出($I/O$)端上。当 $R/\overline{W}=0$ 时，执行写入操作，将 $I/O$ 端上的数据写入被选中的存储单元中。$\overline{CS}$为片选信号端，当$\overline{CS}=0$ 时，选中本片电路正常工作；当$\overline{CS}=1$ 时，电路 $I/O$ 端呈高阻态，不能进行读/写操作。

### 6.1.2　RAM 的存储单元

RAM 的存储单元结构有双极型、NMOS 型和 CMOS 型。双极型速度快，但功耗大，集成度不高。大容量的 RAM 一般都采用 MOS 型。MOS 型 RAM 的基本存储单元有静态 RAM(SRAM)和动态 RAM(DRAM)两种。

**1. 静态 RAM(SRAM)**

图 6-3 为由 MOS 管触发器组成的存储单元图。其中 MOS 管为 NMOS，$V_1$、$V_2$，$V_3$、$V_4$ 组成的两个反相器交叉耦合构成基本 RS 触发器作基本存储单元，$V_5$、$V_6$ 为门控管，由行译码器输出字线 $X$ 控制其导通或截止；$V_7$、$V_8$ 为门控管，由列译码器输出 $Y$ 控制其导通或截止，也是数据存入或读出的控制通路。

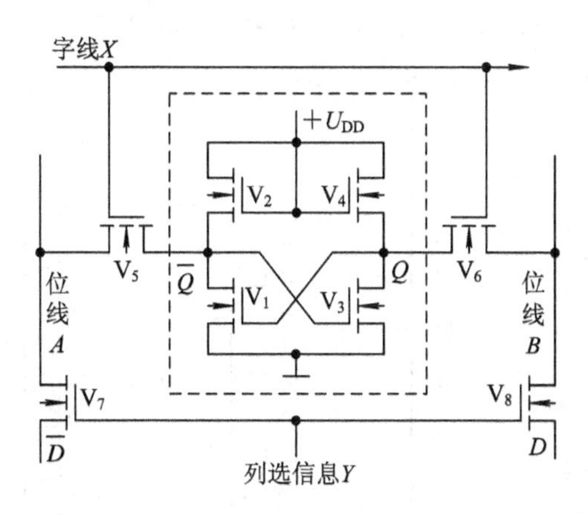


图 6-3　NMOS 静态存储单元

读写操作时，$X=1$，$Y=1$；$V_5$、$V_6$、$V_7$、$V_8$ 均导通，触发器的状态与位线上的数据一致。

当 $X=0$ 时，$V_5$、$V_6$ 截止，触发器的输出端与位线断开，保持状态不变。

当 $Y=0$ 时，$V_7$、$V_8$ 截止，不进行读/写操作。

SRAM 一般用于小于 64 KB 数据存储器的小系统或作为大系统中高速缓冲存储器，有时还用于需要用电池作为后备电源进行数据保护的系统中。

**2. 动态 RAM(DRAM)**

图 6-4 所示是用一只 NMOS 管组成的动态 RAM 基本存储单元，MOS 电容 $C_s$ 用于存储二进制信息，数据 1 和 0 是以电容上有无电荷来区分的，NMOS 管 V 是读写控制门，以控制信息的进出。字线控制该单元的读写；位线控制数据的输入或输出。

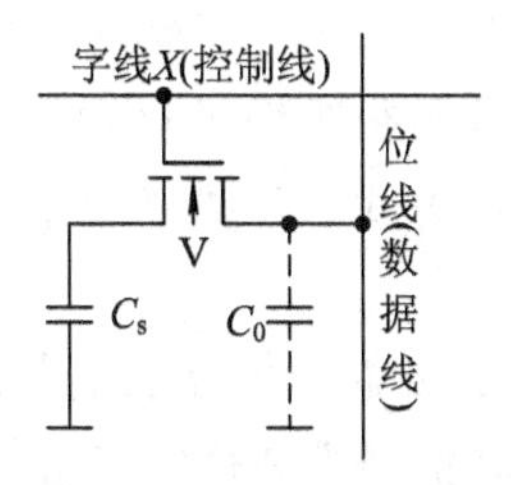


图 6-4　单管动态存储单元

读写操作时，字线 $X=1$，使 MOS 电容 $C_s$ 与位线相连。写入时，数据从位线存入 $C_s$ 中；写 1 充电、写 0 放电。读出时，数据从 $C_s$ 中传至位线。

DRAM利用MOS存储单元分布电容上的电荷来存储一个数据位。由于电容电荷会泄漏，为了保持信息不丢失，DRAM需要不断周期性地进行刷新。DRAM存储单元所用MOS管少，因此DRAM集成度高，功耗低。一般情况下，DRAM常用于大于64 KB的大系统。

## 6.1.3 集成RAM简介

### 1. 集成静态存储器2114

2114静态RAM是一个通用的MOS集成静态存储器，它的存储单元由六管静态存储单元组成，有4096个(1024×4)，其结构图如6-2所示。图6-5是其逻辑符号及外引线图。

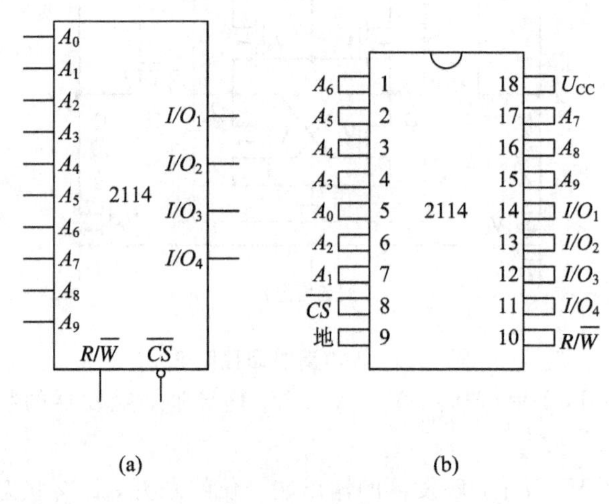


图6-5　集成静态存储器2114

(a) 逻辑符号；(b) 外引线图

2114 RAM有10根地址线，可访问1024($2^{10}$)个字。它有常见的片选($\overline{CS}$)和读写允许($R/\overline{W}$)控制输入端，当RAM处于写模式时，$\overline{CS}$为低电平、$R/\overline{W}$为低电平，这时$I/O_1$、$I/O_2$、$I/O_3$和$I/O_4$为输入数据信号；当RAM处于读模式时，$\overline{CS}$为低电平、$R/\overline{W}$为高电平，$I/O_1$、$I/O_2$、$I/O_3$和$I/O_4$为输出数据信号。2114 RAM电源电压为+5 V，采用NMOS技术，三态输出，时间是50～450 ns。

### 2. 存储容量的扩展

在数字系统中，靠一片存储芯片是很难满足存储要求的，必须将若干片存储器芯片连接起来达到扩展容量的目的，扩展的方式有位扩展和字扩展。

1) 位数的扩展

当存储器的实际字长已超过RAM芯片的字长时，需要对RAM进行位扩展，可利用并联方式实现。用两片2114RAM来扩展为8位字长存储器，就是在大多数微机中所说的1 K存储器，或者叫做1024字节(每个字节长8位)，将RAM的地址线、读/出线和片选信号线对应地并接在一起，而各个芯片的输入/输出($I/O$)作为字的各个位线，如图6-6所示。

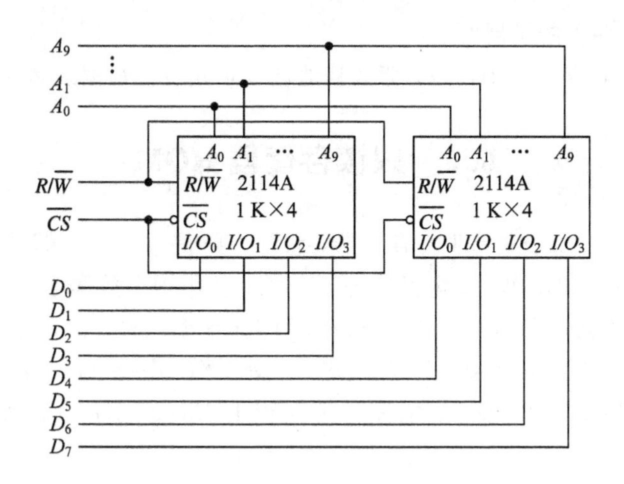


图 6-6　2114RAM 位扩展

2）字数的扩展

字数的扩展可以通过外加译码器控制芯片的片选输入端来实现。如图 6-7 所示，用 3-8 线译码器将八个 1K×4 的 RAM 芯片扩展成 8K×4 的存储器。

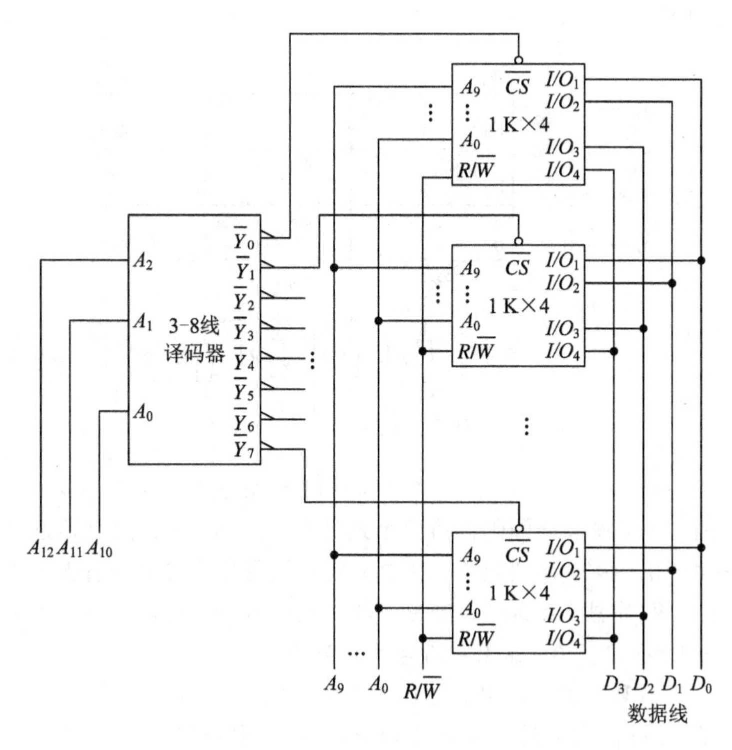


图 6-7　2114RAM 字扩展

## 思考题

1. 存储器的容量是如何标注的，说明“字”、“位”的含义。
2. 什么是 RAM，它由几部分组成，各有什么作用？
3. 静态存储器和动态存储器有何不同？

4. 如何进行存储器的扩展？

5. 若某存储器的容量是 2K×4，那么其地址线是几位？数据线是几位？

# 6.2　只读存储器 ROM

只读存储器 ROM 属于非易失性存储器，它预先将信息写入存储器中，在操作时只能读出，不能写入。它结构简单，断电后信息不丢失，常用于存放固定的资料及程序。ROM 器件按制造工艺的不同可分为二极管、双极型和 MOS 型三种；按存储内容存入方式的不同可分为固定 ROM 和可编程 ROM。可编程 ROM 又分为一次可编程 ROM(PROM)、紫外线擦除可编程 ROM(EPROM)、电擦除可编程 ROM($E^2$ROM)和快闪存 ROM(Flash Memory)。

## 6.2.1　固定 ROM

固定 ROM 所存储的信息是由生产厂在制造芯片时，采用掩膜工艺固化在芯片中，使用者只能读取数据而不能改变芯片中数据内容。它又称为掩膜 ROM。图 6-8 所示为二极管掩膜 ROM 结构图。

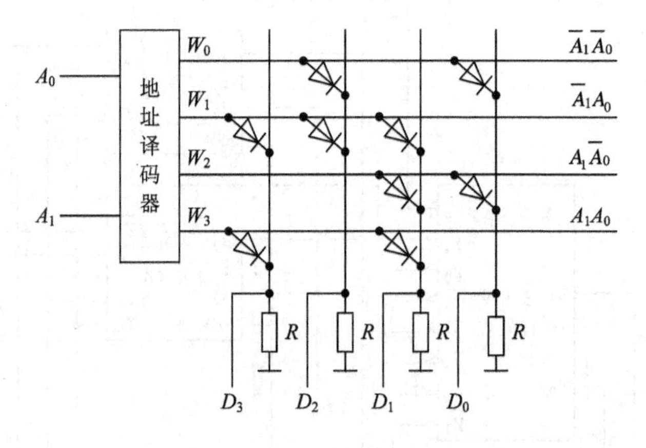


图 6-8　二极管掩膜 ROM 结构图

图中采用一个 2-4 线地址译码器将两个地址码 $A_0$、$A_1$ 译成四个地址 $W_0$～$W_3$。存储单元是由二极管组成的 4×4 存储矩阵，其中 1 或 0 代码是用二极管有无来设置的。即当译码器输出所对应的 $W$(字线)为高时，在线上的二极管导通，将相应的 $D$(位线)与 $W$ 相连使 $D$ 为 1，无二极管的 $D$ 为 0，如图中所存的信息为

$$W_0：0101；W_1：1110；W_2：0011；W_3：1010$$

掩膜 ROM 除二极管掩膜外，还有 TTLROM 和 MOSROM 等，它们虽然工艺不同，但原理相似，在此不详细介绍。

## 6.2.2　可编程 ROM

掩膜 ROM 中的程序是由厂商运用照相掩膜技术使硅膜感光而设计的。它的开发时间比较长，并且费用较高。在实际应用中，用户常需要自己编程写入数据，由此而产生了可编程 ROM，这极大地缩短了开发时间且费用较低，改正程序错误和更新产品也容易得多。

**1. 一次性编程 ROM(PROM)**

可编程 ROM 的基本原理如图 6-9 所示，这是一个简单的 16 位 PROM(4×4)，它与前面一节中所讨论的二极管掩膜 ROM 相似。从图 6-9(a)中可以看到，每一个存储单元有一个二极管和一个有效的熔断器，即每一个存储单元包含一个逻辑 1，这是 PROM 在写入程序前的状态。

图 6-9(b)中所示的是一个已经写入了数据的 PROM，为了对 PROM 写入程序或烧结程序，图中所示的细熔丝必须被烧断。在这种情况下，烧断的熔丝和二极管不连接，就意味着一个逻辑 0 被永久地存储在存储单元中。烧断熔丝是通过加大电流完成的，熔丝一旦被烧断，将不可能再恢复，所以，PROM 存储单元中的程序不能被重写，只能是一次性编程芯片，即当用个人开发器对 PROM 进行写入程序(或烧结程序)时，普通的 PROM 只能写一次程序。

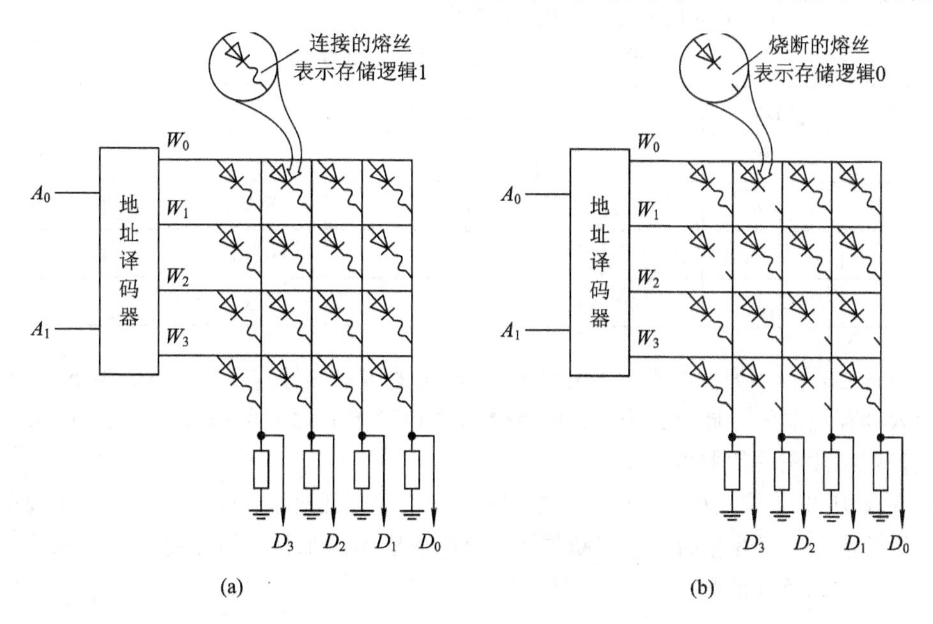


图 6-9　可编程 ROM(PROM)
(a) 编程前；(b) 编程后

**2. 电可擦除 ROM(EEPROM，Electrically Erasable PROM)**

EEPROM 是电可擦除 PROM，也称做 $E^2$PROM，EEPROM 可以用电的形式擦除，当把它放在电路板上时，能对其进行擦除或重新写入程序，这对于 PROM 是不可能的。另外，还可以对 EEPROM 芯片上的部分程序代码进行重写，一次 1 个字节。EEPROM 的存储单元有两种结构，一种为双层栅介质 MOS 管，另一种为浮栅隧道氧化层 MOS 管。其擦写次数可达 1 万次以上。

**3. 快速闪存 EPROM (Flash Memory)**

闪存 EPROM 与 EEPROM 非常相似，因为它也可以在电路板上被重写程序。但是闪存 EPROM 与 EEPROM 的不同在于，闪存 EPROM 是整个芯片被擦除和重写程序。相对于 EEPROM，闪存 EPROM 的优点是：它有一个较简单的存储单元，因此在单个芯片上能够存储更多的位。另外，闪存 EPROM 被擦除和重写程序的速度远大于 EEPROM。

例如 FLASH 串口存储器 AT25FS040，它是 A TMEL 公司生产的系列 FLASH 存储器之一。在一片 SOIC 封装的八脚芯片中，有 4 Mb 存储单元，组成 512 K ×8 的结构。整个存储区划分为八个 64 K 字节的存储块，每一个块又划分为 16 个 4 K 字节的扇区。数据写入时，一次可以写入一个字节或一个 256 字节的页面。读取数据时，可以一次读一个字节，也可以连续读相邻单元的数据。数据擦除时，可以分别擦除一个扇区、一个数据块或者整个存储器。芯片可以反复擦写 10 000 次。AT25FS040 的 $I/O$ 接口采用了四线的 SPI 接口，SPI 时钟频率最高可达到 50 MHz。该芯片采用低压供电，电源电压 2.7～3.6 V。芯片还设计了完善的软硬件写保护功能和串口等待功能。

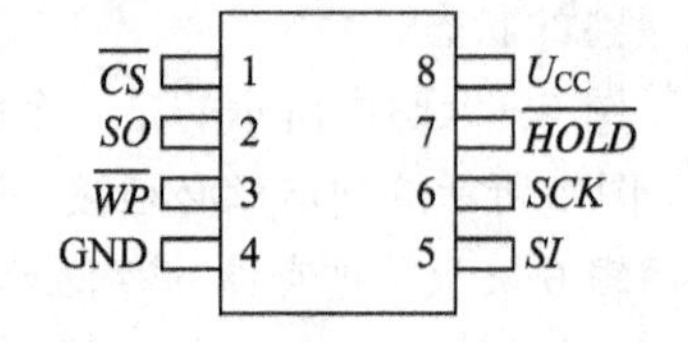

图 6-10　AT25FS040 外引线图

AT25FS040 的外引线图和引脚功能如图 6-10 和表 6-1。

**表 6-1　AT25FS040 引脚功能**

| 序号 | 引脚 | 功能 | 序号 | 引脚 | 功能 |
|---|---|---|---|---|---|
| 1 | $\overline{CS}$ | 片选 | 5 | $SI$ | 串行数据输入 |
| 2 | $SO$ | 串行数据输出 | 6 | $SCK$ | 串口时钟 |
| 3 | $\overline{WP}$ | 写保护 | 7 | $\overline{HOLD}$ | 串口等待 |
| 4 | GND | 接地 | 8 | $U_{CC}$ | 电源 |

简而言之，在$\overline{CS}$为低电平时，按引脚 $SCK$ 上的串口时钟的节率，将引脚 $SI$ 上对应的数据写入到存储器的存储单元内，或将存储器中存储单元内的数据读出到引脚 $SO$ 上。应用时应仔细阅读相关的器件手册。

闪存自 1988 年推出以来，以其高集成度、大容量、低成本、种类全和使用方便等特点得到广泛的应用。随着存储容量不断加大，工作速度不断加快，闪存将会逐渐取代磁盘等存储器在计算机及其他数字领域广泛应用。

### 6.2.3　集成 EPROM

EPROM 2732 是 27××系列，有许多厂家生产。表 6-2 是其系列组成。

**表 6-2　27××系列组成**

| EPROM27×× | 组　　成 | 存储位数 |
|---|---|---|
| 2708 | 1024×8 | 8192 |
| 2716 | 2048×8 | 16384 |
| 2732 | 4096×8 | 32768 |
| 2764 | 8192×8 | 65536 |
| 27128 | 16384×8 | 131072 |
| 27256 | 32768×8 | 262144 |
| 27512 | 65536×8 | 524288 |

从表中看出，27××系列所有模块的输出均为八位字长。图 6-11 所示的是 27××系列中的一个品种 2732A 的方框图及外引线图。

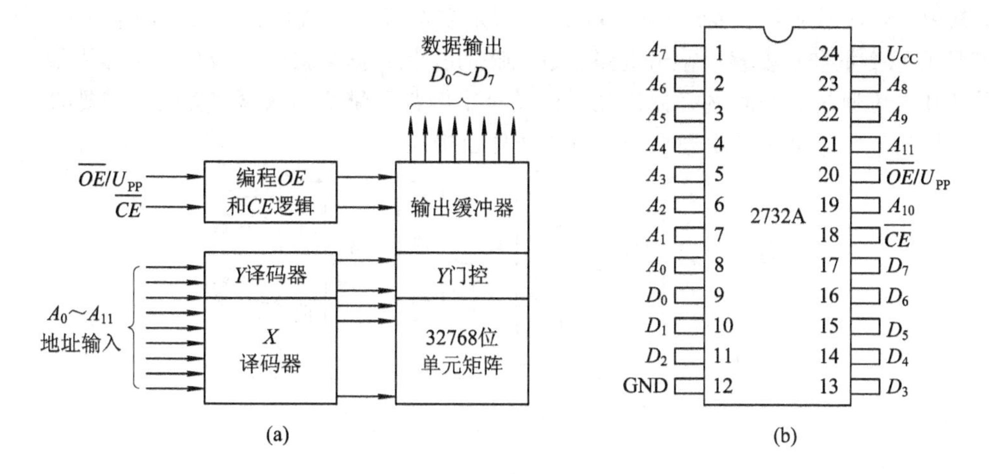


图 6-11　EPROM 2732A

(a) 方框图；(b) 外引线图

2732A EPROM 有 12 根地址引脚($A_0 \sim A_{11}$)在存储器中可编址 4096($2^{12}$)个字。2732A EPROM 的电源电压为 5 V，用紫外(UV)光可对其进行擦除。芯片允许输入$\overline{CE}$，低电平有效。

$\overline{OE}/U_{pp}$为读/写控制端，是输出允许引脚。在一般的应用中，EPROM 处于被读取的状态。在存储器读取过程中，用低电平激活输出允许引脚$\overline{OE}/U_{pp}$，激活 3 态输出缓冲器来驱动计算机系统的数据总线。当 2732A EPROM 被擦除时，所有存储单元返回到逻辑 1，通过改变已选择存储单元为 0，可以输入数据。当$\overline{OE}/U_{PP}$输入为高电平(21 V)时，2732A 处于编程模式(往 EPROM 写入程序)；在编程(写入)的过程中，输入的数据在数据输出引脚 $D_0 \sim D_7$ 加入。

## 思考题

1. 什么是 ROM？ROM 有哪些种类？
2. 比较各种 ROM 都有什么特点。

# 6.3　可编程逻辑器件 PLD

## 6.3.1　PLD 简介

可编程逻辑器件(PLD，Programmable Logic Device)是在 20 世纪 70 年代发展起来的一种大规模集成器件，随着集成电路技术和计算机技术的不断发展，可编程逻辑器件日渐成熟并在现代电子系统中起着重要的作用。

**1. PLD 的基本结构**

我们知道，任何一组合逻辑函数均有其与或表达式，可用与门和或门来搭接电路，实现其逻辑功能。这是我们在组合逻辑电路中讨论的问题。与之相似，PLD 作为专用集成逻辑器件，其基本结构是由与逻辑阵列和或逻辑阵列组成的。图 6－12 是 PLD 的基本结构框图。其中，与阵列是多个多输入与门，或阵列是多个多输入或门，输入缓冲电路可产生输入变量的原变量和反变量，输出电路通过三态门控制数据直接输出或反馈到输入端。在实际使用中，可通过编程来选择使用几个门及每个门都用哪些输入端，实现所需要的逻辑功能。这相当于用门电路实现逻辑功能时的选件及接线。

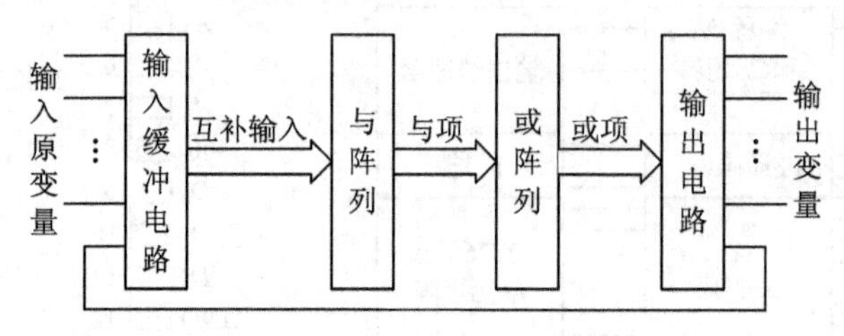


图 6－12　PLD 的基本结构框图

**2. PLD 的表示方法**

PLD 阵列庞大，其表示有自己独特的方法，使芯片内部配置和逻辑图之间建立对应关系。

1) 连接方式

PLD 的门阵列交叉点的连接方式分为固定连接单元、可编程连接单元和断开连接单元。如图 6－13 所示。

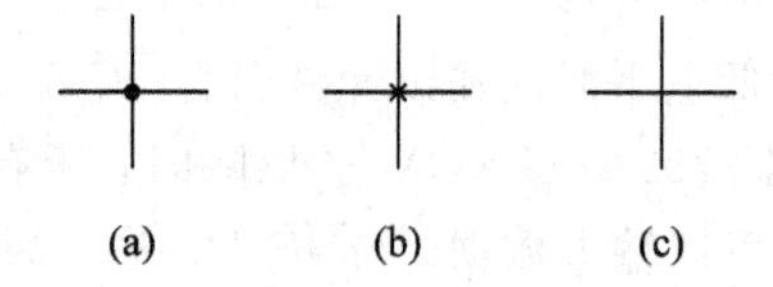


图 6－13　PLD 交叉点的连接方式

(a) 固定连接单元；(b) 可编程连接单元；(c) 断开连接单元

2) 逻辑门表示方式

PLD 中逻辑门表示如图 6－14 所示，(a)图是 PLD 与门表示方法(非国际标准的普通符号)，其逻辑关系：$Y_1=ABC$；(b)图是 PLD 或门表示方法，其逻辑关系：$Y_2=A+B+C$；(c)图是能产生互补输出的缓冲器，(d)图是具有三态输出的缓冲器。

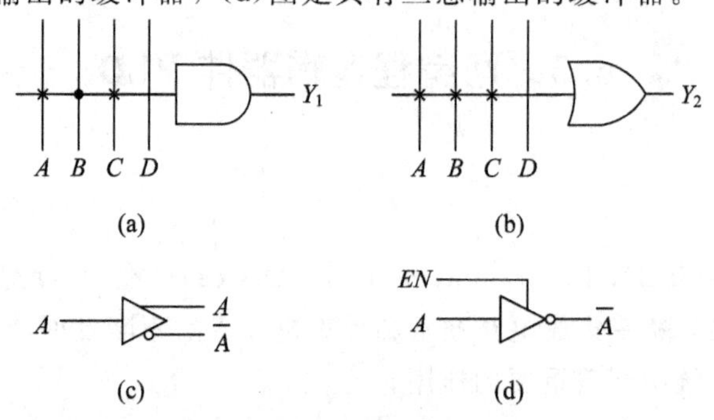


图 6－14　PLD 逻辑门表示方式

(a) 与门；(b) 或门；(c) 互补输出缓冲器；(d) 三态输出缓冲器

3）PLD 电路表示法

PLD 编程后的电路表示法如图 6 - 15 所示。图中的与阵列是通过编程完成的，或阵列是固定的。它完成的逻辑功能为

$$Y_1 = AB + \overline{A}\,\overline{B}$$
$$Y_2 = \overline{A}B + A\overline{B}$$

它们分别是同或门和异或门。

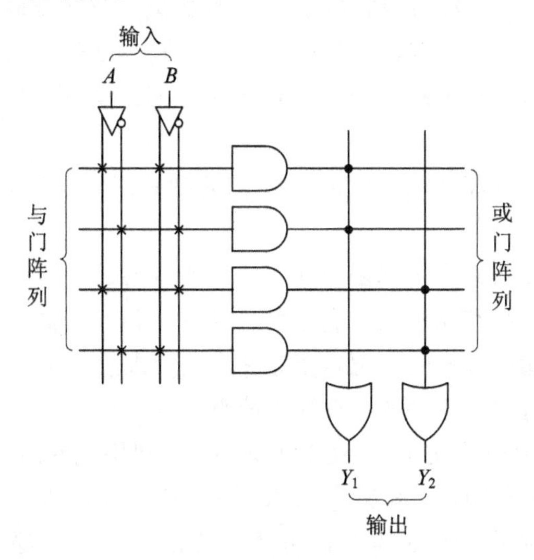


图 6 - 15　PLD 阵列图

4）PROM 的 PLD 表示法

前面介绍的 PROM 除了存储数据外，还是一个简单的 PLD，它的地址译码器输出是输入地址码的最小项，完成了与逻辑的功能，只是它是固定输出，不可编程。而每一位数据的输出则是将地址译码器输出的最小项相或，而它又是可编程的，通过该地址中是否有 1，决定是否有该地址对应的最小项。如图 6 - 9 表示的 PROM 在编程前后的 PLD 表示法如图 6 - 16 所示。

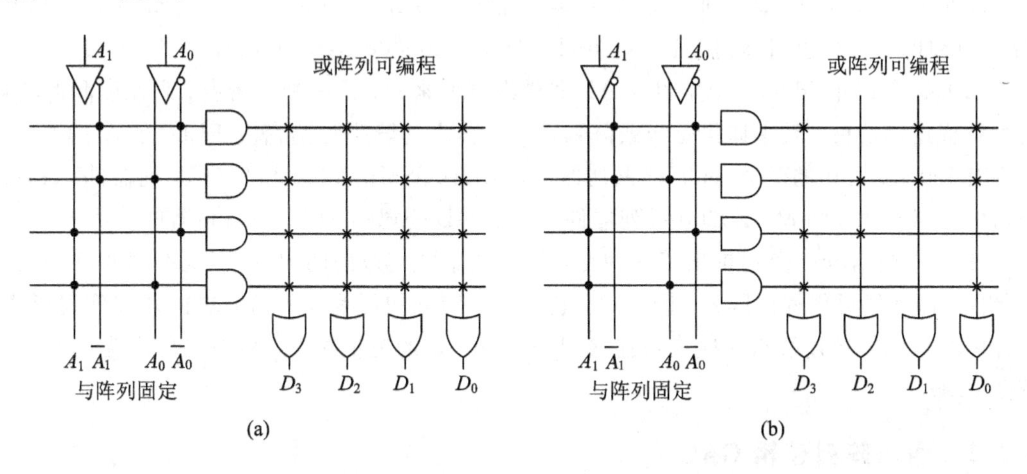


图 6 - 16　PROM 的 PLD 阵列图

（a）编程前；（b）编程后

**3. PLD 的分类**

可编程逻辑器件自产生到现在，已出现很多种类型。其各种类型的结构、性能及命名均据不同厂商所提供的器件而不同，通常将 PLD 按其集成度分为低密度和高密度可编程逻辑器件。

1）低密度 PLD

低密度 PLD 主要是与、或阵列结构，按各阵列的编程方式及输出电路方式可划分成可编程只读存储器(PROM)、可编程逻辑阵列(PLA，Programmable Logic Array)、可编程阵列逻辑(PAL，Programmable Array Logic)和通用阵列逻辑(GAL，Generic Array Logic)四类。

PROM 是最早期也是最简单的 PLD，它的与阵列是产生全部最小项的全译码器，不可编程，或阵列可编程。

在实际使用中，大多数组合逻辑函数并不需要所有的最小项，PLA 改进成与阵列和或阵列均可编程，这样可提高存储单元的利用率。PLA 利用率较高，但需要化简逻辑函数后再进行编程，这对于多输入和多输出逻辑函数来说，处理上更加困难。此外，PLA 的与阵列和或阵列均可编程，这将使器件的运算速度降低。

PAL 是继 PLA 后在 20 世纪 70 年代末由 AMD 公司率先推出的一种可编程逻辑器件，它的与阵列可编程，或阵列固定，避免了 PLA 的一些问题，改进了 PLD 的性能。为了实现时序逻辑功能，PAL 在输出端加了寄存器单元。但由于 PAL 的输出结构单一，使得它在使用中应变能力差，同时 PAL 采用熔丝结构，一次编程，使用不便。

在 20 世纪 80 年代初期由 Lattice 公司推出了一种低密度可编程逻辑器件 GAL。它在 PAL 的基础上对输出结构作了改进，增加了输出逻辑宏单元。另外，采用了 EEPROM 工艺，实现了电可擦除重复编程。GAL 的绝大多数主流产品与阵列可编程，或阵列固定，个别型号或阵列也可编程。

2）高密度 PLD

高密度 PLD 的典型品种是复杂可编程器件(CPLD，Complex Programmable Logic Device)和现场可编程门阵列(FPGA，Field Programmable Gate Array)。

CPLD 是 20 世纪 90 年代初由 GAL 器件发展而来的，是一种高密度、高速度和低功耗的可编程逻辑器件。其主体仍是与或阵列，因而称之为阵列型高密度 PLD。典型的 CPLD 器件有 Lattice 公司的 PLS/ispLSI 系列器件、Xilinx 公司的 7000 和 9000 系列器件、Altera 公司的 MAX7000 和 MAX9000 系列器件以及 AMD 公司的 MACH 系列器件。

1985 年由 Xilinx 公司推出了一种在电路结构形式与以前的 PLD 完全不同的可编程逻辑器件，即现场可编程门阵列(FPGA)。它由若干独立的可编程逻辑模块排列成阵列形式，通过可编程的内部连线将这些模块连接起来实现一定的逻辑功能，因而也称之为单元型高密度 PLD。

## 6.3.2　通用阵列逻辑 GAL

可编程通用阵列逻辑器件 GAL 具有与或阵列结构，采用电可擦除 CMOS($E^2$CMOS)工艺，具有低功耗、电擦除反复编程、速度快等特点，另外在输出部分采用了逻辑宏单元

(OLMC，Output Logic Macro Cell)结构。通过编程可使输出处在不同工作状态，增加了器件的通用性。

**1. GAL 的基本结构**

GAL 器件的型号不多，常见的 GAL 器件型号如 16V8 和 20V8，其基本电路结构大致相同，只是器件引脚数和规模不同，它们都具有可编程的与阵列和固定的或阵列。另还有一类 GAL，其与阵列和或阵列均可编程，如 GAL39VS。现以 GAL16V8 为例进行介绍，其结构图如图 6－17(a)所示，图 6－17(b)是芯片的外引线图。

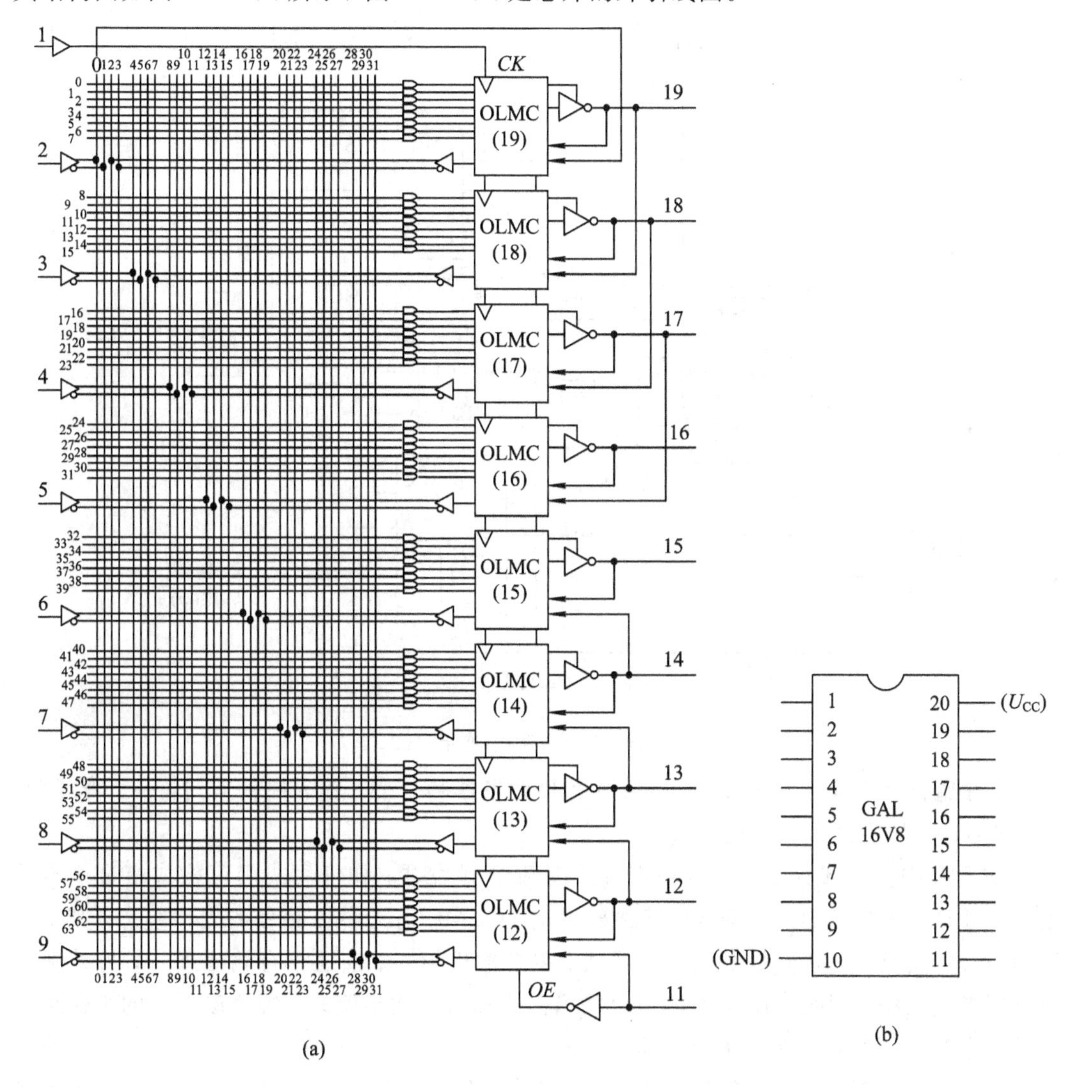


图 6－17　GAL 16V8
(a) 结构图；(b) 外引线图

由图 6－17(a)可以看到，GAL16V8 由一个 32×64 位的可编程与阵列、8 个 OLMC、10 个输入缓冲器、8 个三态输出缓冲器和 8 个反馈/输入缓冲器等组成。引脚 2～9 是输入端，引脚 12～19 由三态门控制，既可以作为输出端又可以作为输入端，是一种 $I/O$ 引出结构。所以最多有 16 个输入、8 个输出，16V8 因此得来。引脚 1 不加入与阵列，是专门用作时钟输入的端子。而引脚 11 则是输出的使能输入端。

GAL 器件没有独立的或阵列结构，而是将各个或门放在各自的“输出逻辑宏单元”(OLMC)中。

**2. 输出逻辑宏单元(OLMC)的结构**

GAL 16V8 器件共有 8 个输出逻辑宏单元(OLMC, Output Logic Macro Cell)，每一个 OLMC 对应一个 $I/O$ 引脚。引脚 $n$ 对应的输出逻辑宏单元 OLMC($n$)的内部结构如图 6-18 虚线框中所示。

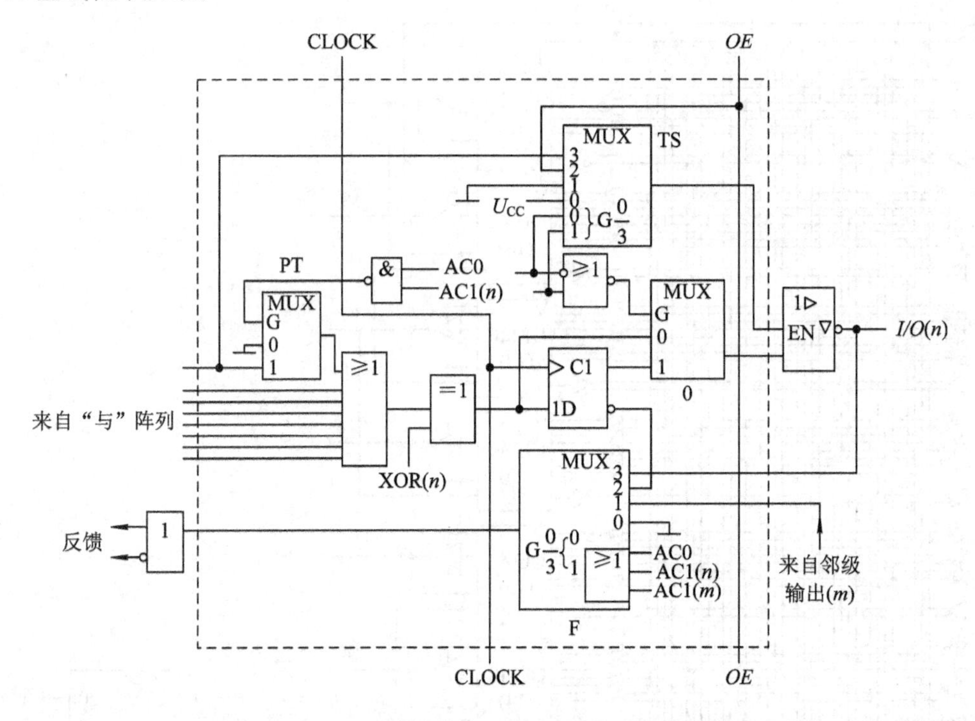


图 6-18　输出逻辑宏单元 OLMC

一个输出逻辑宏单元 OLMC 包括一个 D 触发器和一个 8 输入端的或门，一个异或门，4 个多路选择器和两个辅助门。

OLMC 中核心部分是一个 8 输入端或门和 D 触发器，如仅用或门可构成组合逻辑输出，如与 D 触发器组合，可构成时序逻辑输出。OLMC 有五种可编程的工作组态，其中三种为组合电路类型，它们是专用输入模式、组合输出模式、选通组合输出模式，另外两种为时序电路类型，即时序电路中的组合输出模式和时序输出模式。每个宏单元的工作组态通过预置一个叫结构控制字的 SYN、AC0、AC1($n$)、AC1($m$)和 XOR($n$)等信号去控制 OLMC 中的一个异或门，4 个多路选择器和两个辅助门选择实现。OLMC 的所有输出工作模式的选择和确定均是由计算机根据 GAL 的逻辑设计文件的逻辑关系自动形成的。

## 6.3.3　复杂可编程逻辑器件 CPLD

**1. CPLD 的结构**

随着 PLD 集成规模的增大，其输入端($I/O$ 端)和内部触发器的数目也相应增大。如果仍然像 GAL 那样只有一个总的与阵列，则其与阵列的规模必然急剧增加。这在实际使用中往往因利用率不高而造成硅片浪费；另一方面，路径很长将使电路的传输延迟增加，从而限制了电路的使用频率。所以，CPLD 采用了分区结构，一个分区称为一个逻辑单元块。CPLD 即将整个芯片分成多个逻辑单元块，每个逻辑单元块有自己的与阵列及 $I/O$ 端和输入端，相当于一个 GAL。这些逻辑单元块可通过编程将其相互连接，实现更大的逻辑功能。当然，CPLD 并不是简单的将多个 GAL 合并而成，它的结构还有如下特点：

1）宏单元功能强大

CPLD 的输出逻辑宏单元的功能比 GAL 要强大得多，许多优点都反映在其宏单元上，主要特点是：多触发器结构、各触发器的时钟可以异步工作、触发器可以异步清零和异步预置、$I/O$ 端可重复使用、或门间的与项可以共享。

2）$I/O$ 独立单元

CPLD 为增加其灵活性通常只有少数几个专用输入端(作时钟输入等)，大部分端口皆是 $I/O$ 端。而系统输入信号有时需要锁存，故而 CPLD 的 $I/O$ 口常常独立作为一个独立单元处理。

3）高密度

随着集成工艺的发展，CPLD 的集成规模越来越大，主要体现在：集成度高，10000 门/片的 CPLD 已不鲜见；输入、输出端多，$I/O$ 端数最高可达 256；内含的触发器多达 772 只，如此巨大的规模，完全有可能将一个数字系统装在一片 CPLD 中，从而使制成的设备体积小、重量轻、成本低、生产过程简单、维修方便。

**2. ispLSI 1016 简介**

ispLSI 1016 是美国 Lattice 公司生产的 CPLD1000 系列之一，ispLSI 1000 为基本系列，适用于高速编码、总线管理、LAN 和 DMA 控制等。

ispLSI 1016 是电可擦 CMOS($E^2$CMOS)器件，其芯片有 44 个引脚，其中 32 个是 $I/O$ 引脚，4 个是专用输入引脚，集成密度为 2000 等效门，每片含 64 个触发器和 32 个锁存器，Pin - to - Pin 延迟为 10 ns，系统工作频率可达 110 MHz。

isp(In-System Programmability)的含义是在系统可编程，是指通过计算机的并口和专用编程电缆对焊接在电路板上的 isp 器件进行编程，不需要专用的编程器。

图 6 - 19 是 ispLSI 1016 的功能框图和外引线图(PLCC 封装)。该器件结构分为五部分，现分述如下：

1）全局布线区(GRP，Global Routing Pool)

在 ispLSI 1016 的芯片中央，有一个全局布线区 GRP，它由众多的可编程 $E^2$CMOS 单元组成，其任务是将所有片内逻辑联系在一起，供设计者实现各种复杂的设计使用。

2）万能逻辑块(GLB，Generic Logic Block)

GLB 是图 6 - 19 中 GRP 两边的小方块，每边 8 块，共 16 块。分别标记为 $A_0 \sim A_7$、$B_0 \sim B_7$。图 6 - 20 是 GLB 的结构图，它由与阵列、乘积项共享阵列、4 输出逻辑宏单元和控制逻辑组成。

1016 的与阵列有 18 个输入端，其中 16 个来自全局布线区，两个由 $I/O$ 单元直通输入，如图 6 - 21 所示，每个 GLB 有 20 个与门，形成 20 个乘积项(PT)，再通过 4 个或门输出。

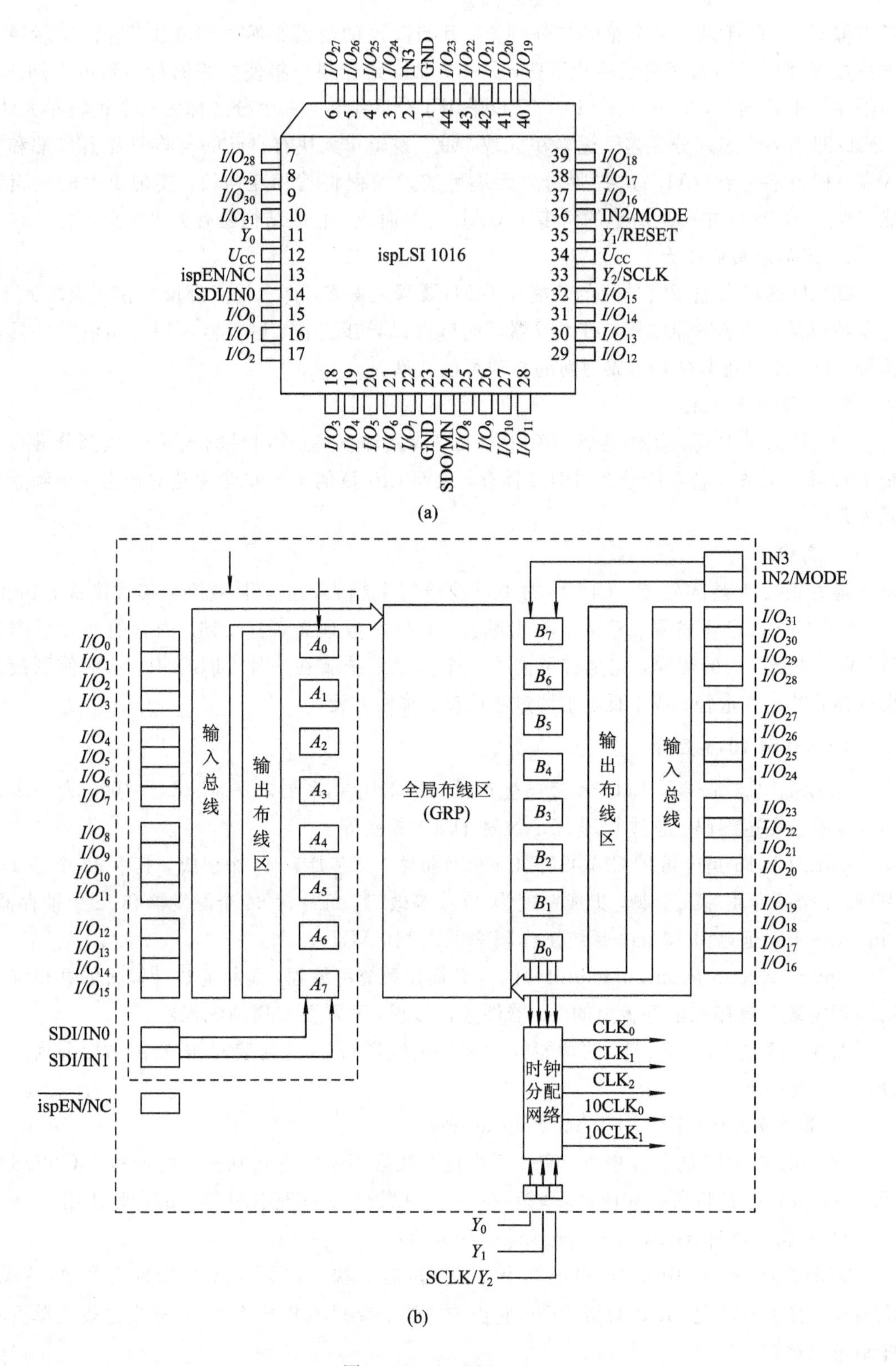


图 6-19　ispLSI 1016
(a) 外引线图；(b) 组成框图

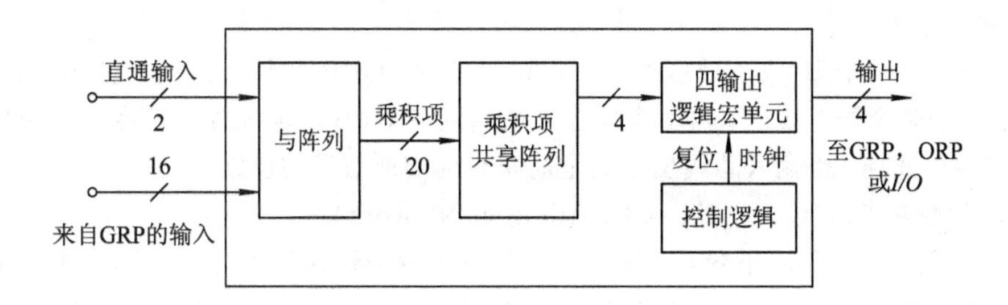


图6-20　GLB结构图

四输出宏单元中有四个触发器，每个触发器与其他可组态电路间的连接类似GAL的OLMC，它可被组态为组合输出或寄存器输出，组合电路可有“与或”及“异或”两种方式，触发器也可组态为D、T或JK等形式。

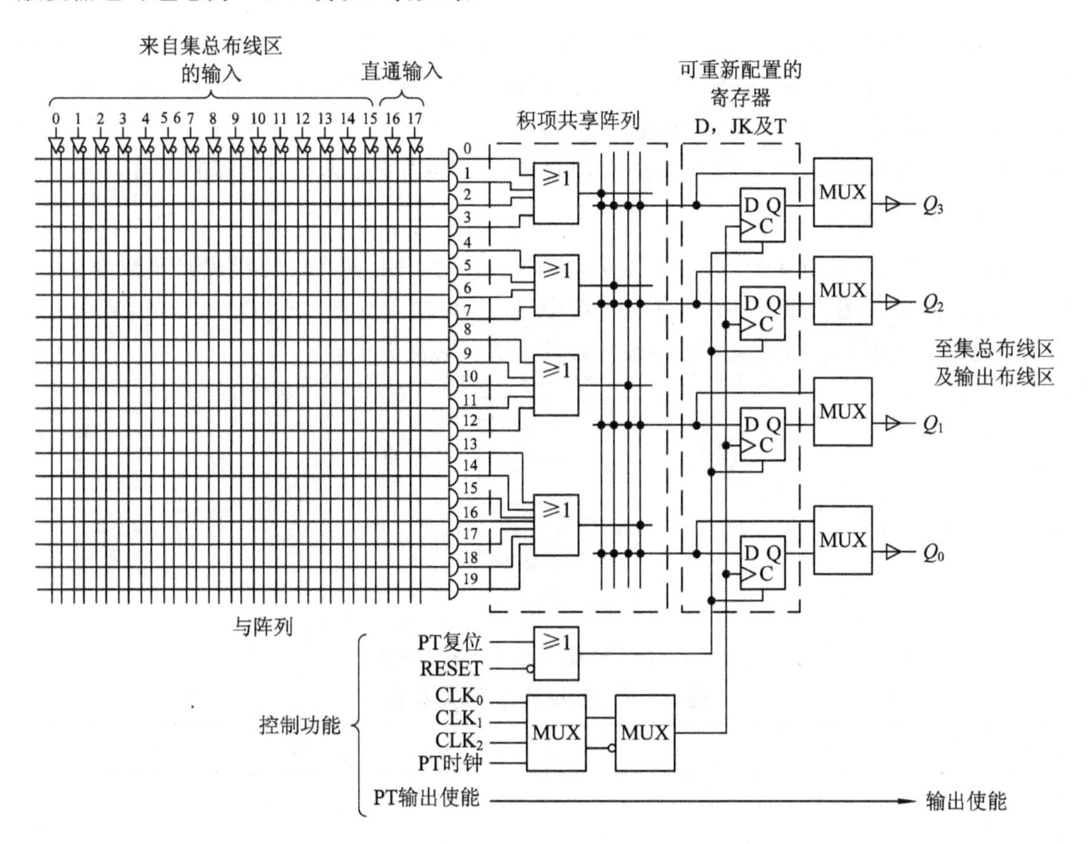


图6-21　GLB结构

3）输入输出单元(IOC，Input Output Cell)

输入输出单元是图6-19中最外层的以四个为一组的小方块，共有32个。该单元有输入、输出和双向$I/O$三类组态，靠控制输出三态缓冲电路使能端的MUX来选择。

4）输出布线区(ORP，OutPut Routing Pool)

输出布线区是介于GLB和IOC之间的可编程互连阵列，阵列的输入是8个GLB的32个输出端，阵列有16个输出端，分别与该侧的16个IOC相连。通过对ORP的编程，可以将任一个GLB输出灵活地送到16个$I/O$端的某一个。

5）输入总线

输入总线是一个 16 位信号总线，位于图 6－19 中 ORP 与 IOC 之间。它可将 $I/O$ 单元的输入信号送到全局布线区，再由全局布线区送到各 GLB 的输入端；或将 GLB 的输出信号经 $I/O$ 编程选择，由输入总线反馈到全局布线区实现信号的反馈。

6）时钟分配网络(CDN，Clock Distribution Network)

CDN 在图 6－19 的右下角，其输入信号由三个专用输入端 $Y_0$、$Y_1$、$Y_2$ 提供，其中 $Y_1$ 兼有时钟或复位的功能。其输出有 5 个，其中 $CLK_0$、$CLK_1$、$CLK_2$ 提供给 GLB，$10CLK_0$ 和 $10CLK_1$ 提供给 $I/O$ 单元，此外还可将时钟专用 GLB 的 4 个输出送入 CDN，以建立用户定义的内部时钟电路。

## 6.3.4 现场可编程门阵列 FPGA

现场可编程门阵列 FPGA 是高密度可编程逻辑器件的另一类产品。前面我们介绍的 GAL、CPLD 等可编程逻辑器件的基本结构都是由与阵列和或阵列组成的，依靠可编程的与、或运算来完成逻辑关系，称之为阵列型器件。而 FPGA 则是另外一种结构，它的基本结构是含有多个查找表单元，依靠查找表单元提供的逻辑运算关系来组合所需的逻辑关系。

### 1. 查找表结构

大部分 FPGA 采用基于 SRAM 的查找表结构，就是用 SRAM 构成逻辑函数发生器。图 6－22 所示是两输入查找表单元框图。图中 $A$、$B$ 为输入变量，$F$ 为输出函数，$M_0 \sim M_3$ 是 4 位可编程代码。它们的关系已由硬件设置完成，见表 6－3。

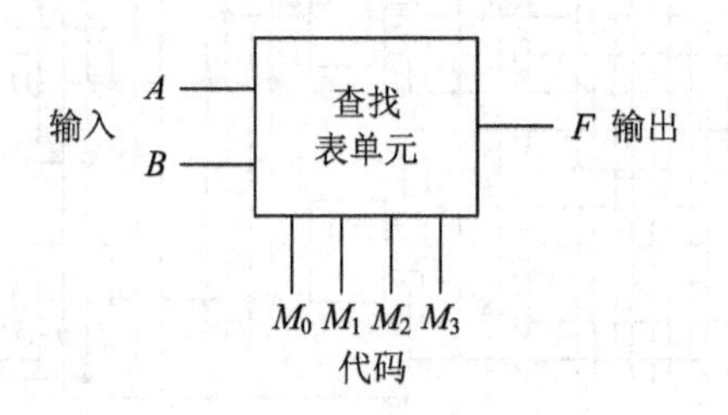


图 6－22 两输入查找表单元框图

**表 6－3 查找表单元关系表**

| $M_3$ | $M_2$ | $M_1$ | $M_0$ | $F$ | $M_3$ | $M_2$ | $M_1$ | $M_0$ | $F$ |
|---|---|---|---|---|---|---|---|---|---|
| 0 | 0 | 0 | 0 | 0 | 1 | 0 | 0 | 0 | $AB$ |
| 0 | 0 | 0 | 1 | $A\overline{B}$ | 1 | 0 | 0 | 1 | $A$ |
| 0 | 0 | 1 | 0 | $\overline{A}B$ | 1 | 0 | 1 | 0 | $B$ |
| 0 | 0 | 1 | 1 | $A\overline{B}+\overline{A}B=A\oplus B$ | 1 | 0 | 1 | 1 | $A+B$ |
| 0 | 1 | 0 | 0 | $\overline{A}\overline{B}$ | 1 | 1 | 0 | 0 | $AB+\overline{A}\overline{B}=\overline{A\oplus B}$ |
| 0 | 1 | 0 | 1 | $\overline{B}$ | 1 | 1 | 0 | 1 | $A+\overline{B}$ |
| 0 | 1 | 1 | 0 | $\overline{A}$ | 1 | 1 | 1 | 0 | $\overline{A}+B$ |
| 0 | 1 | 1 | 1 | $\overline{A}+\overline{B}=\overline{AB}$ | 1 | 1 | 1 | 1 | 1 |

在使用时，通过向存储器 SRAM 的 $M_0 \sim M_3$ 单元写入不同的数据代码（通过编程完成），便可实现表 6-3 所列的各种逻辑运算。

**2. XC4000E 简介**

XC4000E 是 Xilinx 公司生产的 FPGA 系列产品，它的结构主要由可编程逻辑模块（CLB）、可编程输入/输出模块（IOB）、可编程连线资源（IR）三个部分组成，如图 6-23 所示。

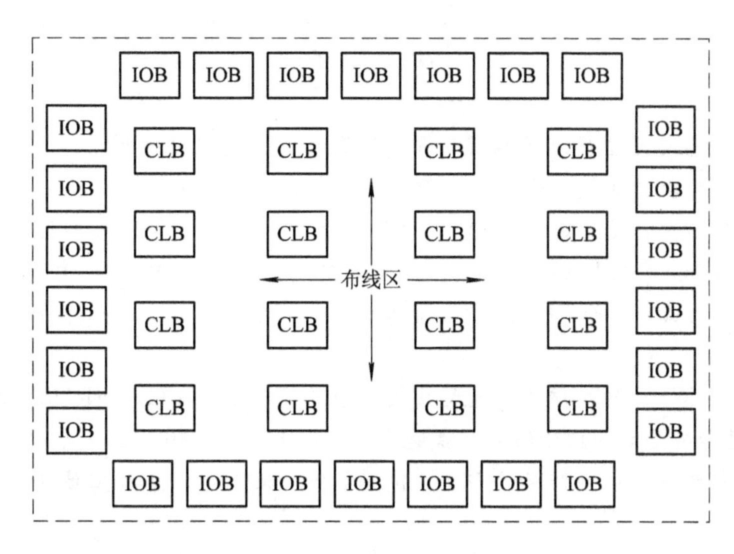


图 6-23　FPGA 结构示意图

1）可编程逻辑模块 CLB

可编程逻辑模块 CLB 是 FPGA 的基本逻辑单元电路，它由逻辑函数发生器、触发器、进位逻辑、编程数据存储单元、数据选择器及其他控制电路组成。

CLB 中有三个由查找表单元形成的逻辑函数发生器，其中两个四变量输入，一个三变量输入，经组合后可实现九变量组合逻辑函数。两个边沿 D 触发器通过数据选择器与逻辑函数发生器组合成时序逻辑电路。CLB 除实现一般组合或时序逻辑功能外，其编程数据存储单元还可构成两个 16×1 位的随机存储器 RAM。

CLB 以 $n \times n$ 阵列形式分布在 FPGA 中，不同型号的 FPGA 阵列规模不同。

2）输入/输出模块 IOB

IOB 是 FPGA 的外封装引脚与内部逻辑间的接口电路，分布在 FPGA 的四周。每个 IOB 对应一个引脚，通过编程可将引脚定义为输入、输出和双向功能。

3）可编程连线资源 IR

IR 分布在 CLB 阵列的行、列间隙中，形状为水平和垂直的两层金属线段以组成栅格状。通过编程可将所用到的 CLB、IOB 相连，构成需要的逻辑电路。

此外，FPGA 还有一个用于存放编程数据的静态存储器 SRAM，由于 SRAM 的易失性，使得 FPGA 需要在上电后必须进行一次配置，即将编程好的数据写入 SRAM。FPGA 的配置方法有使用 PC 并行口，使用专用配置器和使用单片机配置等几种。

随着大规模集成电路技术及计算机技术的不断发展，可编程逻辑器件必将也得到不断的发展并将被广泛应用。

## 思考题

1. 什么是可编程逻辑器件，有哪些种类，怎么分类？
2. GAL 有什么特点，实现组合逻辑函数的基本原理是什么？
3. CPLD 有什么特点，实现组合逻辑函数的基本原理是什么？
4. FPGA 有什么特点，实现组合逻辑函数的基本原理是什么？

# 小　结

半导体存储器与高密度可编程逻辑器，都是大规模或超大规模逻辑器件，前者多用在电子计算机中，而后者则是电子电路的理想开发器件。

随机存储器 RAM 是随时进行读/写的存储器件，根据基本存储单元的构成可分为静态 RAM(SRAM)和动态 RAM(DRAM)两大类型。其中 DRAM 集成度高、成本低，多用于超大规模的 RAM 中，而 SRAM 电路复杂、成本高、集成度低，但不用刷新，多用于微型机中。

只读存储器 ROM 种类较多，包括固定 ROM、一次可编程的 PROM、紫外线擦除的 EPROM、电信号擦除的 EEPROM 及快速闪存 EPROM(Flash Memory)等。ROM 的基本组成部分就是与矩阵和或矩阵两个阵列，ROM 除作基本的信息存储使用外，还可实现组合逻辑功能。

可编程逻辑器件有低密度与高密度、在系统可编程和离系统编程等类型。低密度的可编程逻辑器件有可编程阵列逻辑 PAL，可编程逻辑阵列 PLA，通用阵列逻辑 GAL 等；高密度的可编程逻辑器件有复杂可编程逻辑器件 CPLD 和现场可编程逻辑门阵列 FPGA 等。可编程逻辑器件的应用是现代数字系统设计的发展方向，它可以实现硬件软件化。

# 习　题

6-1　存储器的地址线与存储容量有什么关系，设某存储器有六条地址线，该存储器的容量是多少？

6-2　ROM 和 RAM 有何区别？

6-3　试用 ROM 构成全加器，画出阵列图。

6-4　试用 ROM 实现下列逻辑函数，画出阵列图。

(1) $F=A\bar{B}\,\bar{C}D+\bar{A}BC\bar{D}+ABCD+A\bar{B}C\bar{D}$

(2) $F=A\bar{B}D+CB\bar{D}+A\bar{C}D+\bar{A}BC$

6-5　试用 2114RAM 构成 1K×16 位存储器。

6-6　试用 2114RAM 构成 2K×8 位存储器。

6-7　GAL 16V8 有几条地址线，能编址多少字节？

6-8　GAL 16V8 的输出逻辑宏单元有几种模式，各是什么意思？

# 技能实训

## 实训一　随机存储器

### 一、技能要求

1. 熟悉随机存储器结构。
2. 会进行读/写操作。
3. 会进行简单应用。

### 二、实训内容

1. 选用 2114 静态 RAM(外引线如图 6-5(b)所示)。

2. 接好 5 V 电源和地，进行如下操作测试：

(1) 置 RAM 处于写模式，先将$\overline{CS}$接为低电平，在 $I/O_1$、$I/O_2$、$I/O_3$ 和 $I/O_4$ 端加输入数据信号，再将 $R/\overline{W}$ 接为低电平，将数据写入。

(2) 置 RAM 处于读模式，将$\overline{CS}$接为低电平，$R/\overline{W}$ 接为高电平，测试输出数据信号 $I/O_1$、$I/O_2$、$I/O_3$ 和 $I/O_4$，验证输出数据是否为刚写入的数据。

## 实训二　可编程逻辑器件的简单应用

### 一、技能要求

1. 熟悉可编程逻辑器件芯片。
2. 熟悉可编程逻辑器件的简单应用过程。

### 二、实训内容

1. 选用可编程逻辑器件 ispLSI 1016 一片(外引线如图 6-19(a)所示)。

2. 用可编程逻辑器件 ispLSI 1016 实现 8421 码十进制计数器电路。

(1) 8421 码十进制计数器的 ABEL 语言如下：

```
module CNT10
title'0～9 BCD COUNTER'
declarations
      EN，EN_CP，CP，CLR pin；
      Q3. .Q0 pin istype' reg'；
      CO pin istype' com'；
      COUNT=[Q3. .Q0]；
equations
      COUNT.CLK=CP；
      COUNT.CE=EN_CP；
      COUNT.CE=！CLR；
      when EN&(COUNT<9) then COUNT：=COUNT+1
      else when(！ EN) then COUNT：=COUNT
```

```
        else COUNT :=0;
        CO=EN&Q3&Q0;
    end
```

(2) 编写测试向量对电路进行功能测试。

(3) 用 Synario System 编程软件进行布局和布线，生成 JEDEC 文件。

(4) 对 ispLSI 1016 进行在系统编程。

# 第7章　数/模和模/数转换器

随着以数字计算机为代表的各种数字系统被广泛的普及应用，模拟信号与数字信号的相互转换已是电子技术中不可缺少的重要组成部分。模数和数模转换器即是可完成模拟信号和数字信号互相转换的大规模集成器件。

本章在介绍基本概念的基础上，重点介绍常用的模数、数模转换器的电路原理及集成芯片，并通过它们掌握其主要性能参数，学会模数和数模转换器件的使用。

## 7.1　D/A转换器

将数字信号转换为模拟信号的电路称为数模转换器，简称D/A转换器或D/A。

### 7.1.1　D/A转换器的基本概念

**1. D/A转换器的原理**

D/A转换器的作用是将数字信号转换成相应的模拟信号，其普遍采用的转换方法是将输入数字信号按其权值分别转换成模拟信号，再通过运算放大器求和相加。如输入为$n$位二进制数$(D)_2$，则对应转换后的模拟信号$u$应为

$$u = DU_R = (D_{n-1}2^{n-1} + D_{n-2}2^{n-2} + \cdots + D_1 2^1 + D_0 2^0)U_R$$

D/A转换器的核心部分是一个能实现按权转换的电阻解码网络，此外，还有基准电压、电子开关、求和电路、数码寄存等部分，如图7-1所示。

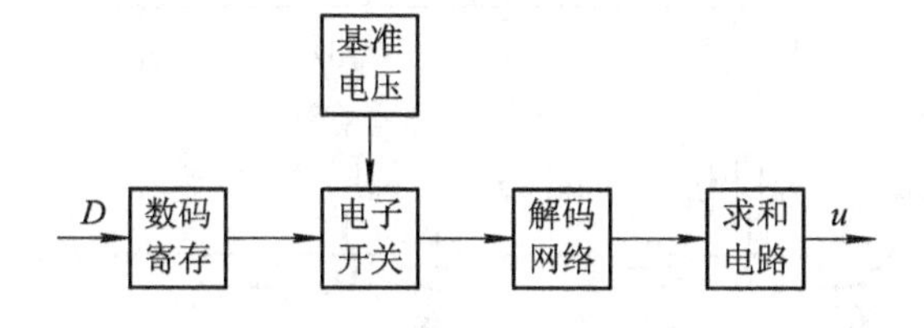


图7-1　D/A转换器框图

数字信号以串行或并行的方式输入，经数码寄存器暂存后去控制对应的电子开关，从而在电阻解码网络中获得相应的权值信号，这些代表输入数字信号大小的权值信号经求和电路相加便得到与数字量对应的模拟量。

**2. 主要性能指标**

1）分辨率

分辨率是指对输出电压的分辨能力，当D/A转换器输入相邻两个数码时所对应的输出电压之差为最小可分辨电压，分辨率的定义为最小可分辨电压与最大输出电压之比，可表示为

$$分辨率 = \frac{U_{LSB}}{U_{FSB}} = \frac{1}{2^n - 1}$$

可以看出，分辨率的数值是与转换器输入数字量的有效位数成反比的，即数字量的有效位数越多，则分辨率的数值越小，分辨力越强。因此在实际中常用输入数字量的有效位数来表示分辨率，如 12 位 D/A 的分辨率为 12 位。

2）转换精度

转换精度分绝对精度和相对精度。D/A 转换器的实际输出值与理论计算值之差，称为绝对精度，通常用最小分辨电压的倍数表示，如$\frac{1}{2}U_{LSB}$就表示输出值与理论值的误差为最小可分辨电压的一半。相对精度是绝对精度与满刻度输出电压(或电流)之比，通常用百分数表示。

3）转换时间

D/A 转换器从接收数字量开始到输出电压或电流达到规定误差范围所需要的时间称为转换时间，它决定 D/A 转换器的转换速度。

## 7.1.2　倒 T 形电阻网络 D/A 转换器原理

D/A 转换器按解码网络结构的不同分为权电阻网络、权电流网络、T 形电阻网络、倒 T 形电阻网络等，本节仅以倒 T 形电阻网络为例介绍转换器的转换原理。

倒 T 形电阻网络 D/A 转换器是常用的 D/A 转换器之一，其原理图如图 7-2 所示。它由基准电压 $U_{REF}$、$R-2R$ 倒 T 形电阻网络、$S_0 \sim S_3$ 电子模拟开关及运算放大器求和电路组成。

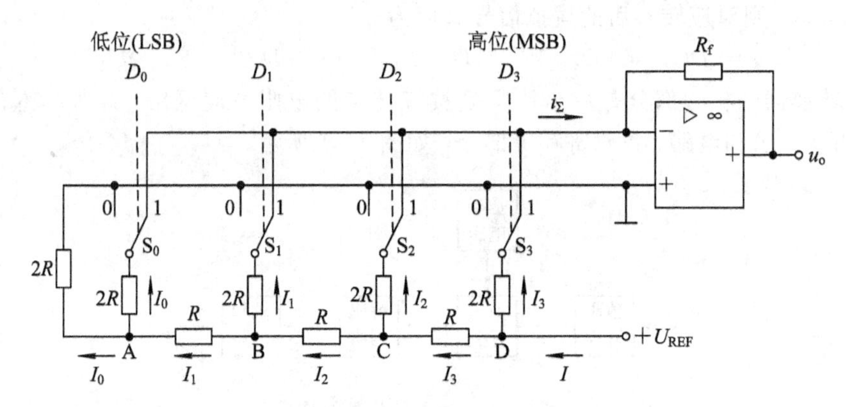


图 7-2　倒 T 形电阻网络原理图

电子模拟开关受输入二进制数 $D_0 \sim D_3$ 控制，随着 $D$ 为 0 或 1，各开关分别处于图中 0 和 1 的位置。而无论 S 处于何位置，其电位均为零(运放同相端接地，反相端虚地)，这样，从图中 A、B、C、D 各节点向里看对地的等效电阻均为 $R$，即

$$R_A = 2R \,/\!/\, 2R = R，R_B = (R_A + R) \,/\!/\, 2R = R，$$

$$R_C = (R_B + R) \,/\!/\, 2R = R，R_D = (R_C + R) \,/\!/\, 2R = R$$

所以电路中的电流关系如下：

$$I = \frac{U_{REF}}{R}$$

$$I_3 = \frac{1}{2}I = \frac{1}{2}\frac{U_{REF}}{R}$$

$$I_2 = \frac{1}{4}I = \frac{1}{4}\frac{U_{REF}}{R}$$

$$I_1 = \frac{1}{8}I = \frac{1}{8}\frac{U_{REF}}{R}$$

$$I_0 = \frac{1}{16}I = \frac{1}{16}\frac{U_{REF}}{R}$$

流入运放反相端的总电流在二进制数 $D$ 控制下的表达式为

$$\begin{aligned} i_{\Sigma} &= i_3 D_3 + i_2 D_2 + i_1 D_1 + i_0 D_0 \\ &= \frac{U_{REF}}{2R}D_3 + \frac{U_{REF}}{4R}D_2 + \frac{U_{REF}}{8R}D_1 + \frac{U_{REF}}{16R}D_0 \\ &= \frac{U_{REF}}{2^4 R}(2^3 D_3 + 2^2 D_2 + 2^1 D_1 + 2^0 D_0) \end{aligned}$$

输出电压为

$$u_o = -i_{\Sigma}R_f = -\frac{R_f U_{REF}}{2^4 R}(2^3 D_3 + 2^2 D_2 + 2^1 D_1 + 2^0 D_0)$$

由上式可以看出此电路完成了从数字量到模拟量的转换。倒T形电阻网络由于其各支路电流不随开关状态而变化，有很高的转换速度，所以在D/A转换器中被广泛使用。

### 7.1.3　集成D/A转换器及其应用

集成D/A转换器品种繁多，如果从内部结构上看，有只包括电阻解码网络和电子模拟开关的基本D/A转换器，有在内部电路中增加了数据锁存器、寄存器的带有使能控制端的D/A转换器，还有将基准电压源、求和运放等均集成在芯片上的完整的D/A转换器。如果从使用的角度看，D/A转换器可分为两大类；一类是在电子电路中使用，不带使能控制端，只有数字信号输入和模拟信号输出，另一类是为微机应用而设计的，带有使能控制端，可直接与微机及单片机接口。

**1. 集成D/A转换器AD7520**

AD7520是10位电流输出型D/A转换器，转换时间为500 ns，电源电压为+5～+15 V。图7-3示出了内部的电阻网络结构。

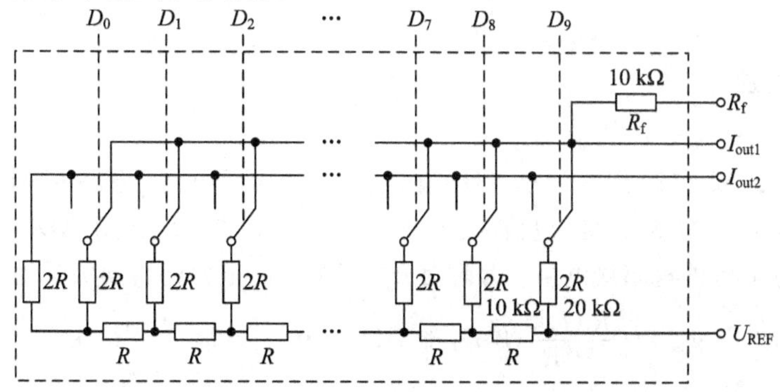


图7-3　AD7520内部电阻网络结构

AD7520芯片内集成了10组倒T形电阻网络、CMOS电子模拟开关和一个10 kΩ的反馈电阻，而求和运算放大器和基准电压必须外接。图7-4是外引线图，$D_0$～$D_9$为10个二进制数码输入端，$I_{out1}$和$I_{out2}$为电流输出端，$R_f$为反馈电阻引出端，$U_{REF}$为基准电压输入端。

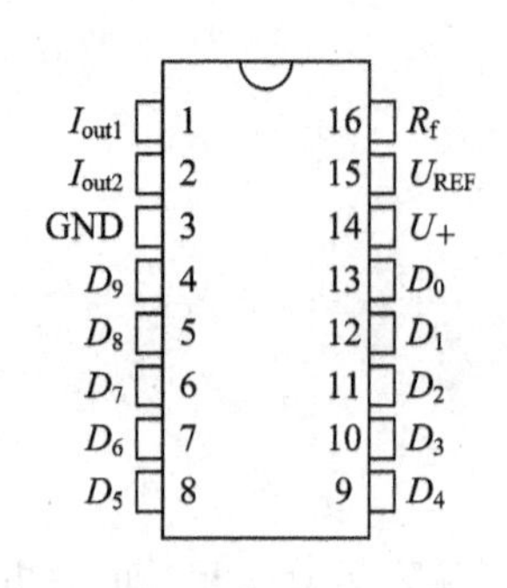


图7-4 AD7520外引线图

图中的电子模拟开关是一个受控于数字信号$D$的双向开关，图7-5所示为CMOS电子开关。它由9个MOS管构成，其中$V_1$、$V_2$、$V_3$组成电平转移电路，使输入信号能与TTL电平兼容，$V_4$～$V_7$组成两个反相器去推动$V_8$、$V_9$组成的模拟开关。

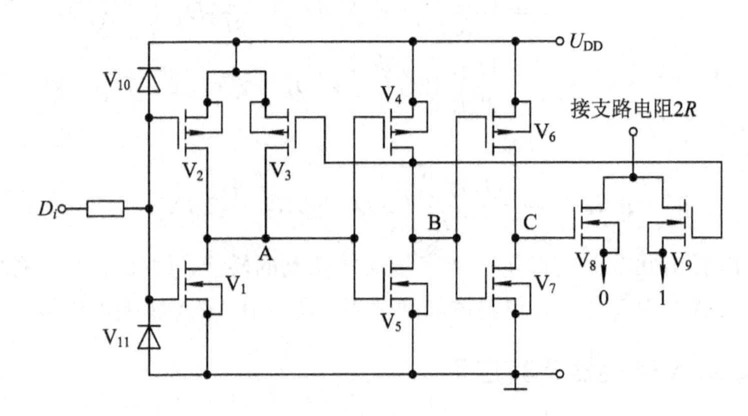


图7-5 电子模拟开关

当输入$D_i$为高电平时，$V_4$、$V_5$构成的反相器输入为低电平，输出为高电平，使$V_6$、$V_7$反相器输出为低电平。它们分别去控制$V_8$、$V_9$组成的模拟开关，使$V_8$截止、$V_9$导通，开关$S_i$打到“1”。

当输入$D_i$为低电平时，$V_4$、$V_5$反相器输出为高电平，$V_6$、$V_7$反相器输出为低电平，使$V_8$导通、$V_9$截止，开关$S_i$打到“0”。

电子模拟开关的电路形式除CMOS开关外，还有双极型开关，其中又可分为三极管电流开关型和ECL电流开关型，其中ECL型工作速度最高，CMOS型工作速度最低。

AD7520是普通电子电路用D/A转换器，它电路简单、功耗低、转换速度快，通用性强。

**2. AD7520应用**

1）单极性输出典型D/A电路

图7-6是由AD7520组成的单极性输出数模转换应用电路。电路由AD7520与求和运算放大器组成，运算放大器接成反向比例形式，反馈电阻$R_f$利用AD7520内部提供的10 kΩ电阻，也可另外再串接电阻。由前面分析可知，此电路的转换关系为

$$u_o = -\frac{R_f U_{REF}}{2^{10} R}(2^9 D_9 + 2^8 D_8 + \cdots + 2^1 D_1 + 2^0 D_0)$$

$$= -\frac{U_{REF}}{2^{10}}(2^9 D_9 + 2^8 D_8 + \cdots + 2^1 D_1 + 2^0 D_0)$$

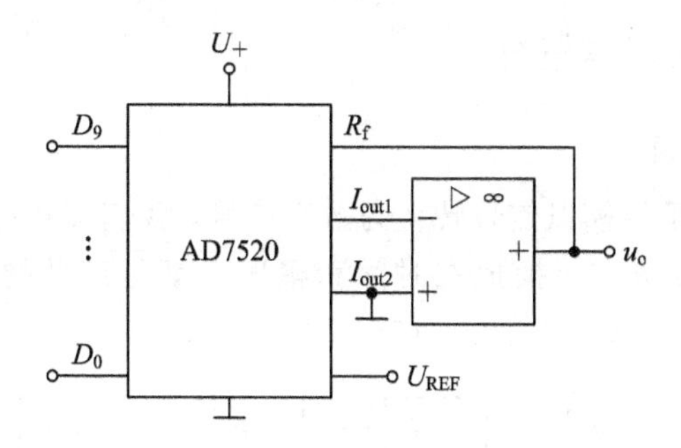


图 7-6　单极性输出数模转换应用电路

2）可编程增益放大器

用 AD7520 可以构成可编程增益放大器，电路如图 7-7 所示。

电路中运算放大器接成反相比例电路形式，$u_i$ 为输入、$u_o$ 为输出，$R_f$ 作为电路的输入电阻，而倒 T 形电阻网络的总等效电阻作为放大器的反馈电阻。由电路及运放的原理可得出电路增益如下：

$$\frac{u_i}{R_f}=-\frac{u_o}{2^{10}R}(2^9D_9+2^8D_8+\cdots+2^0D_0)$$

$$A_u=\frac{u_o}{u_i}=\frac{-2^{10}}{2^9D_9+2^8D_8+\cdots+2^0D_0}$$

可以看出，只要调整数字信号 $D$ 的数值，即可改变放大器的增益，做到增益可编程。

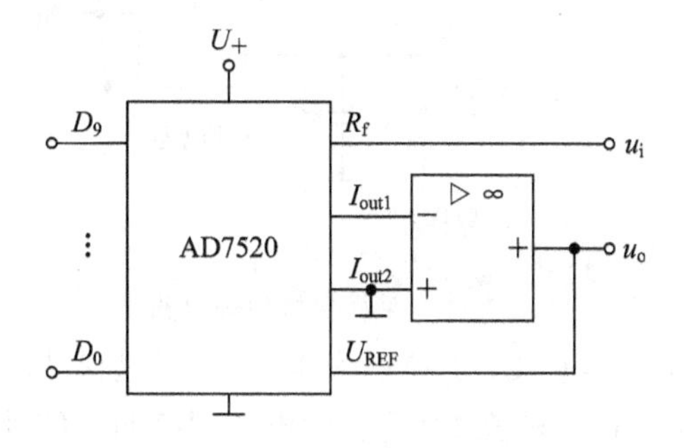


图 7-7　可编程增益放大器

## 思考题

1. D/A 转换器主要由几部分组成，每部分的作用是什么？
2. D/A 转换器主要有哪几种类型，它们是按什么分类的。
3. 倒 T 形电阻网络 D/A 转换器电路特点是什么？
4. 使用集成 D/A 转换器要注意哪些指标？

# 7.2　A/D 转换器

模数转换器简称 A/D 转换器或 A/D，可将模拟信号转换为数字信号。

### 7.2.1 A/D转换器的基本概念

#### 1. A/D转换器的原理

A/D转换器的任务是将模拟信号转换为数字信号，我们都知道，模拟信号在时间和幅度上都是连续变化的，要将它转换成在时间和幅度上都是离散的数字信号，必须通过采样、保持、量化、编码四个部分来完成，如图7-8所示。

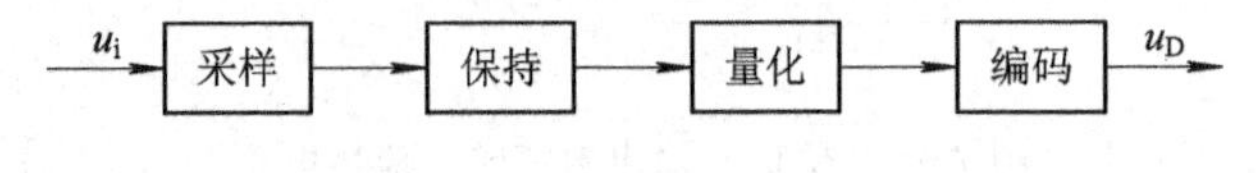


图7-8 A/D转换原理框图

1）采样保持

采样的概念是将在时间上连续变化的信号选出可供转换成数字量的有限个点，根据采样定理，只要采样频率大于二倍的模拟信号频谱中的最高频率，则就不会丢失模拟信号所携带的信息。这样就把一个在时间上连续变化的模拟量变成了在时间上离散的电信号。由于每次把采样电压转换成数字量都需要一定的时间，所以在每次采样后必须将所采得的电压保持一段时间，完成这种功能的便是采样保持电路，图7-9示出了采样保持电路的原理电路。

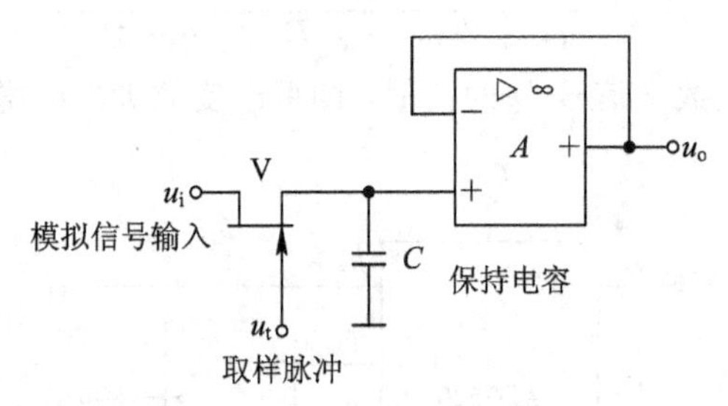


图7-9 采样保持原理电路

电路中场效应管V是采样开关，受控于采样脉冲，$C$是保持电容。当采样脉冲到来时，模拟开关闭合，模拟信号经$V$向$C$充电，$C$上的电压跟随输入信号变化。当采样脉冲消失，模拟开关便断开，$C$上的电压会保持一段时间。具体情况如图7-10所示，$u_i$是待转换的模拟信号，$u_t$是取样脉冲，$u_o$是经采样保持电路处理后的电压信号。图7-9中的$A$是用运放构成的缓冲放大器。

2）量化编码

从图7-10可看出，采样保持后的信号$u_o$已成为在时间上离散的阶梯状信号，但由于这个信号的每个阶梯值是从输入信号取样得来的，可能有无限多个值。而我们要用有限个$n$位二进制数来表示$u_o$，则必须使$u_o$的阶梯状电平与有限的$2^n$个数字量相对应。因此，必须将采样后的值限定在$2^n$个数字量所对应的离散电平上，凡介于两个离散电平之间的采样值就用某种方式整理归并到这两个电平之一上，这种将幅值取整归并的方式及过程称为量化。量化后，有限个量化值可用$n$位一组的某种二进制代码对应描述，这种用数字代码表示量化幅值的过程称为编码。如图7-10示出的是用三位二进制数来量化编码模拟信号的波形图。在图中，三位二进制数可产生八个量化电平，而经过采样保持后的阶梯信号$u_o$

有时刚好与量化电平相符，可直接进行编码，而有时不在离散的八个电平上，则需要量化，本图采用四舍五入量化方式，即以相邻两个离散电平中间为准，采样值进行四舍五入处理归并到上、下离散电平上。之后，再将量化后的信号以一定的编码方式进行编码可得到标准的数字量信号。

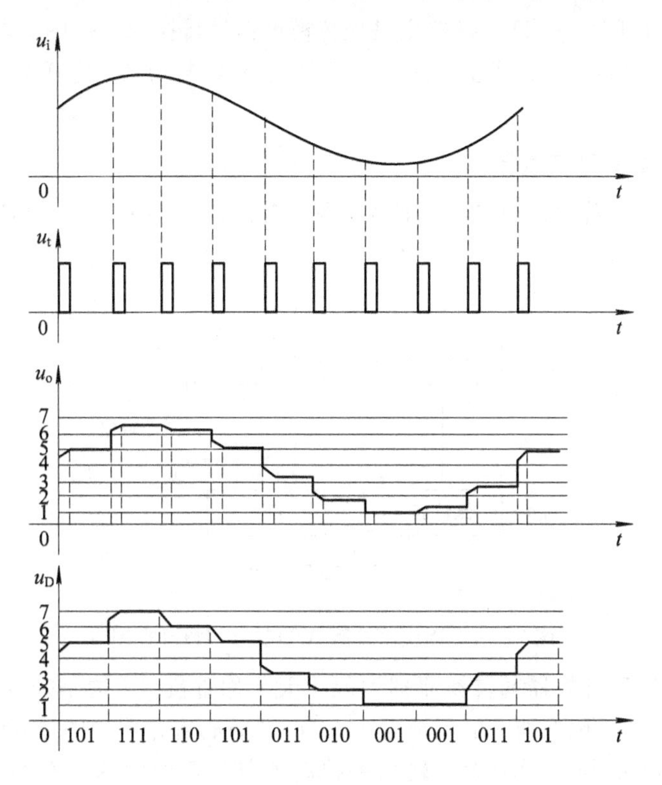


图 7-10　模—数转换波形

**2. 主要性能指标**

1）分辨率

分辨率是指 A/D 输出数字量变化一个数码所对应的输入模拟量的变化范围。输出数字量的位数越多，能分辨出的最小模拟电压就越小，如八位 A/D 输入最大模拟电压为 5 V 时，则其分辨率为

$$\frac{5}{2^8} = 19.531 \text{ mV}$$

A/D 转换器的分辨率通常用输出数字量的位数来表示，这与 D/A 转换器相同。

2）绝对精度

绝对精度是指经 A/D 转换后得到的数字量所代表的输入模拟值与实际输入模拟值之差。

通常以数字量最低位所代表的模拟输入值 $U_{LSB}$ 作衡量单位，如 $\frac{1}{2}U_{LSB}$、$U_{LSB}$ 等。

3）转换时间

转换时间是指 A/D 转换器完成一次从模拟量到数字量的转换所需的时间，它反映了 A/D 转换器的转换速度。

## 7.2.2 典型 A/D 转换器原理

A/D 转换器的种类很多，按其工作原理的不同可分为直接 A/D 转换器和间接 A/D 转换器。所谓直接 A/D 转换器，是指直接将模拟信号转换为数字信号。典型电路有并行比较型、逐次比较型。而间接 A/D 转换器则是先将模拟信号转换成某一中间电量，然后再将中间电量转换为数字量输出，其典型电路为双积分型 A/D 转换器，电压频率转换形 A/D 转换器。

### 1. 逐次比较型 A/D 转换器

逐次比较型 A/D 转换器由电压比较器、逻辑控制器、D/A 转换器和数码寄存器组成，图 7－11 为原理框图。

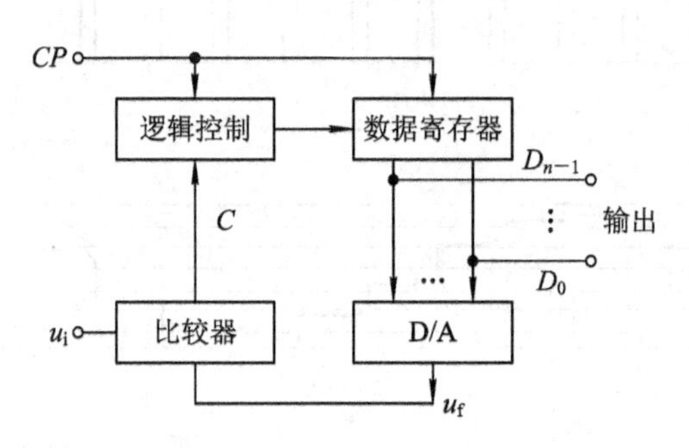


图 7－11 逐次比较型 A/D 转换器原理框图

逐次比较型 A/D 转换器的转换原理类似用天平称重量，一边是采样保持电路输出的模拟电压 $u_i$，另一边是预先加上的反馈电压 $u_f$（$u_f$ 是数码寄存器中的数字量经 D/A 转换得来的），用比较器将 $u_i$ 与 $u_f$ 作比较，输出去控制数码寄存器中的数作加减。经反复比较，使反馈电压 $u_f$ 逐次逼近输入模拟量 $u_i$。具体过程是，首先把数码寄存器最高位置 1，其余各位置 0（即 100…0）。该数码经 D/A 转换后的输出电压为 $u_f$，它等于满量程电压的一半。将 $u_i$ 与 $u_f$ 作比较，若 $u_i \geq u_f$，比较器输出 $C=0$，则通过逻辑控制保留数码寄存器最高位的 1；若 $u_i < u_f$，比较器输出 $C=1$，则将数码寄存器最高位由 1 变为 0。然后，控制器再将数码寄存器的次高位置 1，低位还是 0，此数码再经 D/A 转换得出电压 $u_f$，再与 $u_i$ 进行比较以确定数码寄存器的数值是 1 还是 0。如此反复比较 $n$ 次，直至数码寄存器的最低位值确定，则此时数码寄存器中产生的数码即为 A/D 转换器输出的数字量。

逐次比较型 A/D 转换器具有转换速度快、精度高等特点，是使用最多的一种 A/D 转换器。

### 2. 双积分型 A/D 转换器

双积分型 A/D 转换器也是常用的一种电路形式，它的基本原理是先将输入模拟电压通过两次积分转换为与其平均值成正比的时间间隔，然后用固定频率的时钟脉冲在这段时间间隔内进行计数，其计数器输出的数字量就是正比于输入模拟量的数字信号。

图 7－12 是双积分型 A/D 转换器原理框图及工作波形。它由积分器、过零比较器、计数器、寄存器、时钟源、逻辑控制等部分组成。

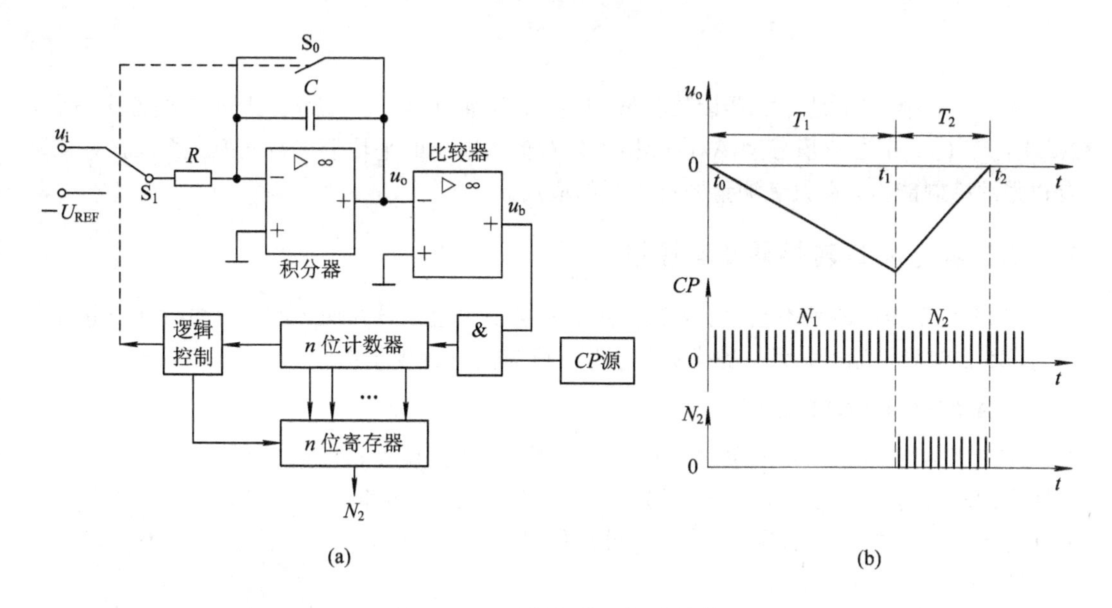


图 7-12　双积分型 A/D 转换器

(a) 原理框图；(b) 工作波形

下面结合波形讨论其工作原理。

$t=t_0$ 时，控制器将转换开关打到上面，积分器对模拟电压 $u_i$ 进行积分。此时，积分器输出 $u_o$ 小于零，过零比较器输出 $u_b$ 为 1，计数器开始对 $CP$ 脉冲计数。

$t=t_1$ 时，计数器输入 $N_1$ 个脉冲后，满容量溢出，计数器回零。同时，控制器将转换开关打到下面，积分器对基准电压 $-U_{REF}$ 进行反方向积分，计数器重新计数。

$t=t_2$ 时，积分器输出 $u_o$ 等于零，过零比较器输出 $u_b$ 为 0，计数器停止计数。此时将计数器中的数 $N_2$ 输出到寄存器，完成一次转换。

双积分型 A/D 转换器在一次转换过程中要进行两次积分。

第一次积分为采样阶段。控制器使开关 $S_1$ 接至模拟电压 $u_i$，是在固定时间 $T_1$ 内进行积分，积分器输出为

$$u_o=-\frac{1}{RC}\int_0^{t_1}u_i\,dt=-\frac{U_i}{RC}T_1 \tag{7-1}$$

式中，$U_i$ 是输入模拟电压 $u_i$ 在 $0\sim t_1$ 时刻的平均值。

第二次积分为比较阶段。积分器对基准电压 $-U_{REF}$ 进行反向积分。积分器输出为

$$u_o=-\frac{1}{RC}\int_{t_1}^{t_2}-U_{REF}\,dt=\frac{U_{REF}}{RC}T_2 \tag{7-2}$$

在第二次积分结束时，有

$$\frac{U_i}{RC}T_1=\frac{U_{REF}}{RC}T_2 \tag{7-3}$$

设 $CP$ 脉冲的周期为 $T_C$，则式(7-3)可变为

$$\frac{U_i}{RC}N_1T_C=\frac{U_{REF}}{RC}N_2T_C \tag{7-4}$$

即

$$U_iN_1=U_{REF}N_2$$

$$N_2 = \frac{N_1}{N_{REF}} U_1 \tag{7-5}$$

式(7-5)中，$N_1$ 是计数器计数容量，$U_{REF}$是基准电压，它们都是已知的固定值，所以 $N_2$ 正比于 $U_1$。由于双积分型 A/D 转换器是对输入电压的平均值进行变换，所以它对交流有很强的抑制能力，在数字测量中有广泛的应用。

### 7.2.3　集成 A/D 转换器及其应用

集成 A/D 转换器种类很多，如从使用的角度上看也可分为两大类：一类在电子电路中使用，不带使能控制端；另一类带有使能端，可与微机直接相连。

**1. ADC0804 A/D 转换器**

ADC0804 是逐次比较型单通道 CMOS 八位 A/D 转换器，其转换时间小于 100 μs，电源电压为＋5 V，输入输出都和 TTL 兼容，输入电压范围为 0～＋5 V 模拟信号，内部含有时钟电路。图 7-13 为外引线图。

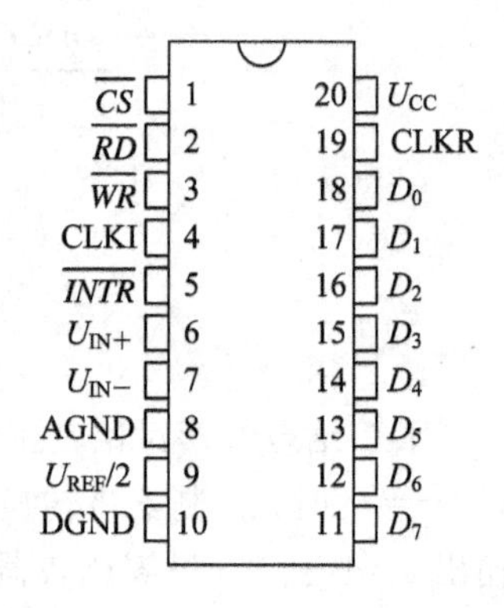

图 7-13　ADC0804 外引线图

图中，$\overline{CS}$、$\overline{RD}$、$\overline{WR}$是控制输入端，CLKI 和 CLKR 是时钟电路引出端，$\overline{INTR}$是中断输出，$U_{IN+}$ 和 $U_{IN-}$ 为模拟电压输入，AGND 和 DGND 分别为模拟地和数字地。$U_{REF}/2$ 为参考电压输入端，其值对应输入电压范围的 1/2，如果此脚悬空，则由内部的分压电路设置 $+U_{CC}/2$，此时对应的输入电压范围为 $0\sim+U_{CC}$。

图 7-14 是其典型应用电路。图中 4 脚和 19 脚外接 $RC$ 电路与内部时钟电路共同形成电路时钟，其时钟频率 $f=\frac{1}{1.1}RC=640$ kHz，对应转换时间约为 100 μs。

电路的工作过程是：计算机给出片选信号($\overline{CS}$低电平)及写入信号($\overline{WR}$低电平)，使 A/D 转换器启动工作，当转换数据完成，转换器的$\overline{INTR}$端向计算机发出低电平中断信号，计算机接收后发出读信号($\overline{RD}$低电平)，则转换后的数据便出现在 $D_0\sim D_7$ 数据端口上。

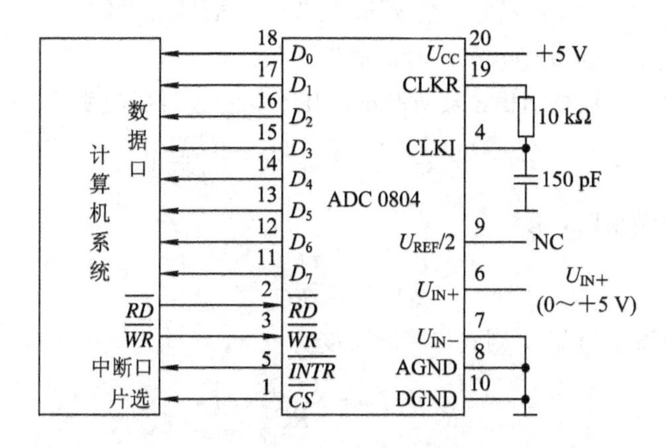

图 7-14　ADC0804 典型应用电路

**2. ICL7106 A/D 转换器**

ICL7106 是双积分型 CMOS 工艺四位 BCD 码输出 A/D 转换器，它内部包含双积分 A/D 转换电路、基准电压发生器、时钟脉冲产生电路、自动极性变换、调零电路、七段译码器、LCD 驱动器及控制电路等。电路采用 9 V 单电源供电，CMOS 差动输入，可直接驱动 $3\frac{1}{2}$位液晶显示器(LCD)。图 7 - 15 是用 ICL7106 组成的直流电压测量电路。

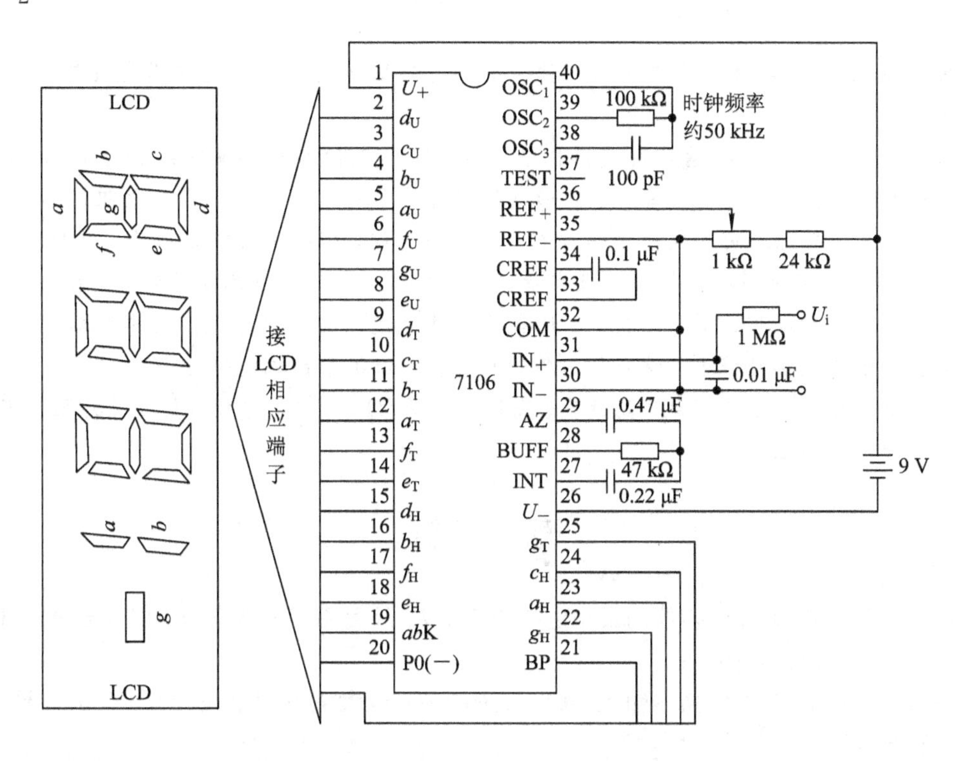


图 7 - 15　ICL7106 组成直流电压测量电路

电路中 $U_+$ 对 $U_-$ 之间接 9 V 直流电压，通过内部基准电压发生器在 $U_+$ 到 COM 之间产生 2.8 V 基准电压，经分压电阻加在 $REF_+$、$REF_-$ 基准电压输入端，当输入量程为 200 mV 时，基准电压调至 100 mV，当输入量程为 2 V 时，基准电压为 1 V。$OSC_1$～$OSC_3$ 是时钟振荡电路引出端，外接定时电阻、电容产生内部时钟。$IN_+$、$IN_-$ 是差动输入端，将 $IN_-$ 与模拟地 COM 相连，$IN_+$ 对 COM 之间为模拟电压输入。U 接个位驱动、T 接十位驱动、H 接百位驱动、*ab*K 是千位驱动、P0 为“－”号驱动、BP 接液晶背板。AZ、BUFF、INT 分别接调零电容、积分电阻、积分电容，通过调整它们及基准电压，可将输入量程调至 2 V(本电路为 200 mV)。

由单片 A/D 组成的测量电路结构简单，性能优良。与 7106 同系列的芯片还有 7107 等多种，它们各有特点，都具有广泛的应用。

## 思考题

1. 完成一次 A/D 转换要经过哪几个步骤?
2. 描述并解释采样定理。

3. 逐次比较型 A/D 转换器有何特点?

4. 双积分型 A/D 转换器有何特点?

5. 在双积分型 A/D 转换器中，如果输入电压的幅值大于基准电压的幅值，将会发生什么问题?

## 小　结

A/D 和 D/A 转换器集成芯片又可称为 ADC、DAC，它们都是大规模集成芯片，在电子系统中被广泛应用。

D/A 转换器可将数字量转换成模拟量，其电路形式按其解码网络结构分为权电阻网络、权电流网络、T 形电阻网络、倒 T 形电阻网络等多种。其中以倒 T 形电阻网络应用较广，由于其支路电流流向运放反向端时不存在传输时间，因而具有较高的转换速度。

A/D 转换器可将模拟量转换成数字量，按其工作原理可分为直接型和间接型。直接型典型电路有并行比较型、逐次比较型，特点是工作速度快但精度不高。间接型典型电路为双积分型和电压频率转换型，特点是工作速度较慢，但抗干扰性能较好。

随着电子技术的不断发展，高精度、高速度的 A/D 和 D/A 转换器集成芯片层出不穷，极大地方便了各种应用。

## 习　题

7-1　已知某 D/A 转换器的最小电压为 5 mV，最大满刻度电压为 10 V，试求该 D/A 转换器数字量的位数是多少。

7-2　已知某 D/A 转换器输入 10 位二进制数，最大满刻度电压为 5 V，试求最小分辨电压和分辨率。

7-3　AD7520 单极性输出电路，$U_{REF}=10$ V，$R_f=R=10$ kΩ，若输入数字量为 1011010101，求输出电压 $u_o$。

7-4　图 7-16 所示为权电阻网络 D/A 转换电路，试分析电路工作原理，写出输出电压表达式。

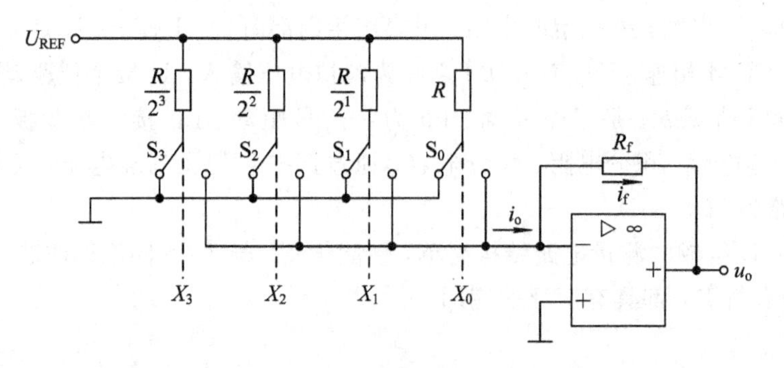


图 7-16　题 7-4 图

7-5　图 7-17 所示为权电阻网络 D/A 转换电路，试分析电路工作原理，写出输出电压表达式。

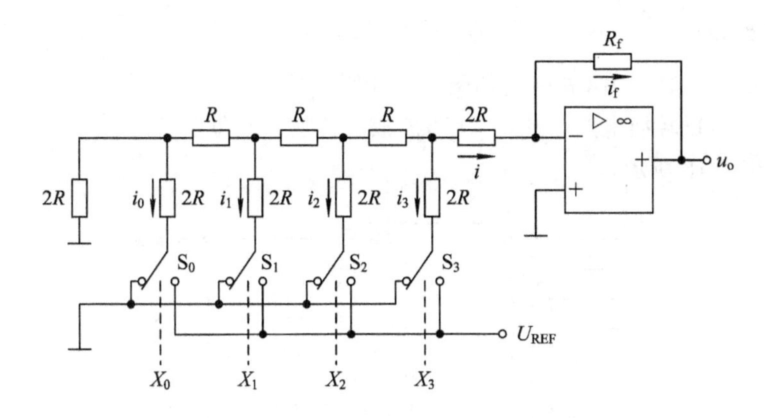


图 7-17　题 7-5 图

7-6　八位 A/D 输入满量程为 10 V，当输入下列电压值时，数字量的输出分别为多少？

(1) 3.5 V　　(2) 7.08 V　　(3) 59.7 mV

7-7　12 位 A/D 转换器，其输入满量程为 10 V，试计算该 A/D 分辨的最小阶梯电压。

# 技能实训

## 实训一　D/A 转换器

### 一、技能要求

1. 熟悉 D/A 转换器芯片。
2. 熟悉 D/A 转换器典型应用。

### 二、实训内容

1. 选集成 D/A 转换器 AD7520 一片(外引线如图 7-4 所示)。

2. 用 AD7520 搭接一单极性输出 D/A 转换器(参考图 7-6)，基准电压为 10 V。进行数/模转换测试，将测试结果列出表格。

3. 设计一程控增益放大器。要求可调增益近似在 1～256 范围，输入电压最大值不低于 50 mV。搭接电路(参考图 7-7)，将实测值与理论值进行比较，分析误差。

根据要求选用八位 D/A 转换器。因输入电压最大值不低于 50 mV，故可算出电源电压不低于 13 V。

## 实训二　A/D 转换器

### 一、技能要求

1. 熟悉 A/D 转换器芯片。
2. 熟悉 A/D 转换器典型应用。

**二、实训内容**

1. 选用 ADC0804 一片(外引线如图 7－13 所示)。

2. 组接一 A/D 转换电路，将 0～5 V 模拟量转换为八位数字量。

电路如图 7－18 所示。

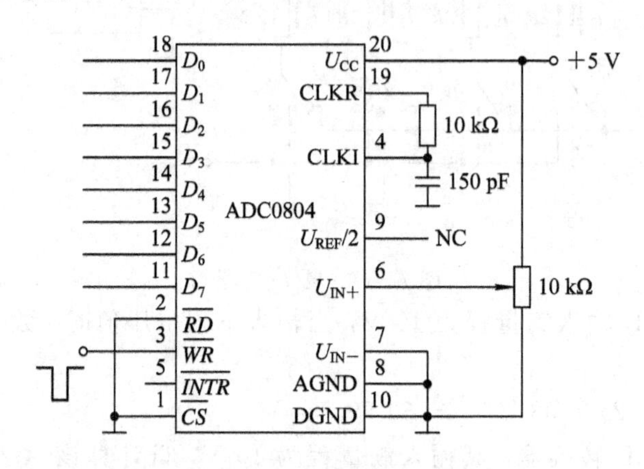


图 7－18　实训图

电路直接将$\overline{CS}$、$\overline{RD}$端接地，在$\overline{WR}$端加负脉冲控制转换信号。0～5 V 模拟量可用一可变电阻器调整，输出数字量可用发光管指示。

调整可变电阻器，使 $U_{IN}$端电压从 0 变到 5 V，测出对应的数字量，列出表格。

# 第 8 章　脉冲信号的产生与整形

数字系统中所处理的信号都是离散的脉冲信号，这些脉冲信号有的是依靠脉冲信号源直接产生的，有的是利用各种整形电路对已有的脉冲信号进行波形变换得来的。本章将讨论能够产生、整形脉冲波形的电路，主要包括用于产生脉冲信号的多谐振荡器，用于波形整形、变换的单稳态触发器和施密特触发器。这些电路可分别由分立元件、集成逻辑门电路和集成电路来实现。本章主要讨论由集成逻辑门、集成电路及 555 定时器组成的多谐振荡器、单稳态触发器和施密特触发器的原理及应用。

## 8.1　脉冲信号及参数

在数字系统中经常要用到脉冲信号，脉冲信号是指在短暂时间间隔内发生突变或跃变的电压或电流信号。广义的脉冲信号指凡不连续的非正弦电压或电流，狭义的脉冲信号指规整的矩形脉冲。

实际的矩形脉冲并无理想的跳变，顶部也不平坦。矩形脉冲如图 8-1 所示，为了全面描述矩形脉冲的特性，通常采用以下参数对它们进行描述。

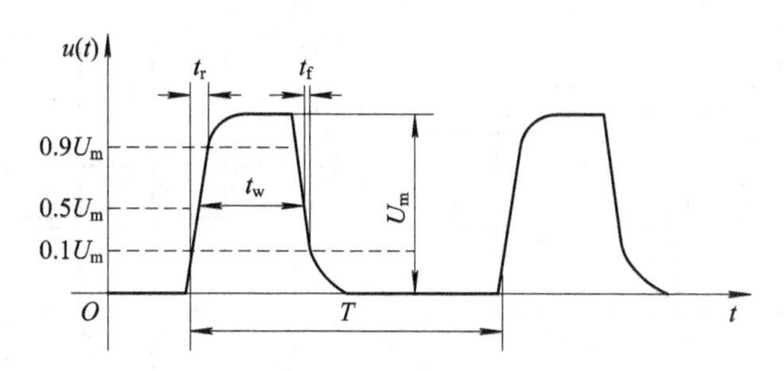


图 8-1　矩形脉冲

(1) 脉冲幅度 $U_m$：指脉冲的最大幅值。

(2) 前沿或上升时间 $t_r$：通常指脉冲信号幅值由 $0.1U_m$ 上升到 $0.9U_m$ 所需要的时间，$t_r$ 愈短，脉冲上升愈快，就愈接近于理想矩形脉冲。

(3) 后沿或下降时间 $t_f$：脉冲信号由 $0.9U_m$ 下降到 $0.1U_m$ 所需要的时间。

(4) 脉冲宽度 $t_w$：通常用脉冲前、后沿 $0.5U_m$ 两点间的时间间隔来代表脉冲宽度。

(5) 脉冲周期 $T$：对重复性的脉冲信号，两个相邻的脉冲波形上相应点的时间间隔称为脉冲周期，其倒数为脉冲频率 $f=1/T$，是单位时间内脉冲信号的重复次数。

(6) 脉宽比 $t_w/T$：脉冲宽度与周期之比，其倒数称为空度比或占空系数 $q$。

脉冲的这些参数十分重要，根据它们可以判断脉冲作用于电路时对电路的要求。在数字系统中，常常采用以下两种方法来获得所需符合要求的脉冲信号：

一是利用振荡器直接产生所需要的脉冲波形。这种电路不需外加触发信号，只要电路电源电压、电路参数选取合适，电路就会自动产生脉冲信号(自激振荡)。这一类电路称为多谐振荡器。

另一种是利用变换电路将已有的性能不符合要求的脉冲信号变换成符合要求的矩形脉冲信号。变换电路本身不能产生脉冲信号，它仅仅起变换作用而已。这类电路包括单稳态触发器和施密特触发器。

# 8.2 多谐振荡器

多谐振荡器是一种矩形波发生器，它无需外加输入信号，便可自动产生一定频率的具有高、低电平的矩形波形，它内含丰富的高次谐波分量，故称为多谐振荡器。由于多谐振荡器产生的矩形脉冲总是在高、低电平间相互转换，没有稳定状态，所以也称为无稳态电路。

## 8.2.1 由 CMOS 非门构成的多谐振荡器

由于 CMOS 门电路输入阻抗高，无需大电容就能获得较大的时间常数；而且 CMOS 门电路的阈值电压稳定，所以常用来构成低频多谐振荡器。

### 1. 电路组成

图 8-2 是由两级 CMOS 门构成的多谐振荡器电路及工作波形。

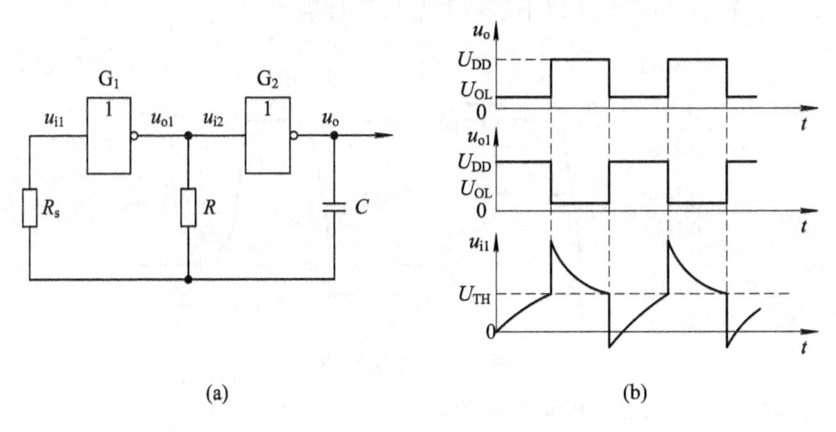


图 8-2　CMOS 门构成多谐振荡器

(a) 振荡器电路；(b) 工作波形

电路由两个 CMOS 非门 $G_1$、$G_2$，两个电阻 $R_s$、$R$ 和一个电容 $C$ 组成。$R$、$C$ 用作定时元件决定振荡器的频率，$R_s$ 是隔离电阻，理想情况下，由于 CMOS 门电路输入阻抗非常高，所以电阻 $R_s$ 中几乎没有电流，可将 $R_s$ 短路。两级非门经 $R_s$、$C$ 构成闭环正反馈。

### 2. 工作原理

首先在静态时，电容 $C$ 开路，电阻 $R$ 上的电流也近似为零，故 $G_1$ 门的输入和输出电位相等 $u_{i1}=u_{o1}$，即 $G_1$ 门的静态工作点位于电压传输特性的中点，从而使 $G_1$ 的阈值电压 $U_{TH}=\frac{1}{2}U_{DD}$。

(1) 假设通电后，电路处于 $G_1$ 门关断，输出 $u_{o1}$ 高电平；$G_2$ 门开启，输出 $u_o$ 低电平状态，我们将它称为第一暂态。这时 $u_{o1}$ 经 $R$ 对 $C$ 进行充电，使 $u_{i1}$ 逐步升高。当 $u_{i1}$ 升高到 $u_{i1} \geqslant U_{TH}$ 时，电路状态发生翻转。$G_1$ 门开启，输出 $u_{o1}$ 跳变为低电平；$G_2$ 门关断，输出 $u_o$ 跳变为高电平，与此同时，$u_{i1}$ 随着 $u_o$ 上跳，电路进入第二暂态。

(2) 电路处于 $u_{o1}$ 低电平、$u_o$ 高电平状态后，电容 $C$ 经 $R$ 先进行放电，再进行反充电，$u_{i1}$ 逐步下降。当 $u_{i1} \leqslant U_{TH}$ 时，电路再次翻转，$G_1$ 门关断，输出 $u_{o1}$ 高电平；$G_2$ 门开启，输出 $u_o$ 低电平。与此同时，$u_{i1}$ 随着 $u_o$ 下跳，电路回到第一暂态。如此反复循环，在 $G_2$ 输出端得到振荡方波。

**3. 参数估算**

输出方波的幅度：

$$U_{om} \approx U_{DD} \tag{8-1}$$

输出方波的周期：

$$T = 2RC\ln\frac{U_{DD}}{U_{DD} - U_{TH}} = 2RC\ \ln2 \approx 1.4RC \tag{8-2}$$

电路中 $R_s$ 的作用为隔离 $G_1$ 输入端和 $RC$ 放电回路，改善电源电压 $U_{DD}$ 变化对振荡频率的影响，提高频率稳定性。通常取 $R_s \geqslant 2R$。但是 $R_s$ 过大会造成 $u_{i1}$ 波形移相，影响振荡频率的提高。

## 8.2.2　石英晶体多谐振荡器

石英晶体特殊的物质结构使其具有如图 8-3 所示的频率特性。

在石英晶体两端加不同频率的电压信号，它表现出不同的阻抗特性，$f_s$ 为等效串联谐振频率(也称为固有频率)，它只与晶体的几何尺寸有关。石英晶体对频率特别敏感，频率超过或小于 $f_s$ 时，其阻抗会迅速增大，而在 $f_s$ 处其等效阻抗近似为零。利用石英晶体组成的多谐振荡器如图 8-4 所示。

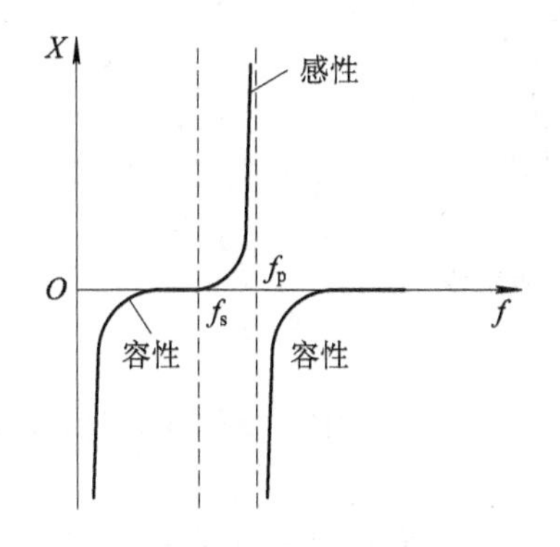


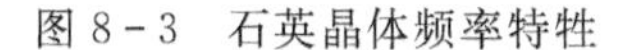
图 8-3　石英晶体频率特性

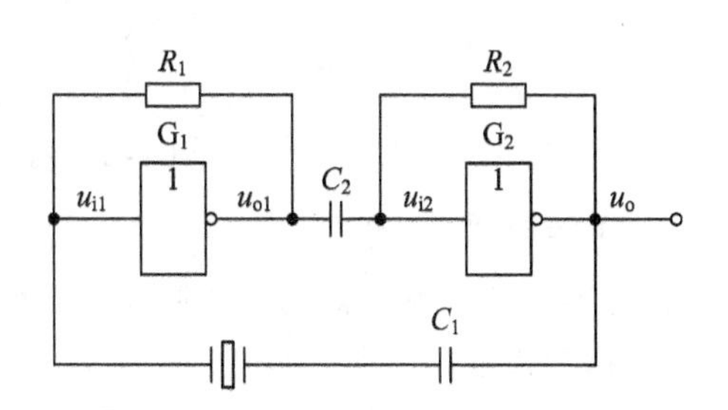


图 8-4　石英晶体多谐振荡器

图中两个反相器 $G_1$ 和 $G_2$ 均并接了电阻 $R_1$ 和 $R_2$，用以确定反相器的工作状态，使其工作在传输特性的折线上，反相器工作在线性放大区。石英晶体组成反馈支路，当电路中的信号频率为石英晶体的谐振频率 $f_s$ 时，整个电路形成正反馈，产生多谐振荡。电路中 $C_1$ 及 $C_2$ 为耦合电容，同时可通过 $C_1$ 来微调振荡频率。

由于石英晶体振荡频率稳定，选频特性好，因此由石英晶体组成的多谐振荡器具有很高的频率稳定性，在时钟、计算机等高精度系统中常作为基准时钟信号。

**思考题**

1. 多谐振荡器的组成特点是什么？

2. 为什么CMOS门并接电阻后，其阈值电压$U_{TH}=\frac{1}{2}U_{DD}$。

3. 石英晶体多谐振荡频率的特点是什么？

## 8.3 单稳态触发器

单稳态触发器不同于多谐振荡器的无稳态，也不同于触发器的双稳态。单稳态触发器在无外加触发信号时，电路处于稳态。在外加触发信号的作用下，电路从稳态进入到暂稳态，经过一段时间后，电路又会自动返回到稳态。暂稳态维持时间的长短取决于电路本身的参数，与触发信号无关。单稳态触发器在触发信号的作用下能产生一定宽度的矩形脉冲，广泛用于数字系统中的整形、延时和定时。

### 8.3.1 微分型单稳态触发器

**1. 电路组成**

由门电路组成的微分型单稳态触发器电路如图8-5所示，$G_1$的输出经$RC$微分电路耦合到$G_2$的输入，而$G_2$的输出直接耦合到$G_1$的输入。$RC$组成定时电路，其中$R$的数值要小于$G_2$的关门电阻($R_{off}$)。

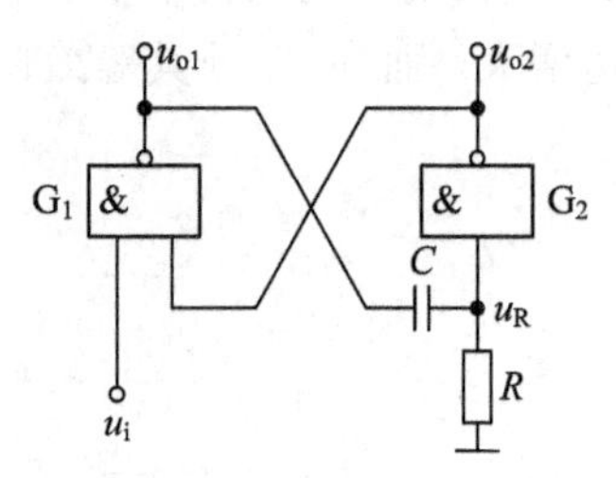


图8-5 微分型单稳态触发器

**2. 工作原理**

微分型单稳态触发器的工作原理可分为四个过程讨论，参看图8-6所示的工作波形。

1) 稳定状态

在无触发信号($u_i$高电平)时，电路处于稳态，由于$R<R_{off}$，因此$G_2$关门，输出$u_{o2}$为高电平，$G_1$开门，输出$u_{o1}$为低电平。

2) 触发翻转

当在$u_i$端加触发信号(负脉冲)时，$G_1$关门，$u_{o1}$跳到高电平，由于电容$C$上电压不能突变，使$u_R$也随之上跳，$G_2$开门，$u_{o2}$变为低电平并反馈到$G_1$的输入端以维持$G_1$的关门状态，电路进入暂稳态。

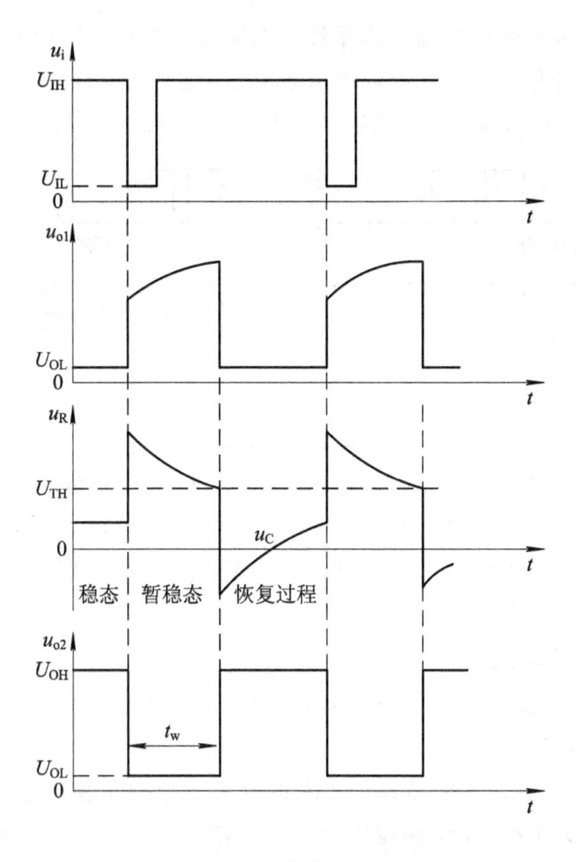


图 8-6 微分型单稳态触发器工作波形

3) 自动翻转

进入暂稳态后，$u_{o1}$的高电平要通过电阻 $R$ 到地给 $C$ 充电，使 $u_R$ 逐渐下降，当 $u_R$ 达到 $U_{TH}$后 $G_2$ 关门，$u_{o2}$变回高电平。也使 $G_1$ 开门，$u_{o1}$变回低电平，电路回到稳态。

4) 恢复过程

暂态结束后，$u_{o1}$回到低电平，已充电的 $C$ 又沿原路放电，使 $u_C$ 恢复到稳态值，为下一次触发翻转做准备。

**3. 参数估算**

由以上分析可知，单稳态触发器的输出脉冲宽度取决于暂稳态的维持时间，也就是取决于电阻 $R$ 和电容 $C$ 的大小，可近似估算如下：

$$t_w \approx 0.7RC \tag{8-3}$$

在应用微分型单稳态触发器时对触发信号 $u_i$ 的脉宽和周期有一定的限制。要求脉宽要小于暂稳态时间，周期要大于暂稳态加恢复过程时间，这样才能保证电路正常工作。

## 8.3.2 集成单稳态触发器

单稳态触发器应用较广，电路形式也较多。其中集成单稳态触发器由于外接元件少，工作稳定、使用灵活方便而更为实用。

集成单稳态触发器根据工作状态不同可分为不可重复触发和可重复触发两种。其主要区别在于：不可重复触发单稳态触发器在暂稳态期间不受触发脉冲影响，只有暂稳态结束触发脉冲后才会再起作用。可重复触发单稳态触发器在暂稳态期间还可接收触发信号，电路被重新触发，当然，暂稳态时间也会顺延。图 8-7 是两种单稳态触发器的工作波形。

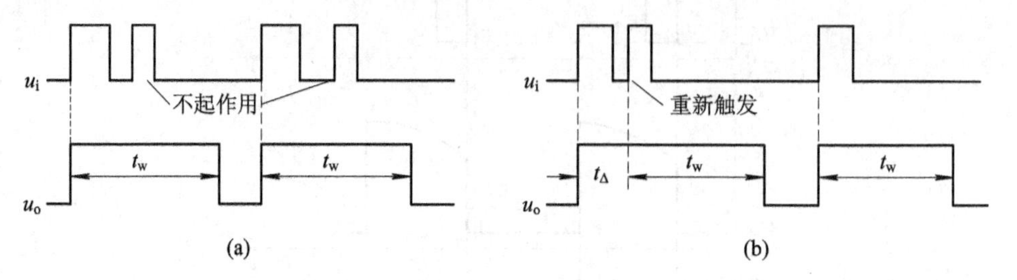


图 8-7　两种单稳态触发器工作波形

(a) 不可重复触发单稳态触发器；(b) 可重复触发单稳态触发器

常见的集成单稳态触发器有 TTL 型的 74LS121、74LS221、74LS122、74LS123，高速 CMOS 型的 74HC123、74HC221、74HC4538，CMOS4000 型的 CC4098、CC14528 等。本节仅以 74LS121 为例作介绍。

**1. 74LS121 组成及功能**

TTL 型单稳态触发器 74LS121 是一种不可重复触发单稳态触发器，其逻辑符号、外引线排列如图 8-8 所示。

该芯片是 14 管脚、双列直插结构，片内集成了微分型单稳态触发器及控制、缓冲电路。$A_1$、$A_2$、$B$ 为触发输入端，$Q$ 和 $\bar{Q}$ 为互补输出端，9、10 和 11 脚为外接定时元件端。

74LS121 的功能表如表 8-1 所示，前四行是稳态，后五行为暂稳态。$A_1$、$A_2$ 为下降沿触发，$B$ 为上升沿触发。当 $A_1$、$A_2$ 中至少有一个为低电平时，$B$ 由 0 跳到 1，或者 $B$ 为高电平；当 $A_1$、$A_2$ 中至少有一个由 1 跳到 0(另一个为高电平)时，电路由稳态翻转到暂稳态。

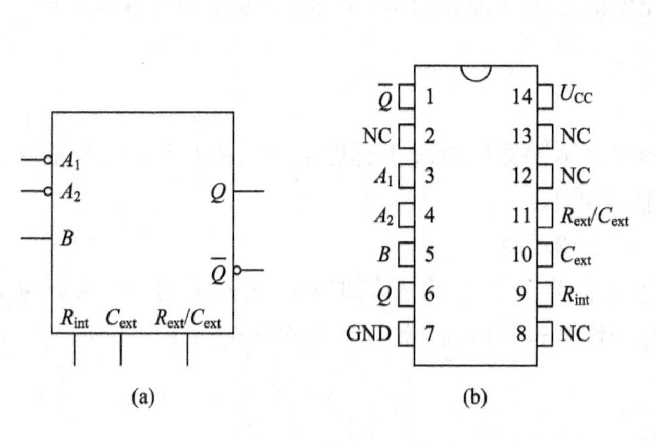


图 8-8　集成单稳态触发器

(a) 逻辑符号；(b) 外引线图

**表 8-1　74LS121 的功能表**

| 输入 | | | 输出 | |
|---|---|---|---|---|
| $A_1$ | $A_2$ | $B$ | $Q$ | $\bar{Q}$ |
| $L$ | × | $H$ | $L$ | $H$ |
| × | $L$ | $H$ | $L$ | $H$ |
| × | × | $L$ | $L$ | $H$ |
| $H$ | $H$ | × | $L$ | $H$ |
| $H$ | ↓ | $H$ | ⊓ | ⊔ |
| ↓ | $H$ | $H$ | ⊓ | ⊔ |
| ↓ | ↓ | $H$ | ⊓ | ⊔ |
| $L$ | × | ↑ | ⊓ | ⊔ |
| × | $L$ | ↑ | ⊓ | ⊔ |

**2. 输出脉宽**

74LS121外接定时元件有两种方式，如图8-9所示。

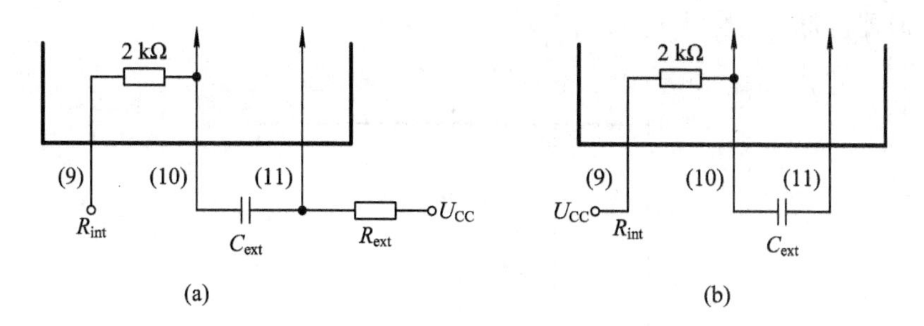


图8-9 74LS121外接定时元件方式

(a) 外接$C_{ext}$和$R_{ext}$；(b) 外接$C_{ext}$

图(a)外接定时电容$C_{ext}$和电阻$R_{ext}$，输出脉冲宽度估算为

$$t_w = 0.7R_{ext}C_{ext} \quad (8-4)$$

图(b)利用片内定时电阻$R_{int}$，仅外接定时电容$C_{ext}$，输出脉冲宽度估算为

$$t_w = 0.7R_{int}C_{ext} = 1.4C_{ext} \quad (8-5)$$

式中，电阻$R_{ext}$的取值范围为2～100 kΩ，电容$C_{ext}$的取值范围为10 pF～10 μF。

## 8.3.3 单稳态触发器的应用

单稳态触发器应用十分广泛，根据它所起的作用，可分为整形、定时、延时等应用。

**1. 整形**

在数字信号的采集、传输过程中，经常会遇到不规则的脉冲信号。这时，便可利用单稳态触发器将其整形。具体方法是将不规则的脉冲信号作为触发信号加到单稳态触发器的输入端，合理选择定时元件，即可在输出端产生标准脉冲信号，如图8-10所示。

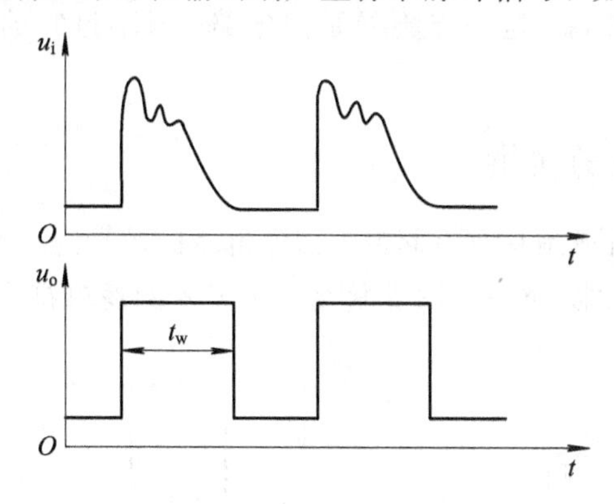


图8-10 单稳态整形波形

**2. 定时**

由于单稳态触发器能根据需要产生一定宽度$t_w$的脉冲输出，所以常用作定时电路使用。即用计时开始信号去触发单稳态触发器，经$t_w$时间后，单稳态触发器便可给出到时信号。

### 3. 延时

如图 8-11 所示，$u_i$ 负脉冲加到单稳触发端，在单稳态触发器输出端接一微分电路，则经 $t_w$ 延时即可得一负脉冲 $u_o'$。

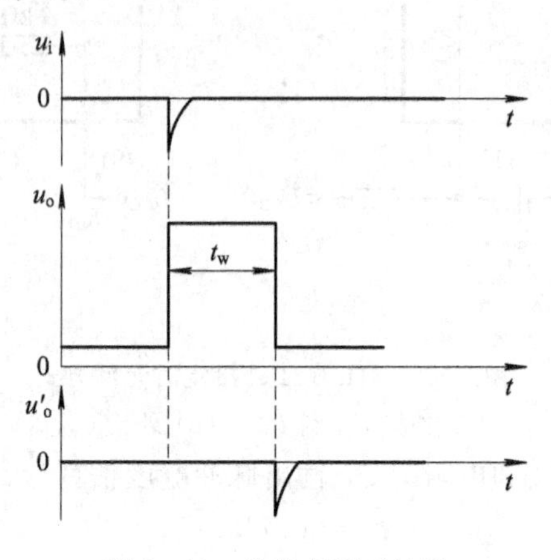


图 8-11 单稳态延时波形

## 思考题

1. 单稳态触发器的特点及用途是什么？
2. 单稳态触发器的定时元件起什么作用，与输出脉宽有何关系？
3. 可重复及不可重复触发的意义是什么，微分型单稳态触发器能否实现可重复触发？

# 8.4 施密特触发器

施密特触发器是输出具有两个相对稳态的电路，所谓相对是指输出的两个高低电平状态必须依靠输入信号来维持，这一点更像是门电路，只不过它的输入阈值电压有两个不同值。

## 8.4.1 施密特触发器的功能

施密特触发器可以看成是具有不同输入阈值电压的逻辑门电路，既有门电路的逻辑功能，又有滞后电压传输特性。图 8-12 是施密特触发器的逻辑符号和电压传输特性。

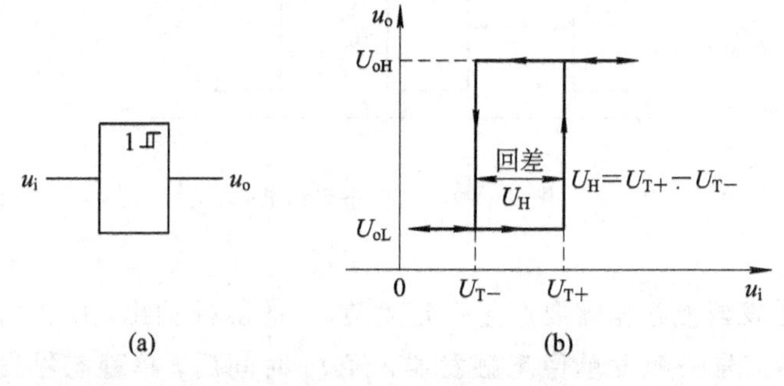


图 8-12 施密特触发器的逻辑符号和电压传输特性

(a) 施密特触发器的逻辑符号；(b) 电压传输特性

其中，$U_{T+}$ 为正向阈值电压，$U_{T-}$ 为负向阈值电压。其作用为：当 $u_i \geqslant U_{T+}$ 时电路处于开门状态，当 $u_i \leqslant U_{T-}$ 时电路处于关门状态，当 $U_{T-} \leqslant u_i \leqslant U_{T+}$ 时电路处于保持状态。$U_H$ 为滞后电压或回差电压，$U_H = U_{T+} - U_{T-}$。

## 8.4.2　由 CMOS 门构成的施密特触发器

图 8-13 是由 CMOS 非门构成的施密特触发器。

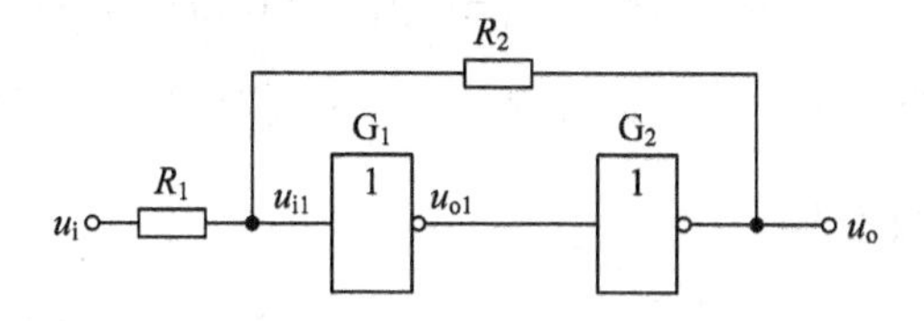


图 8-13　CMOS 非门施密特触发器

由电路可得(利用叠加原理)

$$u_{i1} = \frac{R_2}{R_1 + R_2} \cdot u_i + \frac{R_1}{R_1 + R_2} \cdot u_o \tag{8-6}$$

如在输入端加一个三角波，如图 8-14 所示，则电路有如下工作过程：

(1) $u_i = 0$ V，$G_1$ 关门，$u_{o1} = U_{o1H}$，$G_2$ 开门，$u_o = U_{oL} \approx 0$ V。带入式(8-6)，可得：

$$u_{i1} = \frac{R_2}{R_1 + R_2} \cdot u_i = 0 \tag{8-7}$$

(2) 增大 $u_i$，$u_{i1}$ 随之增大。当 $u_{i1} = U_{TH}$ 时，$G_1$ 开门、$G_2$ 关门。由式(8-7)得

$$u_{i1} = \frac{R_2}{R_1 + R_2} \cdot u_i = U_{TH}$$

$$u_i = \frac{R_1 + R_2}{R_2} \cdot U_{TH} = U_{T+} \tag{8-8}$$

此后只要 $u_i > U_{T+}$，$u_o = U_{oH} \approx U_{DD}$。带入式(8-6)，可得

$$u_{i1} = \frac{R_2}{R_1 + R_2} \cdot u_i + \frac{R_1}{R_1 + R_2} \cdot U_{DD} > U_{TH}\text{，保持 } u_o = U_{oH}$$

(3) 减小 $u_i$，$u_{i1}$ 随之减小，当 $u_{i1} = U_{TH}$ 时有

$$u_{i1} = \frac{R_2}{R_1 + R_2} \cdot u_i + \frac{R_1}{R_1 + R_2} \cdot U_{DD} = U_{TH}$$

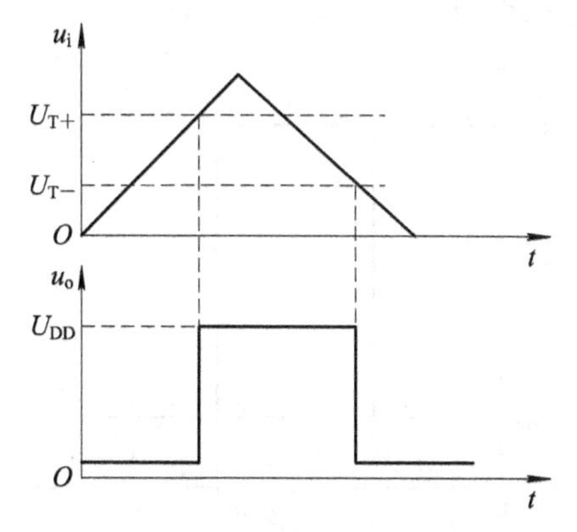


图 8-14　施密特触发器工作波形

$$u_i = \frac{R_1 + R_2}{R_2} \cdot U_{TH} - \frac{R_1}{R_2} U_{DD} = U_{T-} \tag{8-9}$$

此时 $G_1$ 关门，$G_2$ 开门，$u_o = U_{oL}$；此后 $u_i < U_{T-}$，$u_{i1} = \frac{R_2}{R_1 + R_2} \cdot u_I < U_{TH}$，保持 $u_o = U_{oL}$。

电路回差：

$$U_H = U_{T+} - U_{T-} = \frac{R_1 + R_2}{R_2} \cdot U_{TH} - \left(\frac{R_1 + R_2}{R_2} \cdot U_{TH} - \frac{R_1}{R_2} U_{DD}\right) = \frac{R_1}{R_2} U_{DD} \tag{8-10}$$

由以上分析可得，只要调整电阻 $R_1$、$R_2$ 的比率，就可调整电路的回差，非常方便。

### 8.4.3 集成施密特触发器

施密特触发器的滞后特性具有非常重要的实用价值，所以在很多逻辑电路中都加入了施密特功能，组成施密特式集成电路，如 74LS13 是带有施密特触发的双四输入与非门，74LS14 是带有施密特触发的六反相器，而我们前面介绍的 74121 是具有施密特触发器的单稳态触发器。图 8-15 是 74LS14 逻辑符号及外引线排列图。

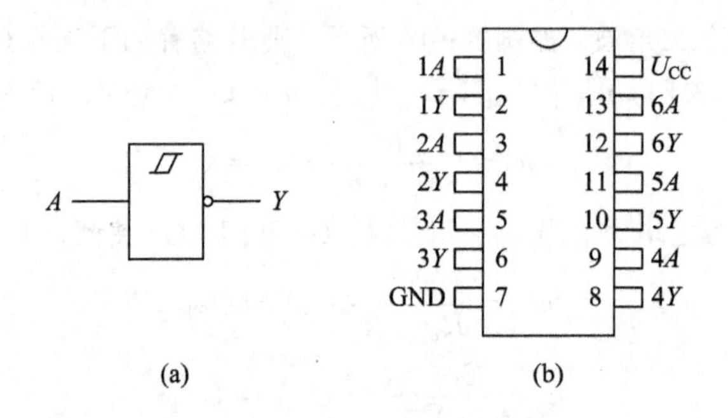


图 8-15 集成施密特触发器 74LS14

(a) 逻辑符号；(b) 外引线图

74LS14 片内有六个带施密特触发的反相器，正向阈值电压 $U_{T+} = 1.6$ V，负向阈值电压 $U_{T-} = 0.8$ V，回差电压 $U_H = 0.8$ V。电路的逻辑关系为

$$Y = \overline{A}$$

图 8-16 是 74LS14 的电压传输特性。

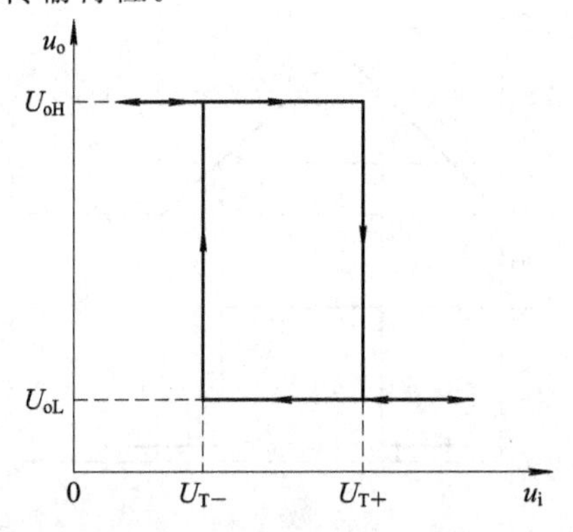


图 8-16 74LS14 电压传输特性

### 8.4.4　施密特触发器的应用

施密特触发器应用非常广泛，可用于波形的变换、整形，幅度鉴别，构成多谐振荡器、单稳态触发器等。

**1. 波形的变换与整形**

施密特触发器可将正弦波等其他波形变换成矩形波，如图 8－17 所示。

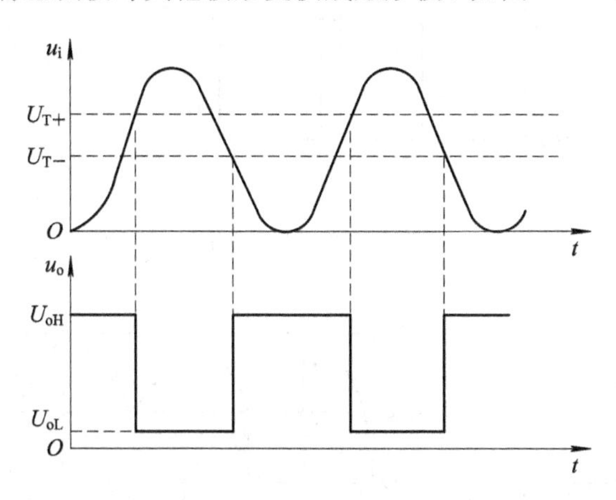


图 8－17　波形变换

施密特触发器可将受干扰的脉冲波形变换成标准波形，如图 8－18 所示。

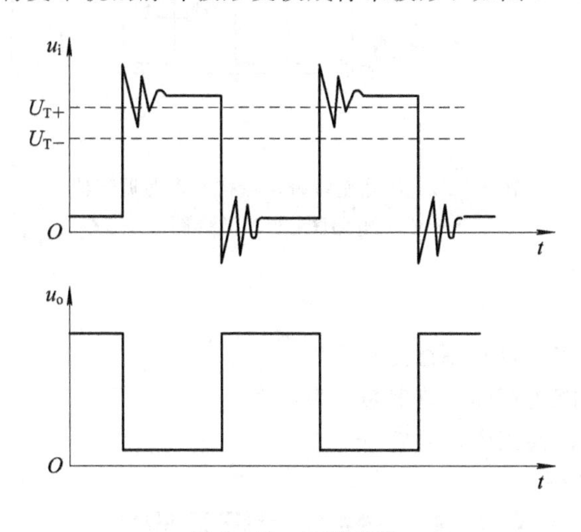


图 8－18　波形整形

**2. 幅度鉴别**

利用施密特触发器可对一串脉冲进行幅度鉴别，如图 8－19 所示，将幅度较小的去除，保留幅度较大的脉冲。

**3. 构成多谐振荡器**

利用施密特触发器可构成多谐振荡器，图 8－20 是电路及波形图。它的原理是用电容端电压控制施密特触发器导通翻转，通过 $u_o$ 电压的高低对电容进行充放电。

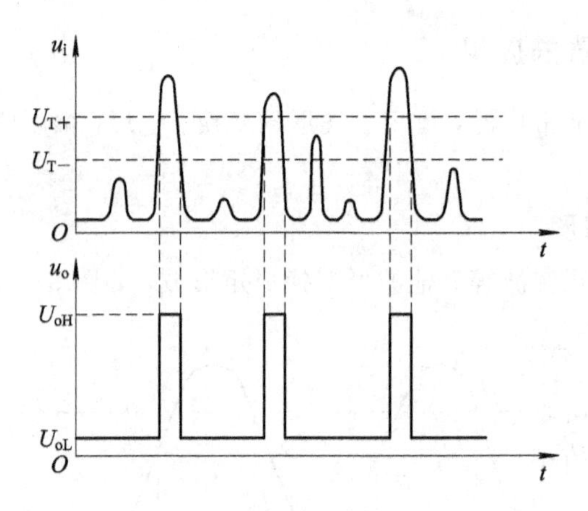


图 8-19 幅度鉴别

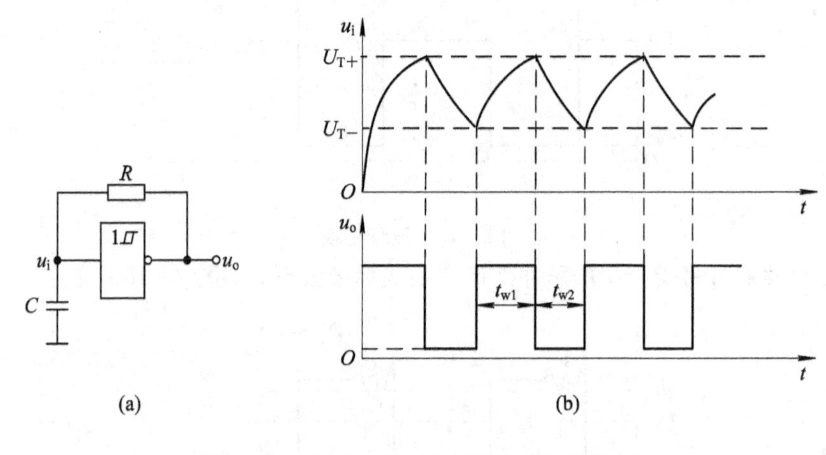


图 8-20 用施密特触发器构成多谐振荡器
(a) 电路图；(b) 波形图

**思考题**

1. 施密特触发器的特点及用途是什么？
2. 施密特触发器能否存储二进制数，为什么？
3. 施密特触发器在使用中应注意什么？

## 8.5 555 定时器及应用

555 定时器是一种将模拟电路和数字电路混合在一起的中规模集成电路，它结构简单，使用灵活方便，应用非常广泛。通常只要在外部配接少量的元件就可形成很多实用电路。

555 定时器可分为 TTL 电路和 CMOS 电路两种类型，TTL 电路标号为 555 和 556（双），电源电压 5～16 V，输出最大负载电流 200 mA；CMOS 电路标号为 7555 和 7556（双），电源电压 3～18 V，输出最大负载电流 4 mA。

## 8.5.1　555 定时器的电路结构及功能

### 1. 555 定时器的电路结构

TTL 型 555 定时器电路结构、逻辑符号、外引线排列如图 8-21 所示。它由三个分压电阻(5 kΩ)，两个电压比较器($C_1$、$C_2$)、基本 RS 触发器($G_1$、$G_2$)、反相缓冲器($G_3$)及放电管(V)组成。整个芯片有八个引脚，各引脚名称如图上所标。

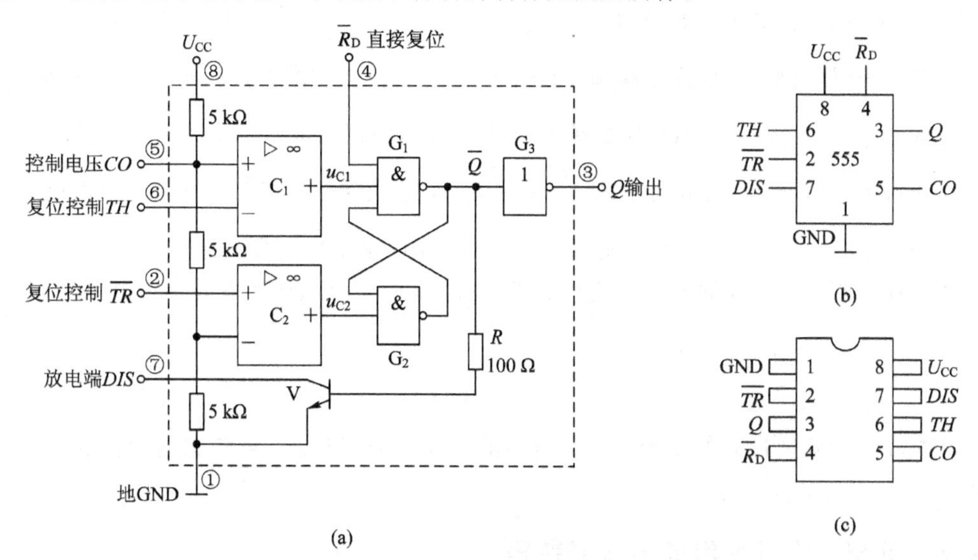


图 8-21　555 定时器
(a) 电路结构；(b) 逻辑符号；(c) 外引线图

### 2. 555 定时器工作原理及功能

由三个 5 kΩ 电阻组成的分压网络为两个电压比较器提供了两个参考电压，它们是 $C_1$ 的同相输入端电压 $u_{i1+}=\frac{2}{3}U_{CC}$ 和 $C_2$ 的反相输入端电压 $u_{i2-}=\frac{1}{3}U_{CC}$，当将输入电压分别加到复位控制端 $TH$ 和置位控制端 $\overline{TR}$ 时，它们将与 $u_{i1+}$ 和 $u_{i2-}$ 进行比较以决定电压比较器 $C_1$、$C_2$ 的输出，从而确定 RS 触发器及放电管 V 的工作状态。表 8-2 是 555 定时器的功能表。

**表 8-2　555 定时器的功能表**

| 输入 | | | 输出 | |
|---|---|---|---|---|
| $TH$ | $\overline{TR}$ | $\overline{R}_D$ | $Q$ | V 状态 |
| × | × | 0 | 0 | 导通 |
| $>\frac{2}{3}U_{CC}$ | $>\frac{1}{3}U_{CC}$ | 1 | 0 | 导通 |
| $<\frac{2}{3}U_{CC}$ | $<\frac{1}{3}U_{CC}$ | 1 | 1 | 截止 |
| $<\frac{2}{3}U_{CC}$ | $>\frac{1}{3}U_{CC}$ | 1 | 不变 | 不变 |

第一行为直接复位操作，在 $\bar{R}$ 端加低电平复位信号，定时器复位，$Q=0$、$\bar{Q}=1$，放电管饱和导通。

第二行为复位操作，直接复位端 $\bar{R}_D=1$(以下均是)，复位控制端 $TH>\frac{2}{3}U_{CC}$，置位控制端$\overline{TR}>\frac{1}{3}U_{CC}$，分析比较器的状态可得，$u_{C1}=0$，$u_{C2}=1$，RS 触发器置 0 态，定时器复位，$Q=0$，$\bar{Q}=1$，放电管饱和导通。

第三行为置位操作，复位控制端 $TH<\frac{2}{3}U_{CC}$，置位控制端$\overline{TR}<\frac{1}{3}U_{CC}$，分析比较器的状态可得，$u_{C1}=1$、$u_{C2}=0$，RS 触发器置 1 态，定时器置位，$Q=1$，$\bar{Q}=0$，放电管截止。

第四行为保持状态，复位控制端 $TH<\frac{2}{3}U_{CC}$，置位控制端$\overline{TR}>\frac{1}{3}U_{CC}$，分析比较器的状态可得，$u_{C1}=1$、$u_{C2}=1$，RS 触发器状态不变，定时器的状态保持原状态。

如果在控制电压 $CO$ 端外加一控制电压 $U_{CO}$，则两个电压比较器的参考电压将变为

$$u_{i1+}=U_{CO}$$

$$u_{i2-}=\frac{1}{2}U_{CO}$$

用 555 定时器通过外接少量元件可容易的形成多谐振荡器、单稳态触发器和施密特触发器。

## 8.5.2　用 555 定时器组成多谐振荡器

### 1. 电路组成

用 555 定时器组成多谐振荡器电路如图 8-22 所示。$R_1$、$R_2$ 和 $C$ 为外接定时元件，复位控制端与置位控制端相连并接到定时电容上，$R_1$ 和 $R_2$ 的接点与放电端相连，控制电压端不用，通常外接 0.01 μF 电容。

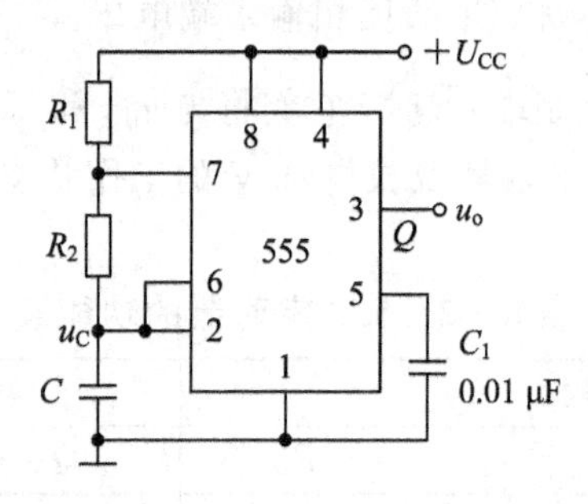


图 8-22　555 组成多谐振荡器

### 2. 工作原理

接通电源后，$U_{CC}$ 通过 $R_1$、$R_2$ 对 $C$ 充电，$u_C$ 上升。开始 $u_C<\frac{1}{3}U_{CC}$，即复位控制端 $TH<\frac{2}{3}U_{CC}$，置位控制端$\overline{TR}<\frac{1}{3}U_{CC}$，定时器置位，$Q=1$、$\bar{Q}=0$，放电管截止。

随后 $u_C$ 越充越高，当 $u_C \geq \frac{2}{3}U_{CC}$ 时，复位控制端 $TH > \frac{2}{3}U_{CC}$，置位控制端 $\overline{TR} > \frac{1}{3}U_{CC}$，定时器复位，$Q=0$、$\bar{Q}=1$，放电管饱和导通，$C$ 通过 $R_2$ 经 V 放电，$u_C$ 下降。

当 $u_C \leq \frac{1}{3}U_{CC}$ 时，又回到复位控制端 $TH < \frac{2}{3}U_{CC}$，置位控制端 $\overline{TR} < \frac{1}{3}U_{CC}$，定时器又置位，$Q=1$、$\bar{Q}=0$，放电管截止，$C$ 停止放电而重新充电。如此反复，形成的振荡波形如图 8-23 所示。

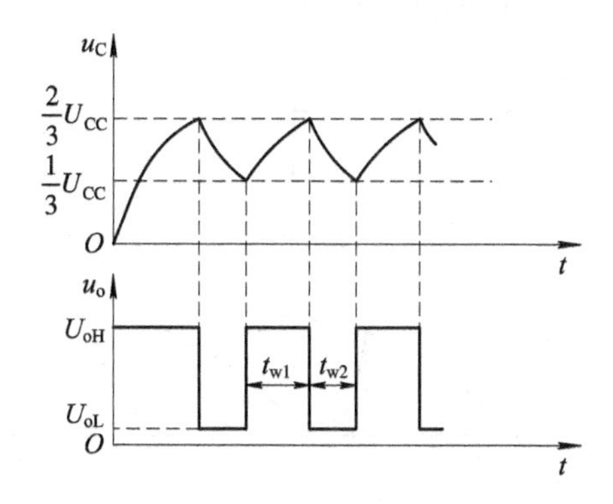


图 8-23　多谐振荡器波形

图中 $t_{w1}$ 是充电时间，$t_{w2}$ 是放电时间，可用下式估算

$$t_{w1} \approx 0.7(R_1 + R_2)C \tag{8-11}$$

$$t_{w2} \approx 0.7R_2C \tag{8-12}$$

多谐振荡器的振荡周期 $T$ 为

$$T = t_{w1} + t_{w2} \approx 0.7(R_1 + R_2)C + 0.7R_2C = 0.7(R_1 + 2R_2)C \tag{8-13}$$

## 8.5.3　用 555 定时器组成单稳态触发器

### 1. 电路组成

用 555 定时器组成单稳态触发器电路如图 8-24 所示。$R$ 和 $C$ 为外接定时元件，复位控制端与放电端相连并连接定时元件，置位控制端作为触发输入端，同样，控制电压端不用外接 0.01 μF 电容。

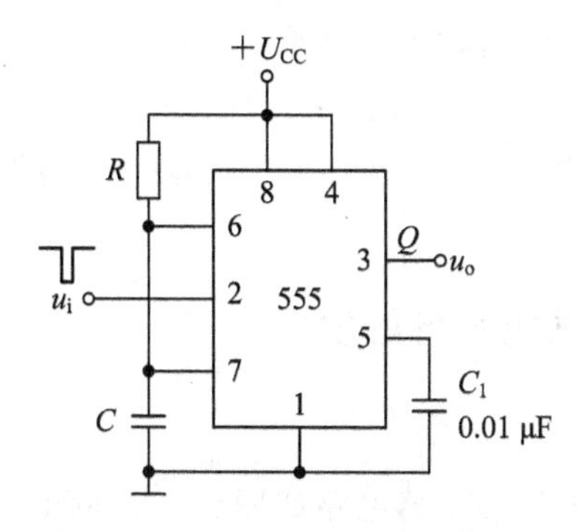


图 8-24　555 组成单稳态触发器

**2. 工作原理**

波形如图 8-25 所示。静态时，触发输入 $u_i$ 高电平，$U_{CC}$通过 $R$ 对 $C$ 充电，$u_C$ 上升。当 $u_C \geqslant \frac{2}{3}U_{CC}$时，复位控制端 $TH>\frac{2}{3}U_{CC}$，而 $u_i$ 高电平使置位控制端$\overline{TR}>\frac{1}{3}U_{CC}$，定时器复位，$Q=0$、$\bar{Q}=1$，放电管饱和导通，$C$ 经 V 放电，$u_C$ 迅速下降。由于 $u_i$ 高电平使$\overline{TR}>\frac{1}{3}U_{CC}$，所以即使 $u_C \leqslant \frac{2}{3}U_{CC}$，定时器也仍保持复位，$Q=0$、$\bar{Q}=1$，放电管始终饱和导通，$C$ 可以将电放完，$u_C \approx 0$，电路处于稳态。

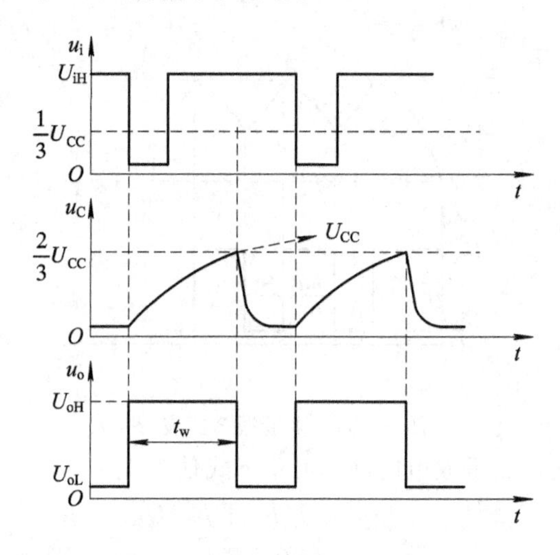


图 8-25 单稳态触发器波形

当触发输入 $u_i$ 低电平时，使置位控制端$\overline{TR}<\frac{1}{3}U_{CC}$，而此时 $u_C \approx 0$ 又使复位控制端 $TH<\frac{2}{3}U_{CC}$，则定时器置位，$Q=1$、$\bar{Q}=0$，放电管截止，电路进入暂稳态。之后，$U_{CC}$通过 $R$ 对 $C$ 充电，$u_C$ 上升。当 $u_C \geqslant \frac{2}{3}U_{CC}$时，复位控制端 $TH>\frac{2}{3}U_{CC}$，而此时 $u_i$ 已完成触发回到高电平使置位控制端$\overline{TR}>\frac{1}{3}U_{CC}$，定时器又复位，$Q=0$、$\bar{Q}=1$，放电管又导通，电路回到稳态。$C$ 经 V 再放电，电路恢复结束。

此单稳态电路的暂稳态时间可按下式估算

$$t_W \approx 1.1RC \tag{8-14}$$

此电路要求输入触发脉冲宽度要小于 $t_W$，并且必须等电路恢复后方可再次触发，所以为不可重复触发电路。

## 8.5.4 用 555 定时器组成施密特触发器

**1. 电路组成**

用 555 定时器组成的施密特触发器电路如图8-26 所示。复位控制端与置位控制端相连并作为输入端，3 脚为输出端。

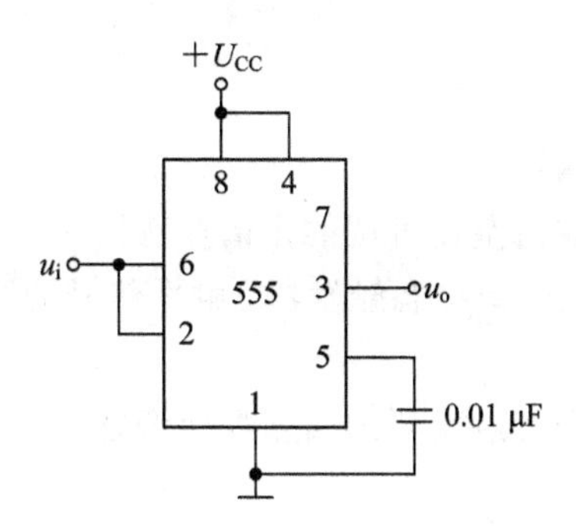


图 8-26　555 定时器组成的施密特触发器

**2. 工作原理**

设输入为三角波电压信号如图 8-27 所示。由电路可知，当输入 $u_i<\frac{1}{3}U_{CC}$ 时，$TH=\overline{TR}<\frac{1}{3}U_{CC}$，定时器置位，输出 $u_o$ 为高电平。当输入 $u_i>\frac{2}{3}U_{CC}$ 时，$TH=\overline{TR}>\frac{2}{3}U_{CC}$，定时器复位，输出 $u_o$ 为低电平。可以看出，此电路的正、负向阈值电压分别为

$$U_{T+}=\frac{2}{3}U_{CC} \tag{8-15}$$

$$U_{T-}=\frac{1}{3}U_{CC} \tag{8-16}$$

回差电压为

$$U_H=U_{T+}-U_{T-}=\frac{1}{3}U_{CC} \tag{8-17}$$

如果在控制电压端 $CO$ 加控制电压 $U_{CO}$，则正、负向阈值电压和回差电压均会相应改变为

$$U_{T+}=U_{CO}\quad U_{T-}=\frac{1}{2}U_{CO}\quad U_H=\frac{1}{2}U_{CO}$$

555 定时器成本低，功能强，使用灵活方便，是非常重要的集成电路器件。由它组成的各种应用电路变化无穷。

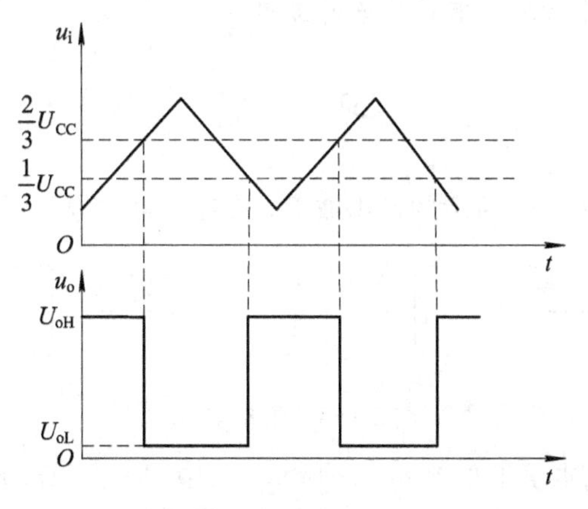


图 8-27　施密特触发器波形

**思考题**

1. 简述555定时器的结构特点。

2. 如何用555定时器组成占空比可调的多谐振荡器。

3. 讨论用555定时器组成的单稳态触发器，触发信号的脉宽和周期均受到定时元件的限制。

4. 用555定时器组成施密特触发器的回差如何调整？

## 小　　结

脉冲信号的产生与整形电路主要包括多谐振荡器、单稳态触发器和施密特触发器。多谐振荡器用于产生脉冲及方波信号，而单稳态触发器和施密特触发器主要用于对波形进行整形和变换，它们都是电子系统中经常使用的单元电路。

多谐振荡器没有稳定状态，只有两个暂稳态。暂稳态间的相互转换完全靠电路本身电容的充电和放电自动完成。因此，多谐振荡器接通电源后就能输出周期性的矩形脉冲。改变 $R$、$C$ 定时元件数值的大小，可调节振荡频率。

在振荡频率稳定度要求很高的情况下，可采用石英晶体振荡器。

单稳态触发器有一个稳定状态和一个暂稳态。其输出脉冲宽度只取决于电路本身 $R$、$C$ 定时元件的数值，与输入信号没有关系。输入信号只起到触发电路进入暂稳态的作用。改变 $R$、$C$ 定时元件的参数值可调节输出脉冲的宽度。

施密特触发器也有两个稳定状态，它的两个稳定状态是靠两个不同的输入电平来维持的，因此输出具有回差特性。调节回差电压的大小，可改变输出脉冲的宽度。

施密特触发器可将任意波形变换成矩形脉冲，还常用来进行幅度鉴别、构成单稳态触发器和多谐振荡器等。

555定时器是一种多用途的集成电路。只需外接少量阻容元件便可组成上述的多谐振荡器、施密特触发器和单稳态触发器。此外，它还能组成其他各种实用电路。由于555定时器使用方便、灵活，有较强的带负载能力和较高的触发灵敏度，所以，它在自动控制、仪器仪表、家用电器等许多领域都有着广泛的应用。

## 习　　题

8-1　要获得如图8-28所示的输出波形，应在方框中设置什么电路？

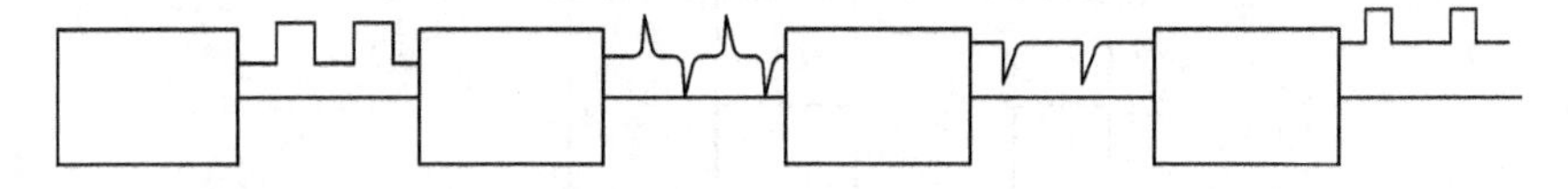

图8-28　题8-1图

8-2　$RC$ 环形多谐振荡器如图8-29所示，其中 $R_s=82\ \Omega$，$R_p=1\ \Omega$，$C=0.015\ \mu F$。

(1) 试分析原理，定性画出 $u_{o1}$、$u_{o2}$、$u_{o3}$、$U_A$ 的波形；

(2) 估算频率调整范围。

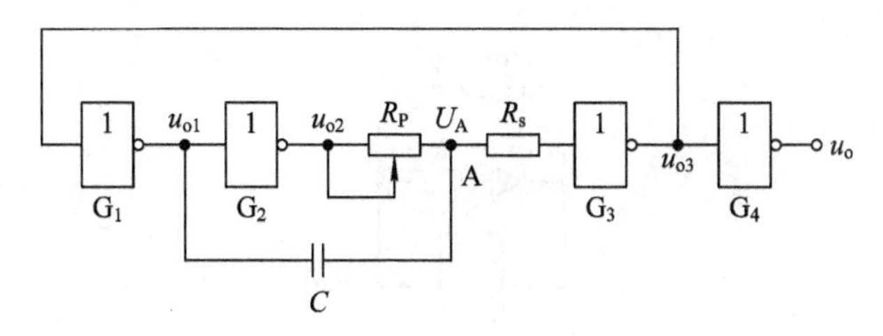


图 8-29　题 8-2 图

8-3　图 8-30 是由 CMOS 反相器构成的多谐振荡器。其中 $R_s$=160 kΩ，$R$=82 kΩ，$C$=220 μF。试用通俗语言叙述其振荡原理，估算振荡频率。

8-4　某一音频振荡电路如图 8-31 所示，试定性分析其工作原理。

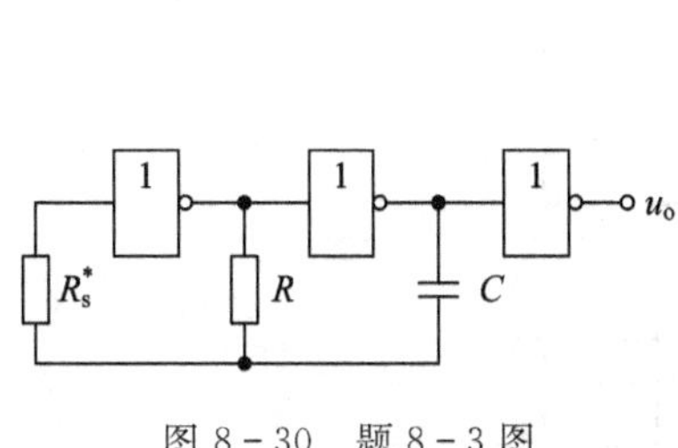


图 8-30　题 8-3 图

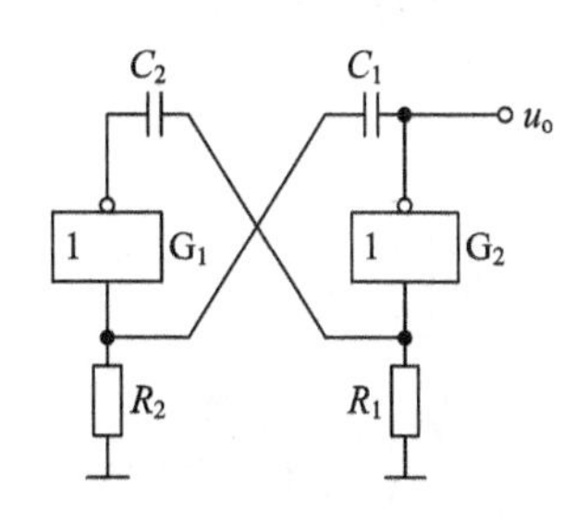


图 8-31　题 8-4 图

8-5　图 8-32 为由 CMOS 与非门和反相器构成的微分型单稳态触发器。已知输入脉宽 $t_{w1}$=2 μs，电源电压 $U_{DD}$=10 V，$U_{TH}$=5 V。

(1) 分析电路工作原理，画出各点电压波形；

(2) 估算输出脉冲宽度 $t_{w0}$；

(3) 试分析如果 $t_{w1}>t_{w0}$，电路能否工作？

8-6　图 8-33 为由 CMOS 与非门和反相器构成的积分型单稳态触发器。已知输入脉宽 $t_{w1}$=60 μs，电源电压 $U_{DD}$=10 V，$U_{TH}$=5 V。

(1) 分析电路工作原理，画出各点电压波形；

(2) 估算输出脉冲宽度 $t_{w0}$；

(3) 试分析如果 $t_{w1}<t_{w0}$，电路能否工作？

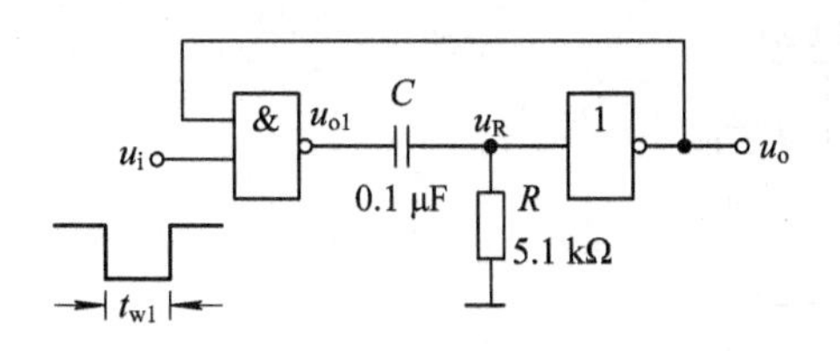


图 8-32　题 8-5 图

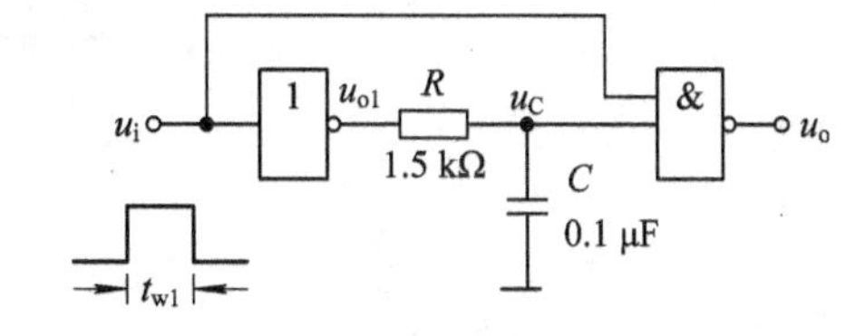


图 8-33　题 8-6 图

8-7　在图 8-34 电路中，已知 $U_{DD}$=5 V，$U_{T+}$=3 V，$U_{T-}$=1.5 V，$R_1$=4.7 kΩ，$R_2$=7.5 kΩ，$C$=0.01 μF。

(1) 分析电路工作原理，画出 $u_C$ 和 $u_o$ 的波形；

(2) 计算电路的振荡频率和占空比。

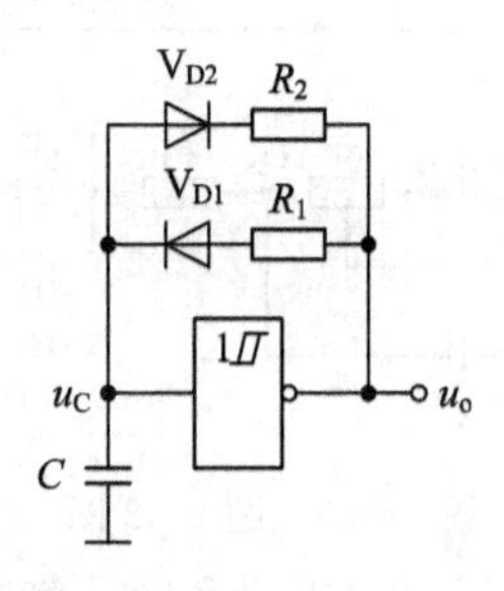


图 8-34　题 8-7 图

8-8　图 8-35(a)是具有施密特功能的 TTL 与非门，如 $A$、$B$ 端输入图 8-35(b)所示波形，试画出输出 $u_o$ 波形。

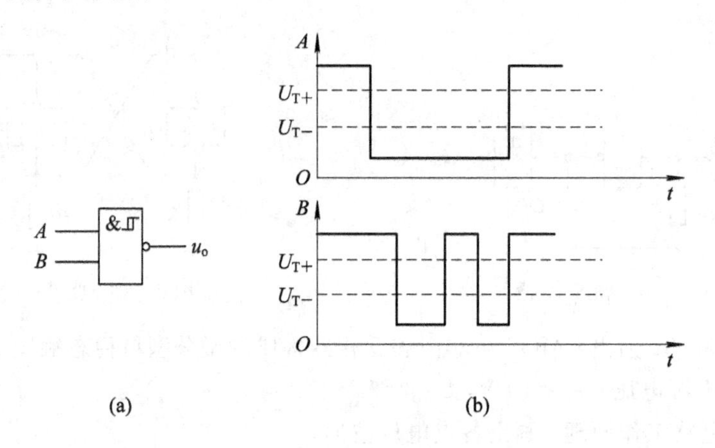


图 8-35　题 8-8 图

8-9　图 8-36 所示是用 74121 集成电路构成的单稳态触发器。如外接电容 $C_{ext}=0.01\ \mu F$，输出脉冲宽度的调节范围为 10 μs～1 ms，试求外接电阻 $R_{ext}$ 的调节范围为多少？

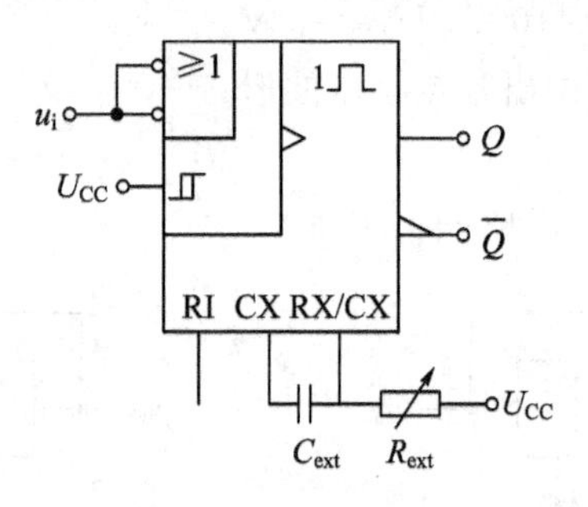


图 8-36　题 8-9 图

8-10　555 定时器连接如图 8-37(a)所示，试根据图 8-37(b)输入波形确定输出波形，并说明该电路相当于什么器件。

8-11　555 定时器连接如图 8-38(a)所示，试根据图 8-38(b)输入波形确定输出波形。

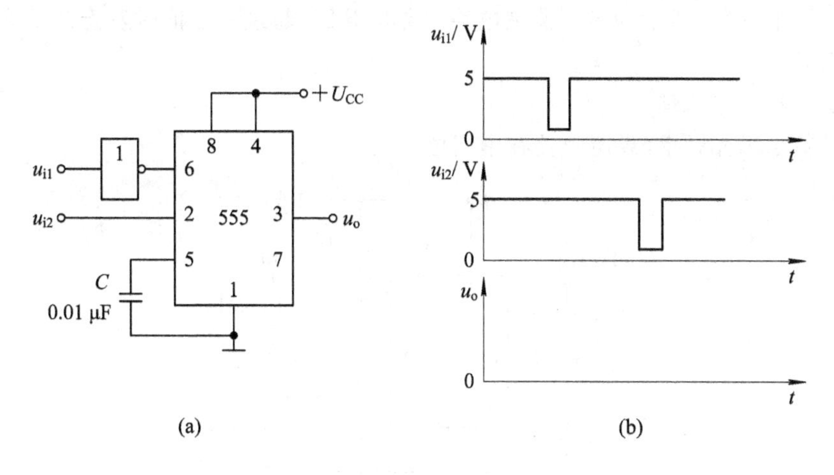


(a)　(b)

图 8 - 37　题 8 - 10 图

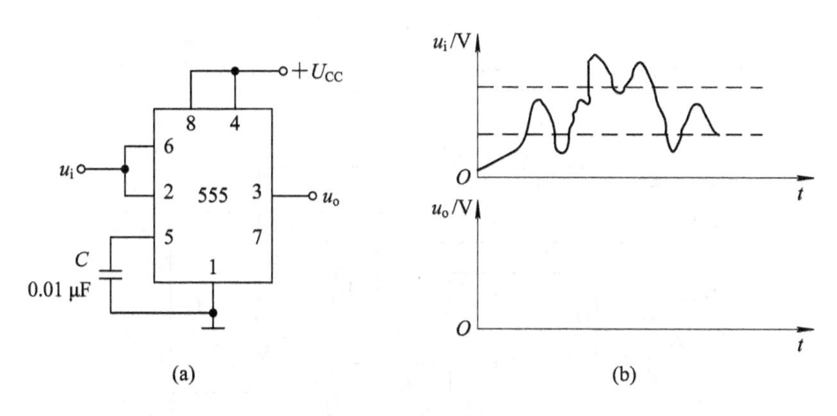


(a)　(b)

图 8 - 38　题 8 - 11 图

8 - 12　555 定时器连接如图 8 - 39(a)所示，试根据图 8 - 39(b)输入波形确定输出波形。

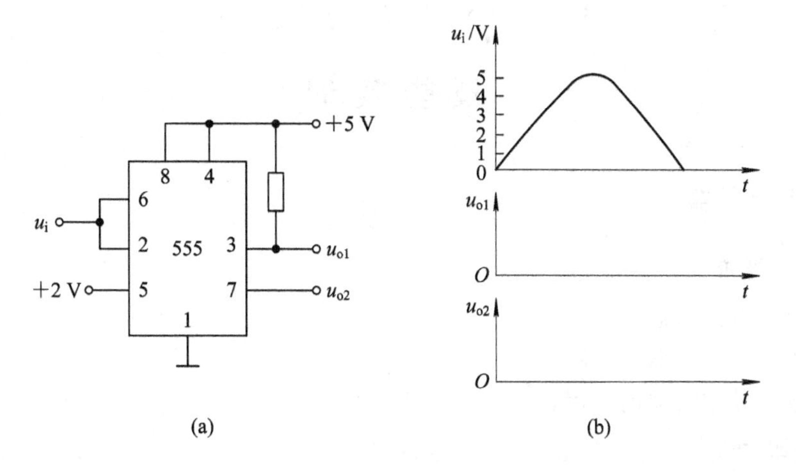


(a)　(b)

图 8 - 39　题 8 - 12 图

8-13 图8-40所示为过压监视电路。当电压$U_X$超过一定值时发光二极管会发出闪光报警信号。

(1) 试分析工作原理;

(2) 计算出闪光频率(设电阻器在中间位置)。

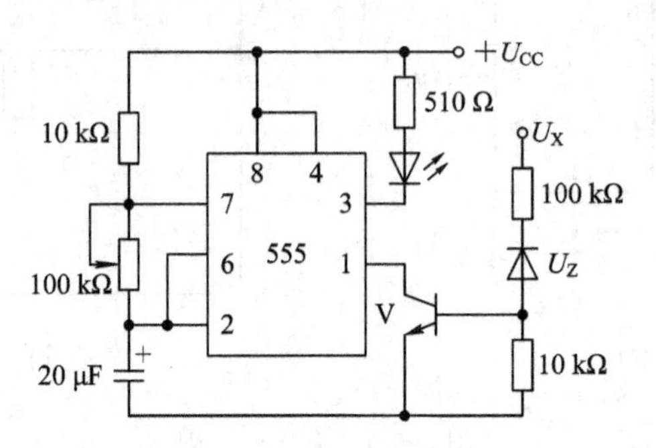


图8-40 题8-13图

8-14 图8-41所示为555定时器组成的"叮—咚"门铃电路,试分析电路工作原理。

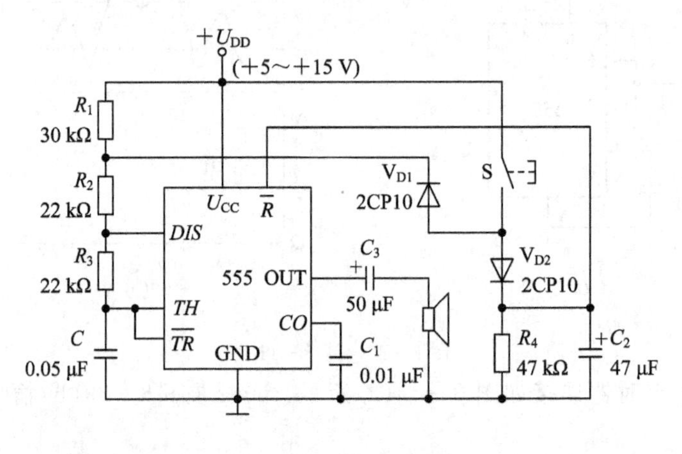


图8-41 题8-14图

# 技 能 实 训

## 实训 555定时器

### 一、技能要求

1. 熟悉555定时器芯片。
2. 掌握555定时器的功能。
3. 熟悉555定时器的应用。

### 二、实训内容

1. 选用555定时器NE555一片(外引线如图8-21所示)。
2. 基本功能测试。将4脚、8脚接电源,1脚接地,5脚接0.01 μF电容。在2脚、6脚分别加输入电压，按表 8－2 测试其功能。

3．搭接成多谐振荡器如图 8－42 所示。

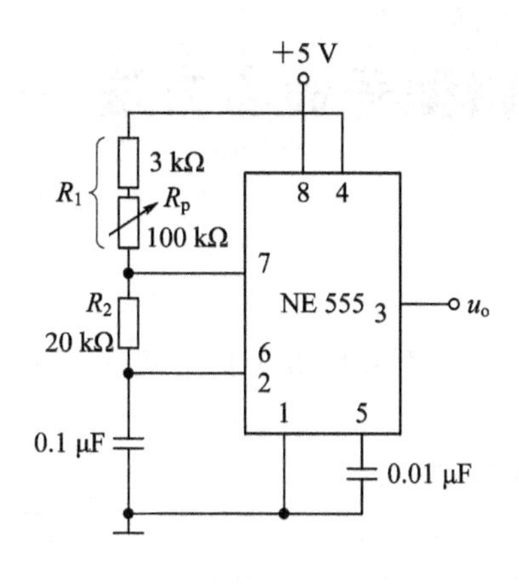


图 8－42　实训图(一)

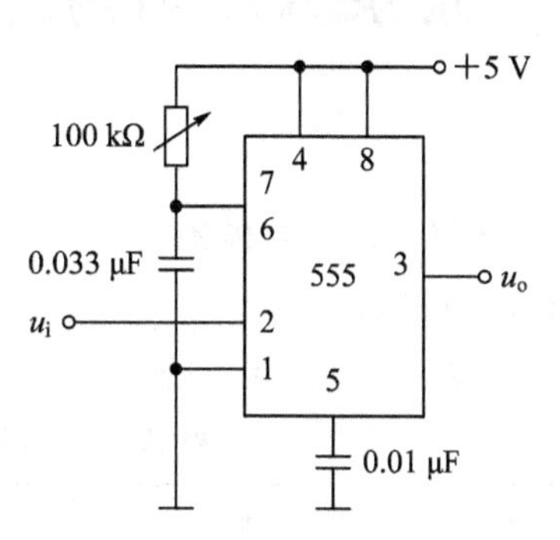


图 8－43　实训图(二)

通电，用示波器观察各点波形。调整电位器，观察波形的变化。测算出振荡频率，并与理论计算值比较。

4．搭接成单稳态触发器如图 8－43 所示。加入触发脉冲，观察输出波形。调整电位器，观察波形的变化。

根据习题中的图 8－40、图 8－41 搭接电路，观察工作情况。

# 附录 A　国内外集成电路型号命名方法

## 1. 我国采用的半导体集成电路型号命名方法

根据国家标准(GB 3430—1989)，半导体集成电路的型号由五个部分组成，其五个部分的符号及意义如表 A－1 所示。

**表 A－1　半导体集成电路的型号组成**

| 第〇部分 | | 第一部分 | | 第二部分 | 第三部分 | | 第四部分 | |
|---|---|---|---|---|---|---|---|---|
| 用字母表示器件符合国家标准 | | 用字母表示器件的类型 | | 用阿拉伯数字和字母表示器件的系列品种 | 用字母表示器件的工作温度范围 | | 用字母表示器件的封装 | |
| 符号 | 意义 | 符号 | 意　义 | 其中 TTL 分为： | 符号 | 意　义 | 符号 | 意　义 |
| C | 符合国家标准 | T | TTL 电路 | 54/74×××； | C | 0～70 ℃ | B | 塑料扁平 |
| | | H | HTL 电路 | 54/75H×××； | G | −25～70 ℃ | F | 多层陶瓷扁平 |
| | | E | ECL 电路 | 54/74L×××； | L | −25～85 ℃ | D | 多层陶瓷双列直插 |
| | | C | CMOS 电路 | 54/74S×××； | E | −40～85 ℃ | P | 塑料双列直插 |
| | | F | 线性放大器 | 54/74LS×××； | R | −55～85 ℃ | J | 黑瓷双列直插 |
| | | D | 音响、电视电路 | 54/74AS×××； | M | −55～125 ℃ | K | 金属菱形 |
| | | W | 稳压器 | 54/74ALS×××； | | | T | 金属圆形 |
| | | J | 接口电路 | 54/74F×××； | | | H | 黑瓷扁平 |
| | | B | 非线性电路 | 54/74AC×××； | | | S | 塑料单列直插 |
| | | M | 存储器 | 54/74AC(T)。 | | | C | 陶瓷片状载体 |
| | | μ | 微型机电路 | | | | E | 塑料片状载体 |
| | | AD | A/D 转换器 | CMOS 分为： | | | G | 网格阵列 |
| | | DA | D/A 转换器 | 4000 系列； | | | | |
| | | SC | 通信专用电路 | 54/74HC×××； | | | ⋮ | |
| | | SS | 敏感电路 | 54/74HCT×××； | | | | |
| | | SW | 钟表电路 | | | | | |
| | | SJ | 机电仪电路 | ⋮ | | | | |
| | | SF | 复印机电路 | | | | | |
| | | VF | 电压/频率和频率/电压转换电路 | | | | | |

**说明**：按照国际上通用的表示方法，各种数字电路的简写如下：

标准 TTL：STDTTL；高速 TTL：HTTL；低功耗 TTL：LTTL；肖特基 TTL：STTL；低功耗肖特基 TTL：LSTTL；先进肖特基 TTL：ASTTL；先进低功耗肖特基 TTL：ALSTTL；仙童(快捷)、先进 TTL：FAST；高速 CMOS：HC 和 HCT；先进 CMOS：AC 和 ACT；54：−55～125 ℃；74：0～70 ℃。

**例 A-1**　肖特基双四输入与非门 CT54S20MD。

C　T　54S20　M　D

多层陶瓷双列直插封装

−55～125 ℃

肖特基系列双四输入与非门

TTL 电路

符合国家标准

**例 A-2**　CMOS4000 系列四双向开关 CC4066EJ。

C　C　4066　E　J

黑瓷双列直插

−40～85 ℃

4000 系列四双向开关

CMOS 电路

符合国家标准

**例 A-3**　通用型集成运算放大器 CF741CT。

C　F　741　C　T

金属圆形封装

0～70 ℃

通用型集成运算放大器

线性放大器

符合国家标准

**2. 国外半导体集成电路型号示例**

国外的集成电路型号，各个生产厂家可能都稍有不同，下面举例说明。

1) 日本电气公司

μP　C　416　D

封装

型号

电路种类

微型器件

其中，电路种类中的 A 为分立器件；B 为数字双极器件；C 为线性；D 为数字 CMOS。封装中的 D 为密封；C 为塑料封装。

2) 日本松下电器公司

DN　74LS00

器件编号

电路种类

其中，电路种类中的 AN 为模拟器件；DN 为数字双极器件；MJ 为开发器件；MN 为 MOS 电路。

3）美国得克萨斯公司

SN　74　LS　10　J

封装

品种

系列(空白：标准；H：高速；S：肖特基；
LS：低功耗肖特基)

工作温度范围(54：0～125 ℃；74：0～70 ℃)

美国 Texas 公司代号

4）其他公司

其他公司的型号命名稍有不同。

# 附录 B　二进制逻辑单元图形符号简介

(GB/T 4728.12—1996)

## B.1　二进制逻辑单元图形符号的组成

二进制逻辑单元图形符号由方框(或方框的组合)和一个或多个限定符号组成，如图 B-1 所示。框图中单星号(*)表示与输入和输出有关的限定符号，双星号(* *)为总限定符号。限定符号在框内，框外为信号。按一般约定，输入线画在方框的左边或上边，输出线画在方框的右边或下边，以保持信息流的方向是从左向右，或从顶到底。

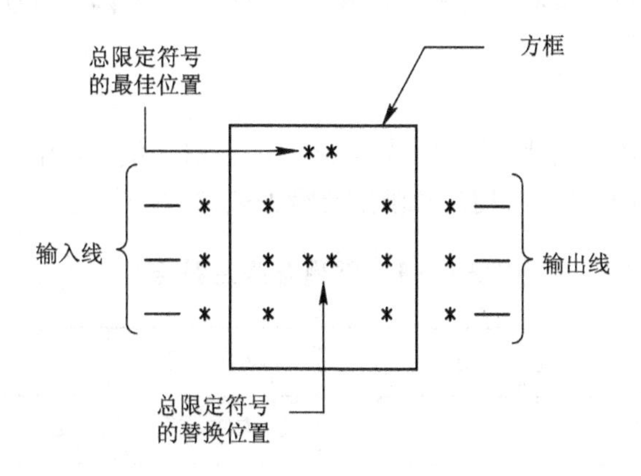


图 B-1　符号的组成

### B.1.1　方框

如图 B-2 所示，方框分为元件框、公共控制框和公共输出元件框。元件框是基本方框，它可与公共控制框或公共输出元件框，或与前二者一起组成逻辑单元框外形轮廓。

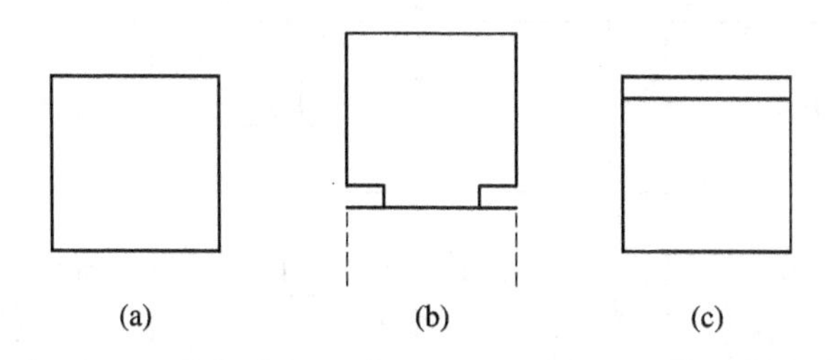


图 B-2　三种方框

(a) 元件框；(b) 公共控制框；(c) 公共输出元件框

方框可用邻接法和镶嵌法的方式组合。在有邻接元件或镶嵌元件的符号中，如果元件框之间的公共线沿着信息流方向，就表明这些元件之间无逻辑连接；如果元件框之间的公共线垂直于信息流方向，则表明元件之间至少有一种逻辑连接。如图 B-3 所示。

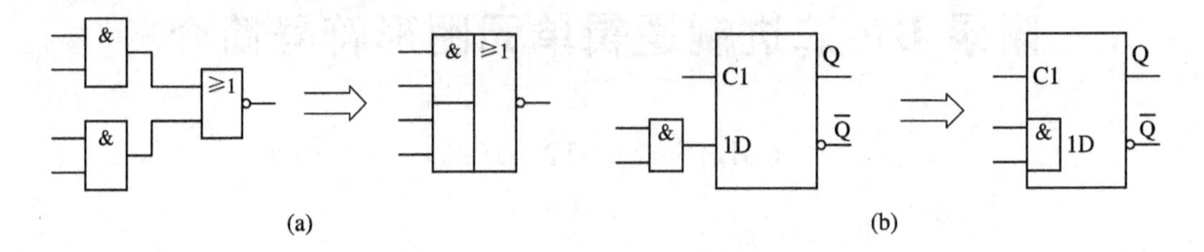


图 B-3　邻接法与镶嵌法
(a) 邻接法；(b) 镶嵌法

## B.1.2　限定符号

限定符号分为总限定符号及与输入、输出和其他连接有关的限定符号两种。限定符号画在元件基本框中用以表明该元件输入或输出的物理特性或逻辑特性；或表明该元件的全部逻辑特性。

### 1. 总限定符号

总限定符号用来规定元件的输出与输入之间的逻辑功能，其作用对象是方框内部，即输入、输出的内部逻辑状态。常用的总限定符号如表 B-1 所示。

**表 B-1　常用总限定符号**

| 符　　号 | 说　　明 | 符　　号 | 说　　明 |
|---|---|---|---|
| & | 与 | COMP | 数值比较 |
| ≥1 | 或 | ALU | 算术逻辑 |
| ≥m | 逻辑门 | ├──┤ | 二进制延迟 |
| =1 | 异或 | I=0 | 初始 0 状态 |
| =m | 等于 m | I=1 | 初始 1 状态 |
| 1 | 缓冲 | ⎍ | 单稳，可重复触发 |
| = | 恒等 | 1 ⎍ | 单稳，不可重复触发 |

**续表**

| 符　　号 | 说　　明 | 符　　号 | 说　　明 |
| --- | --- | --- | --- |
| >n/2 | 多数 | G  | 非稳态 |
| 2k | 偶数(偶数校验) | 1G  | 非稳态，同步启动 |
| 2k+1 | 奇数(奇数校验) | G1  | 非稳态，完成最后一个脉冲后停止 |
| ▷ | 放大、驱动 |  | 输出 |
| *◇ | 分布连接、点功能、线功能 |   | 非稳态，同步启动、完成最后一个脉冲后停止输出 |
| * | 具有磁滞特性 | $SRG_m$ | 移位寄存 |
| X/Y | 转换 | $CTR_m$ | 循环长度为 $2^m$ 的计数 |
| MUX | 多路选择 | $CTRDIV_m$ | 循环长度为 m 的计数 |
| DX 或 DMUX | 多路分配 | $ROM_m$ | 只读存储 |
| Σ | 加法运算 | $PROM_m$ | 可编程只读存储 |
| P－Q | 减法运算 | $RAM^{\triangle}$ | 随机存储 |
| CPG | 先行进位 | $CAM^{\triangle}$ | 内容可寻址寄存 |
| Π | 乘法运算 |  |  |

**注**：* 号用表明单元逻辑功能的总限定符号代替；△号用地址和位数的适当的符号来代替。

**2. 与输入、输出和其他连接有关的限定符号**

与输入、输出和其他连接有关的限定符号用来说明相应输入端或输出端所具有的逻辑功能或物理特性，共有以下四种(见表 B-2～表 B-5)。

**表 B-2　逻辑、逻辑极性和动态输入符号**

| 符　号 | 说　明 |
| --- | --- |
| 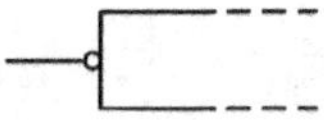 | 逻辑非，示于输入端 |
| 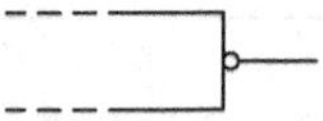 | 逻辑非，示于输出端 |
| 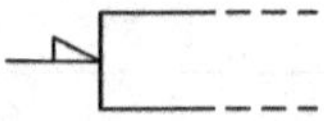 | 逻辑极性指示符，示于输入端 |
| 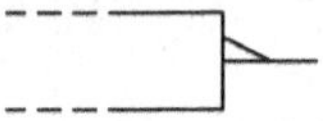 | 逻辑极性指示符，示于输出端 |
| 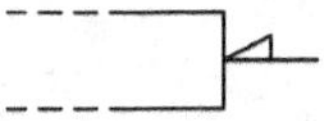 | 逻辑极性指示符，示于从右至左的信息流输入端 |
|  | 逻辑极性指示符，示于从右至左的信息流的输出端 |
| 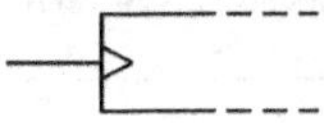 | 动态输入 |
| 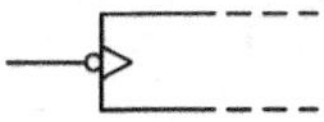 | 有逻辑非的动态输入 |
| 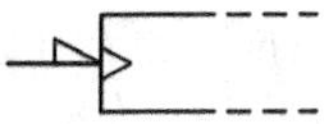 | 有极性指示符的动态输入 |

**表 B-3　内部连接符号**

| 符　号 | 说　明 |
| --- | --- |
| 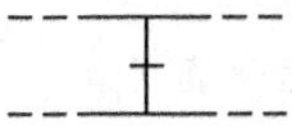 | 内部连接 |
| 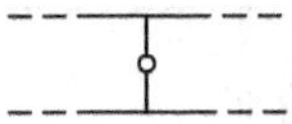 | 有逻辑非的内部连接 |
| 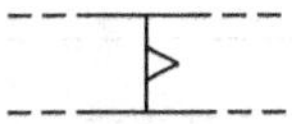 | 有动态特性的内部连接 |
| 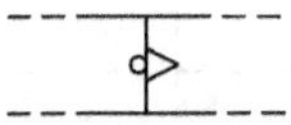 | 有逻辑非和动态特性的内部连接 |
|  | 内部输入(虚拟输入) |
| 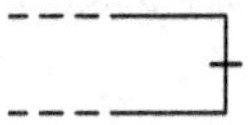 | 内部输出(虚拟输出) |

## 表B-4 方框内符号

| 符号 | 说明 |
| --- | --- |
| | 延迟输出 |
| | 双向门槛输入<br>具有磁滞现象的输入 |
| | 开路输出(例如开集电极、开发射极、开漏极、开源极) |
| | 开路输出(H型)，例如PNP开集电极，NPN开发射极，P沟道开漏极，N沟道开源极 |
| | 开路输出(L型)，例如NPN开集电极，PNP开发射极，N沟道开漏极，P沟道开源极 |
| | 无源下拉输出 |
| | 无源上拉输出 |
| | 3态输出 |
| | 具有特殊放大作用(驱动能力)的输出 |
| | 具有特殊放大作用(灵敏度)的输入 |
| E | 扩展器输入 |
| E | 扩展器输出 |
| EN | 使能输入 |
| D | D输入 |
| J | J输入 |
| K | K输入 |
| R | R输入 |
| S | S输入 |
| T | T输入 |

续表(一)

| 符　号 | 说　明 |
|---|---|
| →m | 移位输入，从左到右或从上到下 |
| ←m | 移位输入，从右到左或从下到上 |
| +m | 加计数输入 |
| −m | 减计数输入 |
| ? | 联想存储器的询问输入 |
| ! | 联想存储器的比较输出<br>联想存储器的匹配输出 |
| $m_1$ $m_2$ ⋮ $m_k$ } * | 多位输入的位组合，一般符号 |
| * { $m_1$ $m_2$ ⋮ $m_k$ | 多位输出位组合，一般符号 |
| Pm | 操作数输入(示出 Pm 输入) |
| > | 数值比较器的“大于”输入 |
| < | 数值比较器的“小于”输入 |
| = | 数值比较器的“等于”输入 |
| *>* | 数值比较器的“大于”输出 |
| *<* | 数值比较器的“小于”输出 |
| *=* | 数值比较器的“等于”输出 |
| CT=m | 内容输入 |

续表(二)

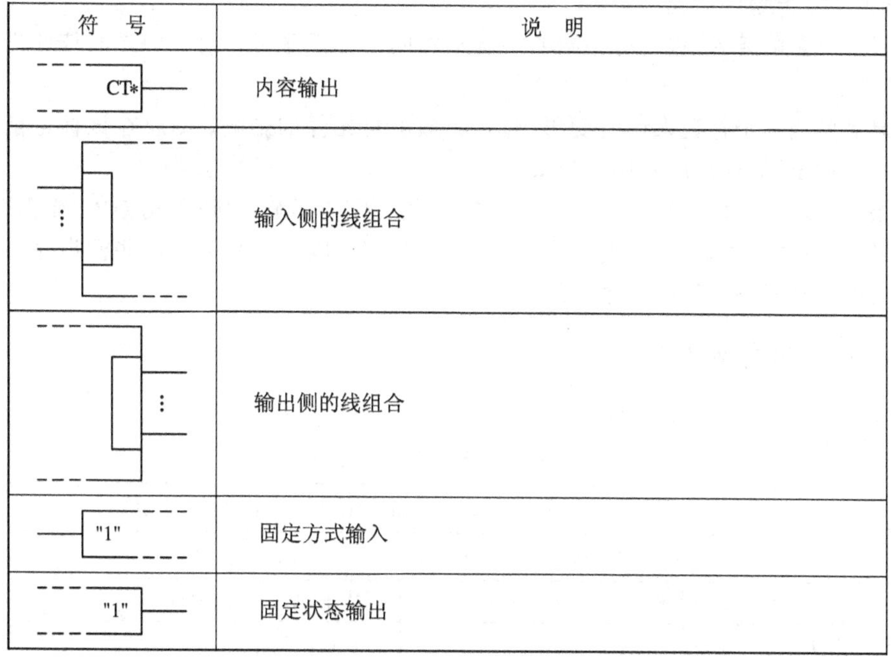

| 符　号 | 说　明 |
| --- | --- |
| CT* | 内容输出 |
|  | 输入侧的线组合 |
|  | 输出侧的线组合 |
| "1" | 固定方式输入 |
| "1" | 固定状态输出 |

**表 B－5　非逻辑连接线和信息流指示符**

| 符　　号 | 说　　明 |
| --- | --- |
|  | 非逻辑连接线，示于左边 |
|  | 双向信息流 |

## B.2　关联标记

运用关联标记的目的是为了使二进制逻辑单元的图形符号更紧凑和更贴切地表达逻辑元件的内部连接关系，运用这种标记不需具体画出所有元件及所包括的内部连接，就能表明输入之间、输出之间和输入与输出之间的关系。由关联标记所提供的信息补充了元件功能限定符号所提供的信息。

### B.2.1　约定

关联标记是人们引入符号语言中的一种概念，需要一些共同的约定。

为便于叙述，引用影响和受影响两个术语，用一个表达某输入/输出与其他输入/输出之间内在关系的特定字母后，跟着标识序号来标记影响其他输入或输出的输入/输出(称之为“影响输入/输出”)；用与“影响输入/输出”相同的标识序号来标记受“影响输入/输出”影响的输入或输出(称之为“受影响输入/输出”)。

如果以“影响输入/输出”内部逻辑状态的补状态作为影响条件，则在“受影响输入/输出”的标识序号上划一横线。

如果两个影响输入/输出有相同的字母和相同的标识序号，则它们之间彼此处在相或关系中。

如果需要用一个标记来说明受影响输入/输出对元件的影响，则应在该标记前面加上“影响输入/输出”的标识序号作为前缀。

如果一个输入/输出受一个以上“影响输入/输出”的影响，则“影响输入/输出”的各个标识序号均应在“受影响输入/输出”的标记中列出，并以逗号隔开。这些标识序号从左到右的排列次序与影响关系的顺序相同。

### B.2.2 关联的类型及用途

关联的类型共有 11 种，见表 B-6。

表 B-6 关联的类型

| 关联类型 | 字母 | 对受影响输入/输出的作用当影响输入处于其： | |
|---|---|---|---|
| | | “1”状态 | “0”状态 |
| 地址 | A | 允许动作(被选地址) | 禁止动作(未选地址) |
| 控制 | C | 允许动作 | 禁止动作 |
| 使能 | EN | 允许动作 | 禁止受影响输入动作<br>置开路和三态输出于外部高阻抗状态(三态输出内部状态不受影响)<br>置无源下拉输出于高阻抗 L 电平和无源上拉输出于高阻抗 H 电平<br>置其他输出于“0”状态 |
| 与 | G | 允许动作 | 置“0”状态 |
| 方式 | M | 允许动作(被选方式) | 禁止动作(未选方式) |
| 非 | N | 求补状态 | 无作用 |
| 复位 | R | 受影响输出呈现 S=0，R=1 的状态 | 无作用 |
| 置位 | S | 受影响输出呈现 S=1，R=0 的状态 | 无作用 |
| 或 | V | 置“1”状态 | 允许动作 |
| 传输 | X | 已建立传输通路 | 未建立传输通路 |
| 互连 | Z | 置“1”状态 | 置“0”状态 |

**注**：具有标识序号上方加一横线的受影响输入/输出，受上表所示影响输入补状态的影响。

“与”关联、“或”关联和“非”关联用于表示输入/输出之间的布尔关系。

“互连”关联用于表示一个输入/输出将其逻辑状态强加到另一个或多个输入/输出上。

“传输”关联用于表示各个受影响端口之间的可控传输通路。

“控制”关联用于标识时序的定时输入或时钟输入，并指出受其控制的输入。

“置位”关联和“复位”关联元件用于规定当 R 输入和 S 输入均处在它们的内部 1 状态

时基本触发器的内部逻辑状态。

“使能”关联用于标识使能输入并指出由它控制的输入/输出(例如哪些输出呈现其高阻抗状态)。

“方式”关联用于标识选择元件操作方式的输入，并指出取决于该方式的输入/输出。

“地址”关联用于标识存储器的地址输入。

## B.3 逻辑状态、逻辑电平与逻辑约定

### B.3.1 内、外部逻辑状态与逻辑电平

在本标准中，引入了内、外部逻辑状态的概念，它们分别表示图形符号框内、外输入或输出的逻辑状态。

对输入端而言，指的是在任何限定符号之前的逻辑状态。对输出端而言，指的是在任何限定符号之后的逻辑状态。所有限定符号(除非门外)均表示对内部逻辑状态而言的逻辑功能。

### B.3.2 逻辑约定

对逻辑状态与逻辑电平之间关系所作的规定，我们称之为逻辑约定。逻辑约定有以下两种。

**1. 单一逻辑约定**

单一逻辑约定即正逻辑约定或负逻辑约定。这种逻辑约定采用逻辑非符号的图形符号。

在本图标中对正、负逻辑约定的图形符号在画法上无区别。只有用文字或图形符号说明。

**2. 用极性指示符号的逻辑约定**

这是一种用极性指示符号(见表B-2)来表示输入/输出端的外部逻辑电平与内部逻辑状态之间关系的逻辑约定。有极性指示符的输入/输出端，其框外低电平对应框内逻辑1状态，框外高电平对应框内逻辑0状态。无极性指示符的输入/输出端，其框外低电平对应框内逻辑0状态，框外高电平对应框内逻辑1状态。

值得强调的是，极性指示符仅表示一种逻辑约定，它与单一逻辑约定中的逻辑非的“0”运算符性质完全不同。在用极性指示符的逻辑电路中，其输入和输出端不允许采用逻辑非符号，同样在单一逻辑约定的逻辑电路中也不允许采用极性指示符。还应当注意，无论采用什么逻辑约定，在符号框内只存在内部逻辑状态，不存在内部逻辑电平。在采用单一逻辑约定的图形符号中，图形框外既存在外部逻辑电平又存在外部逻辑状态；而在采用极性指示符的逻辑约定的图形符号中，图形框外仅存在外部逻辑电平，不存在外部逻辑状态，所以不能将逻辑函数表达式写在采用极性指示符逻辑约定图形符号的输出端。

# 附录 C　美国标准信息交换码(ASCII)

ASCII 采用 7 位($b_6b_5b_4b_3b_2b_1b_0$)，可以表示 $2^7=128$ 个符号，如表 C-1 所示，任何符号或控制功能都由高三位 $b_6b_5b_4$ 和低四位 $b_3b_2b_1b_0$ 确定。对所有控制符有 $b_6b_5=00$；而对其他符号，则有 $b_6b_5=01$，10，11。

**表 C-1　美国标准信息交换码(ASCII)**

| $b_3$ | $b_2$ | $b_1$ | $b_0$ | $b_6b_5=00$ | | $b_6b_5=01$ | | $b_6b_5=10$ | | $b_6b_5=11$ | |
|---|---|---|---|---|---|---|---|---|---|---|---|
| | | | | $b_4=0$ | $b_4=1$ | $b_4=0$ | $b_4=1$ | $b_4=0$ | $b_4=1$ | $b_4=0$ | $b_4=1$ |
| 0 | 0 | 0 | 0 | | | 间隔 | 0 | @ | P | | p |
| 0 | 0 | 0 | 1 | | | ! | 1 | A | Q | a | q |
| 0 | 0 | 1 | 0 | | | ″ | 2 | B | R | b | r |
| 0 | 0 | 1 | 1 | | | # | 3 | C | S | c | s |
| 0 | 1 | 0 | 0 | | | $ | 4 | D | T | d | t |
| 0 | 1 | 0 | 1 | | | % | 5 | E | U | e | u |
| 0 | 1 | 1 | 0 | 控 | | & | 6 | F | V | f | v |
| 0 | 1 | 1 | 1 | 制 | | ′ | 7 | G | W | g | w |
| 1 | 0 | 0 | 0 | 符 | | ( | 8 | H | X | h | x |
| 1 | 0 | 0 | 1 | | | ) | 9 | I | Y | i | y |
| 1 | 0 | 1 | 0 | | | * | : | J | Z | j | z |
| 1 | 0 | 1 | 1 | | | + | ; | K | [ | k | { |
| 1 | 1 | 0 | 0 | | | , | < | L | \ | l | \| |
| 1 | 1 | 0 | 1 | | | — | = | M | ] | m | } |
| 1 | 1 | 1 | 0 | | | . | > | N | ∧ | n | ~ |
| 1 | 1 | 1 | 1 | | | / | ? | O | — | o | 注销 |

# 附录 D 国内外常用二进制逻辑元件图形符号对照表

| 图形符号 | | | | | | 说明 |
| --- | --- | --- | --- | --- | --- | --- |
| 中国 | 国际电工委员会 | 美国 | 德国 | 英国 | 日本 | |
| | | | | | | 逻辑非、示于输入端 |
| | | | | | | 逻辑非、示于输出端 |
| | | | | | | 逻辑极性、示于输入端 |
| | | | | | | 逻辑极性、示于输出端 |
| | | | | | | 动态输入 |
| | | | | | | 有逻辑非的动态输入 |
| & | & | & 或 | & | & | AND | 与元件 |
| ≥1 | ≥1 | ≥1 或 | ≥1 | ≥1 | OR | 或元件 |
| 1 | 1 | 1 或 | 1 | 1 | NOT | 非门<br>反相器 |
| & | & | & 或 | & | & | NAND | 与非门 |
| ≥1 | ≥1 | ≥1 或 | ≥1 | ≥1 | NOR | 或非门 |
| =1 | =1 | =1 或 | =1 | =1 | | 异或元件 |
| $t_1$ $t_2$ | $t_1$ $t_2$ | $t_1$ $t_2$ 或 $t_1$ $t_2$ | $t_1$ $t_2$ | $t_1$ $t_2$ | | 给定延迟时间的延迟元件 |

# 附录 E　中规模集成电路国标符号举例

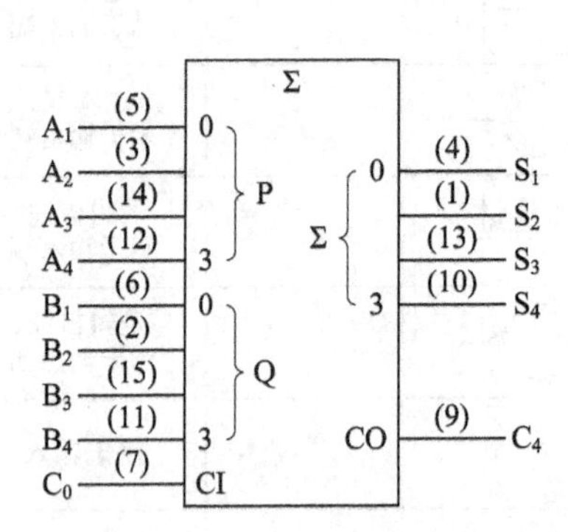


图 E-1　超前进位加法器 74LS283

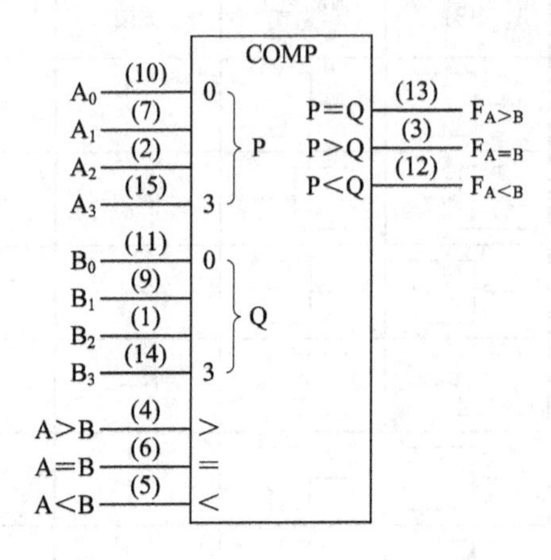


图 E-2　四位数值比较器 74LS85

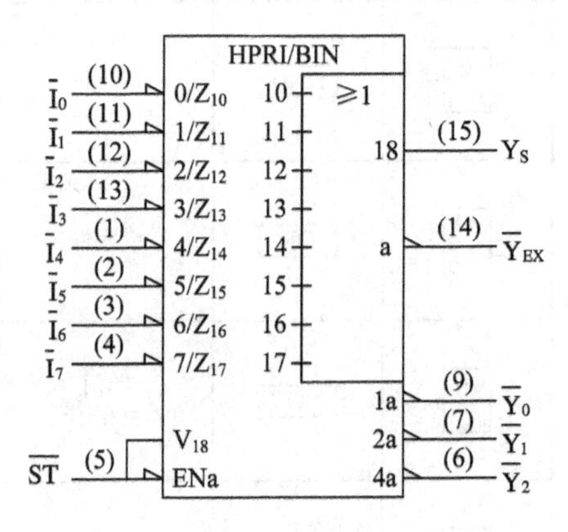


图 E-3　优先编码器 74LS148

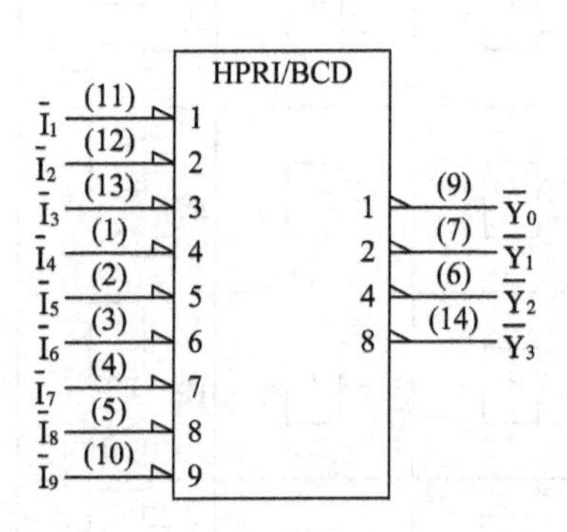


E-4　二-十进制优先编码器 74LS147

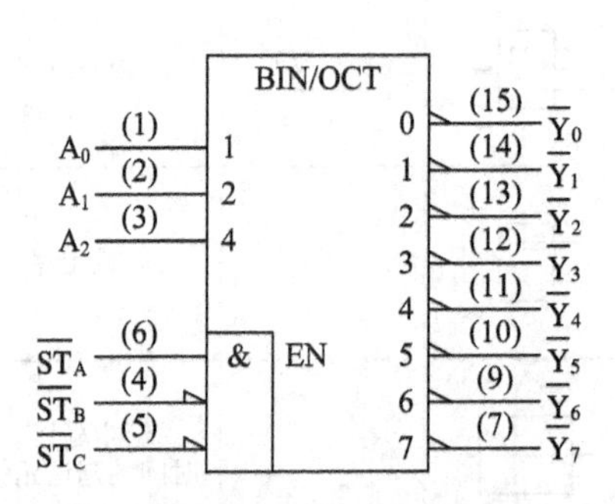


图 E-5　译码器 74LS138

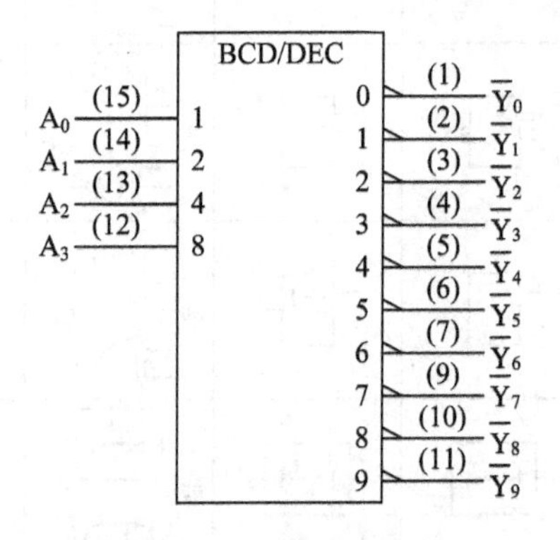


图 E-6　译码器 74LS42

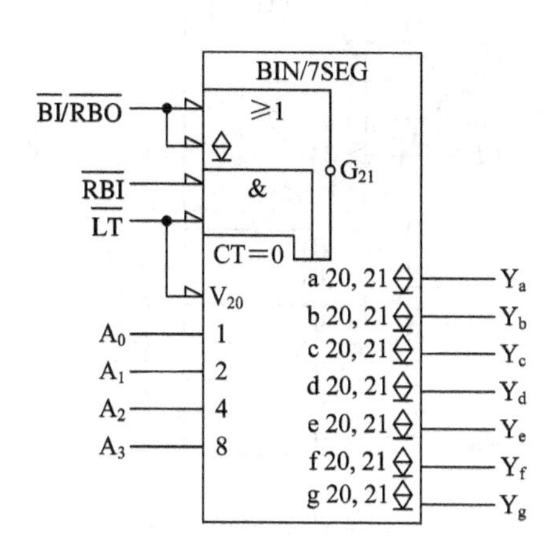


图 E-7　译码/驱动器 74LS48

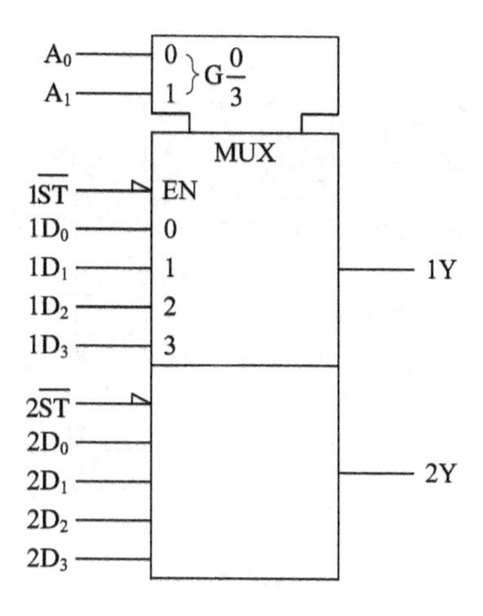


图 E-8　四选一数据选择器 74LS153

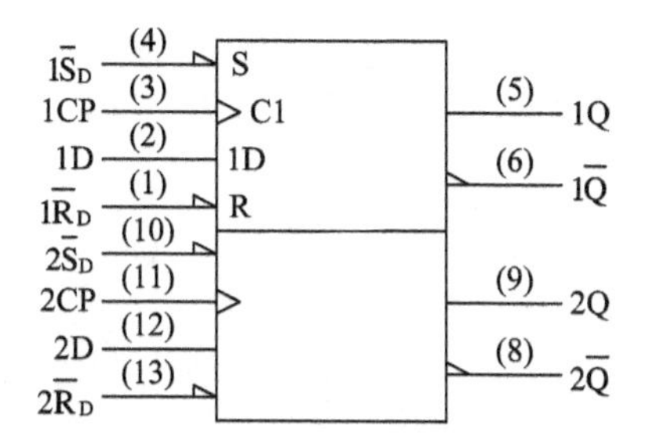


图 E-9　双上升沿 D 触发器 74LS74

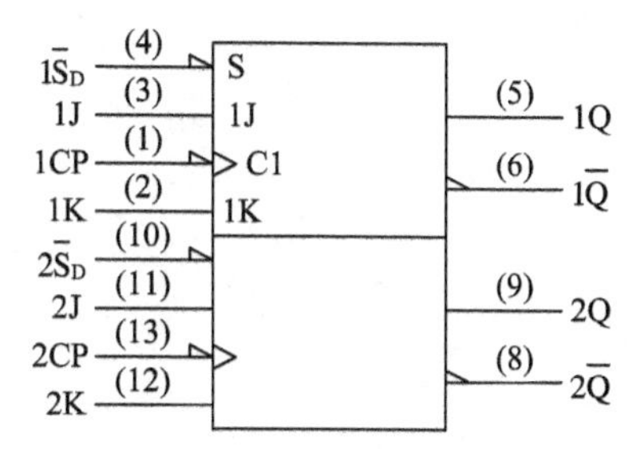


图 E-10　双下降沿 JK 触发器 74LS113

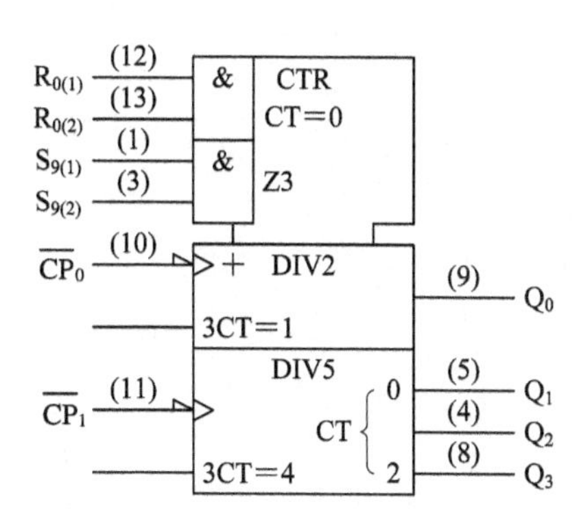


图 E-11　异步二进制计数器 74LS290

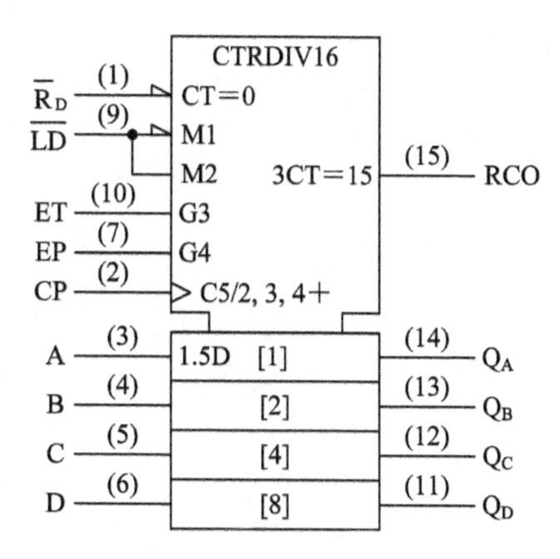


图 E-12　同步二进制计数器 74LS161

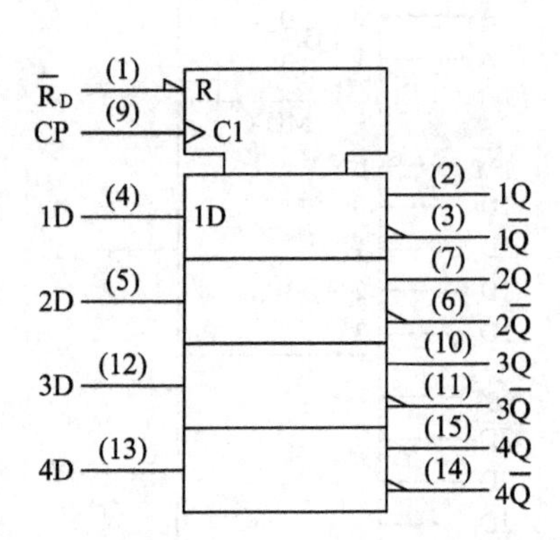


图 E-13　数码寄存器 74LS175

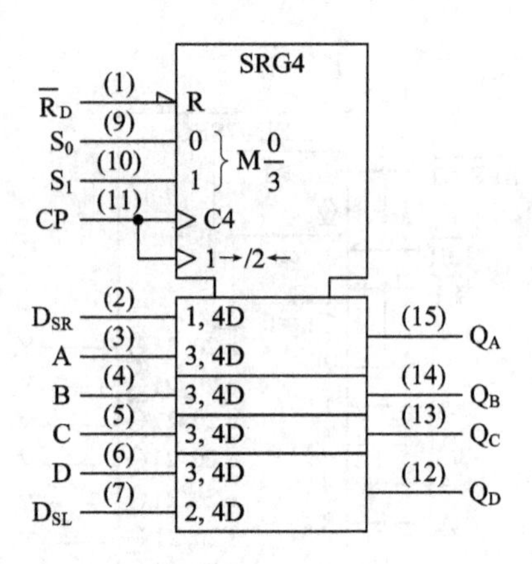


图 E-14　四位双向移位寄存器 74LS194

# 参 考 文 献


[1] 集成电路手册编委会. 中外集成电路简明速查手册：TTL、CMOS 电路. 北京：电子工业出版社，1999

[2] 中国集成电路大全编委会. 中国集成电路大全：TTL 集成电路. 北京：国防工业出版社，1985

[3] 中国集成电路大全编委会. 中国集成电路大全：CMOS 集成电路. 北京：国防工业出版社，1985

[4] 谭建生. 数字电路与逻辑设计. 北京：电子工业出版社，1998

[5] 潘松，黄继业. EDA 实用教程. 北京：科学出版社，2002

[6] 周良权，方向乔. 数字电子技术基础. 北京：高等教育出版社，2002

[7] 熊保辉. 电子技术基础. 北京：中国电力出版社，1999

[8] 杨志忠. 数字电子技术. 北京：高等教育出版社，2002

[9] 康华光. 电子技术基础. 北京：高等教育出版社，2006

[10] 李士雄，丁康源. 数字集成电子技术教程. 北京：高等教育出版社，1993

[11] 彭容修. 数字电子技术基础. 武汉：武汉理工大学出版社，2001

[12] 荀殿栋，程宗汇. 实用数字电路设计手册. 北京：电子工业出版社，1994

[13] 黄正瑾. 在系统编程技术及其应用. 南京：东南大学出版社，1997

[14] 秦曾煌. 电工学：电子技术. 北京：高等教育出版社，1999

[15] 裴国伟. 电子技术基础. 北京：中国电力出版社，1994

[16] 吕国泰，吴项. 电子技术. 北京：高等教育出版社，2001

[17] 阎石. 数字电子技术基础教程. 北京：清华大学出版社. 2007